Edizioni PensareDiverso
Cenacolo Jung Pauli

CENACOLO
JUNG PAULI

Bruno Del Medico
Knjigu je ilustrovala Elisabetta Del Medico

Sve boje kvantne zapletenosti.

Od mita o Platonovoj pećini, preko sinhronosti Carla Junga, do holografskog svemira Davida Bohma. Kvantna fizika odbacuje materijalizam i otkriva duhovnu komponentu univerzuma.

edizioni@delmedico.it

Sažetak.

Uvod. O čemu govori ova knjiga.

Knjiga je podijeljena u tri dijela. U prvom dijelu (Intuicije) autor se bavi najrelevantnijim hipotezama o lažnoj stvarnosti opažljivog svijeta. Veliki mislioci su zamislili postojanje nivoa svesti koji nadilazi materiju. Ovu ideju nalazimo u Platonovom "Mit o špilji", u Berkeleyevoj "Nematerijalističkoj teoriji", kao iu "Psihologiji forme" (Gestaltpsychologie). Najautoritativniji izvor leži u radovima Carla Junga o "kolektivnoj podsvijesti" i o "Teoriji sinhronosti".

U drugom dijelu (Potvrde) autor na elementaran, ali detaljan način opisuje put kvantne fizike, od eksperimenta Thomas Young-a o barijeri s dva proreza do fenomena superpozicije stanja i kvantne korelacije. Kroz ove privilegirane ključeve moguće je razumjeti kvantno isprepletanje. U trećem dijelu (Perspektive) autor opisuje teorije koje je David Bohm razvio o "kvantnom potencijalu" o "implicitnom svemiru i eksplicitnom univerzumu" i o holografskoj viziji kosmosa. Sve je objašnjeno apsolutno jednostavno, bez upotrebe matematičkih formula i uz pomoć mnogih ilustracija.

Čovječanstvo je od svog porijekla željelo istražiti porijeklo i sastav stvari, otkriti njihovo funkcioniranje i njihovu intimnu svrhu.

Univerzalno korištena metoda je raščlanjivanje predmeta na sve manje dijelove, a zatim njihova analiza pomoću svih mogućih tehnika, od vizualnog istraživanja do kemijskih reakcija. To se događa i danas. Na primjer, ako znanstvenik želi otkriti kemijsku i fizičku strukturu granitne kocke, rastavit će je na sve manje dijelove dok se ne podijeli na pojedinačne atome.

Međutim, ako sam znanstvenik želi istražiti pojedinačne čestice koje čine atom, primit će nevjerovatno iznenađenje. Granitna kocka ponaša se kao kocka leda. Naučnik vidi materiju koja postaje magla, isparava i nestaje među prstima. Čvrsta materija postaje energija koja vibrira.

Pojedinačne čestice se pretvaraju u fluktuirajuće valove bez ikakve čvrste tjelesnosti.

Na subatomskom nivou, materija više nije čvrsta materija, ona postaje nešto drugačije.

Elementarne čestice nas varaju. Izgledaju poput čvrstih mrlja ako ih netko promatra, ali ponašaju se poput vibracijskih valova kad ih ne promatraju.

Atomi praktično sadrže samo vakuum.

Na površini vjerujemo da možemo dodirnuti, izvagati, manipulirati i izmjeriti materiju. Ali, u svom najintimnijem sastavu, materija postaje talasa praznine, energije, informacija, vala ili vibracija. Ono što nam se čini čvrstim materijalom, u svojoj najintimnijoj suštini više nije čvrst materijal.

U ovom trenutku je jasno da više ne možemo govoriti o jednoj stvarnosti. Ovisno o nivoima posmatranja, od krajnje malog do beskrajno velikog, postoje mnoge stvarnosti, sve različite, ali sve apsolutno istinite.

Ili, možda, postoje mnogi aspekti više stvarnosti, još uvijek nepoznati. Sve filozofije i religije uvijek su pretpostavljale da "zona duha" nadilazi materiju; međutim, niko nikada nije mogao pružiti dokaze o njegovom postojanju. Danas kvantna fizika otvara ogroman prozor na vidike koje do prošlog stoljeća nismo mogli ni zamisliti. Potvrde potiču iz uspješno izvedenih eksperimenata, posebno onih koji se odnose na fenomen kvantne zapletenosti.

Danas znamo da postoji nivo stvarnosti koji više nije podložan ograničenjima Newtonove fizike. Fizika materije više nije dovoljna za opisivanje svemira.

Kvantna fizika pokazuje postojanje nivoa na kojem energija i informacije preuzimaju materiju. Ovo je takozvani "nelokalni" nivo. Mogli bismo to definirati psihičkim ili duhovnim nivoom. Na ovom nivou univerzalna Inteligencija komunicira sa čovječanstvom. Putovi komunikacije s inteligentnim svemirom prolaze kroz kolektivno nesvjesno koje je teoretizirao Carl Jung. Jungovske sinhronosti nas vode u kulturnom evolucijskom projektu. To je projekt kojeg počinjemo postajati svjesni.

Prvi dio. Intuicije.

Neobjašnjivi fenomeni.

Prema nekim poznatim tekstovima vazduhoplovne tehnike, stršljen (Vespa crabro) ne može letjeti zbog oblika i težine tijela u odnosu na površinu krila. Ali stršljen ne zna, pa stoga i dalje leti.
(Igor Ivanovič Sikorski, ruski pionir u vazduhoplovstvu)

Ginisova knjiga rekorda sadrži mnogo neobičnosti. Među ovim neobičnim vijestima postoji jedna vrlo posebna. Ovo je rang koji se odnosi na parove blizanaca rođenih u različito vrijeme. Guiness navodi parove blizanaca koji su rođeni sa najvećim vremenskim odmakom između njih.

Suprotno onome što se može zamisliti, ovaj interval se ne sastoji od sati ili dana, već čak i mjeseci. Na primjer, 2000. godine Sandra Beveridge iz West Lothiana, škotskog okruga, rodila je blizance u razmaku od 28 dana. Peggy Lynn, dama iz Pensilvanije, prošla je još bolje. Peggy je 1995. rodila blizance rođene u razmaku od 84 dana. Međutim, trenutni rekord pripada Mariji Džons-Eliot koja je 2013. godine rodila Ejmi u Irskoj i tek nakon 87 dana rodila svoju bliznakinju Kejti.

Ljekari preciziraju da je riječ o veoma rijetkim slučajevima. Ovi slučajevi se javljaju samo kada blizanci rastu u odvojenim placentnim vrećicama.

Kvantno korelirani blizanci.

Postoji jedan zanimljiv aspekt koji me je uvjerio da spomenem evidenciju odgođenih rađanja blizanaca. Riječ je o tome da je knjiga "Ginisova knjiga rekorda" nastala iz pera dvojice autora. Zvali su se Ross i Norris McWhirter, a i oni su bili blizanci. Ova dva blizanca, osim što su bili autori knjige, bili su protagonisti "nemogućeg" događaja.

Guinness je trenutno treća najprodavanija knjiga na svijetu, nakon Biblije i Kurana. Ova knjiga predstavlja praktičan razvoj ideje rođene na potpuno ležeran način, tokom lovačkog izleta koji se dogodio 4. maja 1951. godine.

Jedan od učesnika u lovu bio je Sir Hugh Beaver, generalni direktor Guinnessovih pivara u Dablinu.

Sir Beaver nije uspio pogoditi neke ptice sa čudnim imenom "zlatne ptice" (Pluvialis apricaria). Ptice su bile brže od njegove puške i pobjegle su velikom brzinom čim su osjetile prisustvo lovca.

Ova neugodnost je izazvala debatu između Sir Beavera i ostalih lovaca, kako bi se utvrdilo koja je ptica najbrža.

U danima koji su uslijedili, Sir Beaver, koji očigledno nije bio previše zauzet ulogom administratora, nastavio je razmišljati o problemu. Na kraju je došao do zaključka da bi mnoge, poput njega, zanimalo ne samo koja je ptica najbrža, već i bilo koju drugu vrstu izvrsnosti u različitim nastupima. Stoga je odlučio napraviti knjigu u kojoj bi svi mogli imati pristup ovoj vrsti informacija.

Sadržaj knjige trebao je biti zbirka primata u različitim aktivnostima. Shodno tome, Sir Beaver je zatražio pomoć od dvojice stručnjaka iz atletskog sektora, braće Rossa i Norrisa McWhirtera, i naručio ih da napišu knjigu.

Knjiga je prvi put izašla 27. avgusta 1955. sa potpisima dvojice braće. Naziv je bio "Ginisova knjiga rekorda". Knjiga je odmah postigla veliki uspeh koji traje i danas. (Sl.1). Očigledno, autori su postali veoma poznati, pa su događaji iz njihovog života veoma dobro dokumentovani i svjedoci.

Blizanci Ross i Norris McWhirter.

Ros i Noris su rođeni 12. avgusta 1925. od porodice Williama McWhirtera, urednika "Sunda Pictorial", i Margaret Williamson. 1950. oboje su postali sportski novinari. Njihov prijatelj, trkač Christopher Chataway, bio je zaposlen u Guinness pivari.

Slika 1 - Blizanci Noris (lijevo) i Ross McWhirter (desno) autori prvog izdanja "Ginisove knjige rekorda". Njih dvoje su bili protagonisti nevjerovatnog slučaja ekstrasenzorne komunikacije.

Kada je Christopher saznao da administrator Hugh Beaver traži kompetentne ljude za izradu knjige o primatima, preporučio je blizance. Njih dvoje su odmah dobili zadatak da napišu knjigu.

Blizanci Ross i Norris McWhirter.

Ros i Noris su rođeni 12. avgusta 1925. od porodice Williama McWhirtera, urednika "Sunda Pictorial", i Margaret Williamson. 1950. oboje su postali sportski novinari. Njihov prijatelj, trkač Christopher Chataway, bio je zaposlen u Guinness pivari. Kada je Christopher saznao da administrator Hugh Beaver traži kompetentne ljude za izradu knjige o primatima, preporučio je blizance. Njih dvoje su odmah dobili zadatak da napišu knjigu.

1960-ih Ross je postao politički aktivista Konzervativne stranke. Bez obzira na teška vremena, podržao je mnoge restriktivne zakone koje je Britanija donijela protiv irskog stanovništva.

Čak je promovirao nagradu od 50.000 funti svakome ko pruži korisne informacije za hapšenje ćelije IRA (Irske republikanske armije). U to vrijeme IRA je izvodila mnoge napade u Londonu. IRA je Rossa McWhirtera smatrala direktnim neprijateljem.

27. novembra 1975. dva člana IRA-e ubili su Rossa. Njih dvoje su ga čekali kada se vratio kući. Kada je stigao, ispalili su dva hica u njega iz revolvera. Bilo je 6.45 popodne.

U isto vrijeme kada je Ross ubijen, njegov brat blizanac Noris bio je oko 30 milja daleko i razgovarao s nekim ljudima.

Odjednom, Noris ga je uhvatio za glavu rukama, kao da mu je glava prsnula.

Na zaprepaštenje prisutnih umalo se nije onesvijestio. Bilo je 6.45 popodne.

O tome su svjedočili prisutni ljudi. Svjedočenje je dokumentirao naučnik Guy Lyon Playfair u svojoj knjizi "Twin Telepathy":

> “U ranim večernjim satima 27. novembra 1975., pisca i televizijsku ličnost Rossa McWhirtera ustrijelila su dvojica naoružanih napadača dok je stajao na pragu svoje kuće u sjevernom Londonu. Prevezen je u bolnicu, ali je ubrzo nakon dolaska proglašen mrtvim. Očevidac koji je bio sa svojim bratom blizancem Norrisom McWhirterom dao mi je ovo svjedočanstvo: "Norris je imao dramatičnu reakciju, skoro kao da ga je pogodio nevidljivi metak."

Ovo nije jedini slučaj da blizanac, budući da je na velikoj udaljenosti, reaguje na događaje koji uključuju drugog blizanca.

Vikontesa Thelma Furness.

Thelma Morgan, rođena u Švajcarskoj 23. avgusta 1904. godine, bila je ćerka Harija Hejsa Morgana, američkog diplomate koji je služio kao američki konzul u Buenos Ajresu i Briselu. Thelma i sestra bliznakinja Gloria rođene su od Laure Delphine Kilpatrick. (Sl.2).

Laura Delphine je bila unuka generala Unije i, preko svoje bake po majci, bila je potomak španske kraljevske kuće Navarre.

Stoga su sestre bliznakinje imale sve potrebne uslove da prisustvuju najboljem društvu tog vremena. Thelma je postala ljubavnica princa od Walesa, budućeg kralja Edvarda VIII.

Zaista, Thelma je prethodila Wallis Simpson u Edwardovom srcu. Kasnije se, međutim, iz ljubavi prema Wallisu, Edward odrekao prijestolja i postao vojvoda od Windsora.

Tokom svoje veze s princom Edwardom 1929. godine, Thelma se udala za plemića, vikonta Marmadukea Furnessa. Brak nije dugo potrajao, ali joj je omogućio da tokom života nosi titulu vikontese Furness. Tokom kratkog braka, Thelma je rodila Williama Anthonyja.

Thelmina blizanka Gloria udala se za Reginalda Claypoolea Vanderbilta.

Uprkos svojim raznolikim i bogatim životima, dvije sestre su zadržale snažnu psihičku vezu.

Ova veza se snažno manifestovala kada je Thelma, koja je bila trudna sa Williamom Anthonyjem, prerano rodila svoje dijete. Bio je u to vrijeme u Melton Mowbrayu, UK.

U to vrijeme njena sestra Glorija bila je s druge strane okeana, u Njujorku, pa nije bila svjesna prijevremenog porođaja.

Međutim, istovremeno sa onim što se dešavalo njenoj sestri blizankinji, Glorija je iskusila i jake bolove u stomaku, baš kao da je i sama morala da rodi dete.

Gloriji je hitno ukazana pomoć, ali nikada nije bilo moguće utvrditi uzrok njenih bolova.

Tek kasnije je bilo moguće povezati Glorijine bolove sa Thelminim rođenjem, koje se dogodilo u isto vrijeme.

Gloria je misteriozno sudjelovala u Thelminim poteškoćama kao da je jedno sa svojom sestrom. Unija nije bila samo psihička već i fizička.

Dva slučaja koja sam spomenuo vrlo su poznata. O ovim slučajevima postoje brojni i pouzdani dokazi. Ovi slučajevi potvrđuju da neki parovi blizanaca, na osnovu misteriozne veze uspostavljene zajedničkim rođenjem, mogu dijeliti fizičke senzacije na način koji je u suprotnosti sa svakim elementarnim zakonom fizike. Ovo je očiglednije kada uzmemo u obzir udaljenost između blizanaca kada se činjenice događaju.

Ozloglašenost i svjedočanstva ovih slučajeva otežavaju argumentaciju da se radi o izmišljenim pričama. Ove epizode su tako dobro dokumentovane da se pominju i na web stranici CICAP (Italijanski komitet za kontrolu tvrdnji o pseudo-naukama).

Ovo udruženje je izvršilo svoju misiju da ospori i diskredituje svaku tvrdnju u vezi sa ekstrasenzornim fenomenima. Međutim, CICAP katalogizira slučajeve opisane kao „čulne slučajnosti“ i definira ih kao „odlučno senzacionalne slučajeve“.

U stvari, priče o ovim blizancima pokazuju veliku korespondenciju sa nekim tipičnim aspektima subatomskih čestica. Kvantna fizika je pokazala da dvije korelirane čestice, to jest, ujedinjene određenim uvjetima (obično su rođene iz zajedničkog događaja) stiču sposobnost da ostanu "svjesno" povezane na bilo kojoj udaljenosti, kao da su jedna čestica. O tome ćemo govoriti u drugom dijelu knjige.

Slika 2 – Thelma Morgan, vikontesa Furness (desno) sa svojom blizankom Glorijom. Dok je Thelma u Velikoj Britaniji bila u muci prijevremenog porođaja, njena sestra Gloria u New Yorku je osjećala iste bolove.

Materija, samo materija, ništa osim materije.

" Materijalisti i luđaci nikada ne sumnjaju."
(Gilbert Keith Chesterton)

Prema sadašnjoj nauci, neke stvari "mogu biti", a druge koje "ne mogu biti".

Prvi su sve one stvari koje se mogu izvagati, izmjeriti i reprodukovati u laboratoriji. Među tim stvarima razumijemo i povezane efekte, kao što su magnetizam i sila gravitacije.

Svi ostali slučajevi, počevši od ekstrasenzornih pojava, rezultat su iluzije ili praznovjerja. Zagovornici ovih pojava su varalice ili, u najboljem slučaju, pate od mentalnih poremećaja i treba ih podvrgnuti medicinskom liječenju. U prilog ovoj tezi traže se apsurdna objašnjenja koja graniče sa ismijavanjem. U svakom slučaju, postojanje ovih pojava se unaprijed negira.

Mora se reći da sadašnja nauka počiva ovaj stav na naizgled čvrstim temeljima, odnosno na poznatim fizičkim zakonima. Ovi zakoni su uspostavljeni i konsolidovani nekoliko vekova. To su zakoni koje i sami možemo provjeriti, ako promatramo svijet oko sebe koristeći svoja varljiva čula. Pokušat ću ukratko sumirati materijalističke teorije.

Monizam i materijalistički redukcionizam.

Koncept monizma je veoma star, datira iz 5. veka pre nove ere, tačnije iz Parmenidove filozofije. Izraz "monizam" je 1734. godine koristio njemački filozof Christian Wolff. Naučnik u svom djelu "Racionalna psihologija" definira "monista" koji "priznaje jednu vrstu supstance".

Monizam se razlikuje od dualizma ili pluralizma, prema kojem se cjelina može pratiti unazad do dvije ili više vrsta supstanci. Neki tipični dualizmi su:

- psiha / materija
- um/telo.

Materijalistička nauka svodi svu stvarnost na jednu vrstu "supstance", čvrstu materiju. U isto vrijeme, materijalizam isključuje bilo kakvo psihičko ili duhovno prisustvo. Stvarno je samo sve što je fizičko. Um, misao, svijest samo su ostatak hemijskih procesa koji se odvijaju u mozgu.

Uzgred, preciziramo da ne postoji samo materijalistički monizam; na primjer, postoji i monizam koji se naziva "idealist". Ovo je "mentalizam", a on tvrdi upravo suprotno: stvaran je samo mentalni aspekt.

Obje ove pozicije su netačne u svjetlu nedavnih otkrića kvantne fizike, kao što ćemo vidjeti kasnije u knjizi. U stvari, oboje poriču da može postojati univerzum u kojem materija i psiha (ili duh) harmonično rade zajedno u velikom kreativnom projektu..

Determinizam i uzročnost.

Prema ovim principima, svemir je mašina koja radi kao sat. Sve je utvrđeno, sve je određeno. Svaki događaj, svaka promjena objekta funkcionalna je u odnosu na njegov položaj, njegovu početnu brzinu i materijalne sile prisutne oko njega.

Sjeme apsorbira hranjive tvari iz tla i proizvodi klice. Sjeme određenom snagom gura klicu prema gore. Ako je snaga dovoljna, klica sjemena lomi koru tla i izbija, inače umire pod zemljom.

Kada klica sjemena izađe iz zemlje, snaga korijena ga gura prema gore. U tom trenutku može se takmičiti sa okolnim biljkama u upijanju sunčeve svjetlosti i kiše. Sve radi kao sat, biljka raste uz pomoć niza mehanizama kojih biljka apsolutno nije svjesna.

Ako bacim kamen, on će slijediti put određen njegovom težinom i snagom kojom sam ga bacio. Ako kamen udari u predmet, on daje udarnom objektu potisak proporcionalan posedovanoj energiji. Nikada se ne dešava da se kamen samostalno kreće. Nijedan objekt se ne pomiče osim ako ga drugi objekt ne stimuliše.

Dakle, svaka radnja je uzrokovana drugom radnjom. Svaka akcija nasljeđuje snagu od akcije koja ju je izazvala i raspoređuje snagu na naredne akcije.

Ovo je vrlo korisno za sadašnju nauku jer vam omogućava da odredite položaj svakog objekta u svemiru u bilo kojem trenutku, kao i da predvidite ponašanje mašina i industrijske opreme. Mašine, ako primaju pravu energiju, mogu obavljati precizne funkcije do hiljaditi dio milimetra kako bi postigli željene rezultate.

René Descartes je podijelio stvarnost na dualizam uma i materije, anticipirajući tako koncept determinizma, koji isključuje potrebu za umom. Koncept isključivanja uma u korist jedinstvenosti materije kasnije je razvio Isaac Newton. Pjer Laplas takođe preuzima ovaj koncept u svojoj knjizi o nebeskoj mehanici. (Mécanique céleste, 1805).

Ovo je bila prva knjiga koja ne spominje Boga kao uzroka stvaranja. I sam car Napoleon se začudio i upitao Laplasa: "Zašto nisi spomenuo Boga u svom radu?"

Laplas je odgovorio: "To je hipoteza koja mi nije trebala".

Uzročnost apsolutno negira mogućnost postojanja kreativnog projekta u kojem čovjek učestvuje. Ljudska inteligencija je beskorisni nusproizvod materije. Sve radi u redu bez potrebe za unosom bilo koje vrste inteligencije.

Kontinuitet i pravac vremena.

Konstatacija nauke je da je svaki događaj uzrokovan drugim događajem. Zauzvrat, svaki događaj izaziva druge. To podrazumijeva koncept da se sve promjene i sva dinamika svemira dešavaju kontinuirano, bez ikakve pauze, u vrtuljku koji je započeo Velikim praskom i nikada neće završiti. Štaviše, sva ova kontinuirana evolucija odvija se samo u jednom smjeru, u skladu sa strelicom vremena koja ide samo naprijed.

Mi nazivamo "vremenskim smjerom" fenomen takav da fizički sistem može evoluirati iz početnog stanja u naknadno stanje, u datom vremenu, ali se nikada ne može vratiti u početno stanje.

Realnost kakvu mi percipiramo naziva se realnost na makroskopskom nivou. Na ovom nivou podložni smo zakonu entropije. Ovaj zakon kaže da se poremećaj može samo povećati s vremenom. Dakle, ako razbijete čašu, sigurno ćete moći dalje razbiti svaki komad.

Međutim, zaboravite da će se različiti dijelovi ponovo spojiti kako bi ponovo formirali zdravu čašu.

Zanimljivo, možemo vidjeti da je to istina samo na makroskopskom nivou. Umjesto toga, na mikroskopskom nivou, gotovo svi fizički procesi su simetrični. Odnosno, jednačine koje ih opisuju pokazuju da bi radile vrlo dobro i naprijed i nazad u vremenu.

Začudo, prema principu kauzalnosti, nauka je u stanju da predvidi tačno ponašanje univerzuma oko nas. Međutim, u isto vrijeme nauka poriče da možemo unaprijed znati šta će se dalje dogoditi u našim ličnim životima. Stoga nauka odbacuje postojanje fenomena predosjećaja. To jest, nauka tvrdi da može predvidjeti budućnost univerzuma, ali poriče mogućnost predviđanja budućnosti za pojedinca.

Koncept "ne-lokalnosti".

Sve pojave i njihovi efekti su lokalizirani, odnosno javljaju se u određenom dijelu prostora. Nadalje, oni se šire brzinom i vremenom koje se može precizno izmjeriti.

Nemoguća je udaljena akcija između dva objekta bez posredovanja "fizičke sile" koja ih povezuje. Neophodno je da "nešto" spoji dva objekta tako što u određenom vremenu ukršta prostor koji ih razdvaja. Ova sila se smanjuje kako se udaljenost povećava.

Materijalni objekti imaju ograničenje brzine od približno 300.000 kilometara u sekundi. Ništa ne može premašiti ovu brzinu. Ovo određuje, na primjer, da komunikacija između svemirskih satelita i površine planete može biti čak i dosta odložena.

Ako se erupcija dogodi na površini Sunca, možemo je vidjeti tek nakon osam minuta. Ovo je vrijeme koje je potrebno svjetlosti iz eksplozije da putuje do Zemlje. Dakle, ako slučajno gledate u Sunce, znajte da je to Sunce od prije osam minuta. U međuvremenu je sunce možda eksplodiralo, ali to ćemo znati tek nakon osam minuta.

Ova karakteristika sprečava da određena radnja preduzeta na jednom mestu ima savremene efekte na drugom mestu.

Dakle, da uzmemo prostorni primjer, možemo pretpostaviti da ćemo, ako ludi asteroid pobjegne iz Oortovog oblaka i krene ravno prema planeti Zemlji, imati najmanje nekoliko godina da razvijemo odbrambene strategije.

U tom smislu, nauka je sa entuzijazmom prihvatila Ajnštajnovu potvrdu, prema kojoj koncept lokalnosti ostaje validan čak iu kontekstu teorije relativnosti.

Srećom, ograničenje brzine svjetlosti sprječava bijeg asteroida koji se podudara s trenutnim udarom u našu planetu.

Na makroskopskom nivou, odnosno u dimenzijama svemira, poznati fizički zakoni sprečavaju da se to dogodi. Naš svakodnevni život se također odvija na makroskopskom nivou. „Lokalni zakon" nam garantuje da ako, u kontekstu porodičnog spora, supružnik baci tanjir na nas, imamo vremena da se preselimo.

Međutim, kao što ćemo vidjeti, na subatomskom nivou je na snazi "zakon nelokalnosti". Na ovom nivou, pot bi nas pogodio čim bude bačen, bez obzira na našu udaljenost..

Objektivna realnost.

Materijalni svijet je apsolutno nezavisan od ljudske misli, odnosno od svijesti. Svijest nema težinu ili masu i stoga ne može natjerati objekt da se kreće na daljinu, kao što bi to mogla biti loptica za bilijar. Nikakva obrada svijesti ne može modificirati materiju ili utjecati na nju.

Ipak, postoje situacije, na subatomskom nivou, u kojima posmatrač svojom voljom, a time i svojom savešću, određuje stvarnost. Svojom metodom posmatranja, posmatrač može ustanoviti prirodu subatomskog objekta, odnosno može utvrditi da li je taj objekat talas ili čestica. Ne samo to, posmatrač može odrediti ponašanje objekta. Dakle, na subatomskom nivou postoji drugačija objektivna stvarnost. Ovaj aspekt ćemo provjeriti u poglavlju posvećenom eksperimentu s dvostrukim prorezom.

Iluzorni simptomi.

Također, prema zagovornicima materijalizma, sve što nije materijalno je neželjeni proizvod fizičke materije.

Svest, misao, osećanja, ljubav ili sažaljenje su pomoćne, "lažne" manifestacije materije, i njihovo prisustvo ili odsustvo ne utiče na objašnjenje stvarnih pojava. Fenomeni mogu postojati samo ako su fizički povezani sa samom materijom. Duhovnost i sva mentalna obrada su otpadni proizvodi hemijskih procesa koji se odvijaju u moždanoj materiji.

Da, međutim, Gedelova teorema kompletnosti...

Toliku naučnu sigurnost odmah dovodi u pitanje sama nauka. Kurt Friedrich Gödel bio je austrijski naturalizirani američki matematičar, logičar i filozof, najpoznatiji po svojim radovima o nepotpunosti matematičkih teorija.

Teorema koja nosi njegovo ime u osnovi govori jedno. Svaki algoritamski sistem koji se koristi za testiranje matematičkog principa ispada da je nepotpun ili kontradiktoran, jer će neizostavno sadržavati dio koji se ne može dokazati.

Ovo se dešava kada je algoritam dovoljno razrađen.

Fizički zakoni su takođe matematički. Stoga se zasnivaju na matematičkim algoritmima koji neizbježno sadrže dio koji se ne može logički demonstrirati. Međutim, ovaj dio funkcionira.

To znači da, kada matematičar razradi algoritam, on izlazi iz logičkog sistema kako bi uhvatio matematičku istinu koja nadilazi kontekst u kojem se održavaju logički postupak i dokaz.

Ova istina već postoji, ali ne može biti "zarobljena" u formuli. Stvarnost se percipira i koristi instinktivno, a da se ne može učiniti "sistematičnom".

Stoga, ako zakoni fizike vode ponašanje materije, mora se priznati da oni sadrže elemente koji postoje a priori, a koji nadilaze materijalni svijet.

Ova ideja se naziva "matematički platonizam" jer je Platon već intuitirao da je ponašanje materijalnog svijeta podložno matematičkim simbolima koji ne pripadaju logičkom postupku već arhetipskom svijetu.

Um i mozak.

Da li univerzum nije ništa drugo do gomila materije, ili ima sopstvenu svest, kao što su najstarije kulture oduvek govorile?

Je li naša svijest nusproizvod hemije mozga ili proizlazi iz univerzalne svijesti?

Teorija većine kultura je da je "univerzalna svijest" izvor iz kojeg izvire sva kreacija. Sve je živo i sve je jedno.

Ova koncepcija koju možemo definisati kao mistična je poricana i odbačena od strane naučne kulture poslednjih vekova. To je kultura koja se plemenito razvila u prosvjetiteljstvu, ali se potom iskvarila u materijalizmu.

Trenutno, većina naučnih krugova vjeruje da je um samo kreacija mozga. Čovek bi bio samo mašina koja je, kao sekundarni efekat, stekla sposobnost da obrađuje misli i osećanja. Kada imamo mašine koje su sposobne da duboko analiziraju mozak, mogli bismo sa sigurnošću znati koje hemijske reakcije proizlaze iz osećaja da imamo dušu, da volimo svoju majku ili da verujemo u postojanje večnog života.

Nada materijalizma je da se jednog dana može razviti "čistač mozga" koji inhibira nastanak ovih dosadnih hemijskih reakcija, oslobađajući čovječanstvo od ovih praznovjerja!

Stoga nauka fenomen života razmatra počevši od dna. Primarna osnova je materija. Materija se agregira u molekule i ćelije, koje evoluiraju i penju se evolucijskom ljestvicom pod vodstvom DNK rođene spontano slučajno.

Nasumično generirana DNK zauzvrat nasumično stvara mozak. U mozgu, elektrohemijski stimulansi stvaraju dispozicije koje upravljaju tjelesnom mašinerijom. Kao nusproizvod, mozak također stvara snove, osjećaje, emocije, kreativnost i sve ono što nazivamo umnom aktivnošću.

Naprotiv, sve velike duhovne tradicije razmatraju fenomen života koji počinje odozgo, a ne odozdo. Na prvom mjestu je univerzalna svijest iz koje sve proizlazi, prije svega život.

Univerzalna svijest i dalje je prisutna u svakom obliku života. Svaki oblik života posjeduje dio univerzalne svijesti. Iz univerzalne svijesti emanira sva kreacija, uključujući materiju.

Čak i materijalni objekti sadrže univerzalnu svijest. Iz tog razloga, fizička materija se može skladno organizirati, prema projektu koji sigurno nije sadržan u "fizičkoj materiji".

Mit o "Platonovoj pećini".

Možemo oprostiti djetetu kada se boji mraka. Prava tragedija života je kada se odrastao čovek plaši svetlosti.
(Platon)

Kako se pravi stolica?

Oduvijek je postojala kulturna struja koja je, ukrštajući različite discipline mišljenja, od filozofije, preko duhovnosti, do moderne nauke, podržavala iluzornost stvarnosti u kojoj živimo.

U pesmi "O prirodi" grčkog filozofa "Parmenice" autor tvrdi da su mnogostrukost i promene fizičkog sveta iluzorne. Kao što ćemo vidjeti, Platon u "Platonovoj republici" predlaže poznati mit o pećini. Kasnije će George Berkeley tvrditi da imamo osjećaj da stvari stvarno postoje, ali u stvarnosti su stvari samo mentalne reprezentacije. Prema Berkliju ne postoje materijalni objekti, već samo zbirke ideja.

Do prije nekoliko decenija, ove su se smatrale "čudnim ili fantastičnim teorijama". Danas je kvantna fizika pokazala da su to istinite ideje obdarene naučnim dostojanstvom.

U stvari, mi ispitujemo "stvari" na našem makroskopskom nivou i smatramo ih čvrstima. Međutim, ako ispitamo "stvari" u beskonačno malom, "stvari" izgledaju potpuno drugačije.

Stolica nam se nesumnjivo čini čvrstim predmetom. Sama stolica, ispitana na nivou atoma i subatomskih čestica koje je čine, postaje skup vibracija rasutih u ogromnoj praznini.

Sva materija, ispitana u svom subatomskom sastavu, ima ove karakteristike.

Stvari su onakve kakve izgledaju, samo zato što ih naša čula tako pokazuju.

Tako nam čula pokazuju imaginarni kosmos. Čula djeluju na ovaj način kako bi nam omogućila da doživljavamo i komuniciramo s okolinom oko nas.

Nažalost, sve su stvari džinovska iluzija izgrađena na naletu naše fizičnosti..

Slika 3 - Platon (Atina, 428/427 pne - Atina, 348/347 pne), bio je starogrčki filozof. U "Timeu" govori o odnosu između svijeta prirode i svijeta ideja.

U suštini, živimo u "kući za igračke". Sav namještaj i namještaj kuće rađen po mjeri prema našim potrebama.

Izvan naše "kuće igračaka" sve je sasvim drugačije.

Prema nekim iznenađujućim eksperimentima, sve što percipiramo kao "stvarnost", uključujući naša vlastita tijela, moglo bi biti rezultat interakcija koje se dešavaju između naše svijesti i podražaja bilo koje prirode koje opažaju naša osjetila

Platon je bio starogrčki filozof. Zajedno sa svojim učiteljem Sokratom i svojim učenikom Aristotelom postavio je temelje zapadnjačke filozofske misli. (Sl.3). Rođen je u Atini od aristokratskih roditelja: njegov otac Aristone je među svojim precima imao posljednjeg atinskog kralja Codra, dok se priča da njegova majka Perictione potiče od zakonodavca Solona.

Otac mu je dao ime Aristokle, što je bilo isto ime kao i njegov učitelj gimnastike. Kasnije mu je Aristokle dao nadimak Platon, kako zbog širine njegovih ramena, tako i da bi izbjegao da učenik nosi isto ime kao i učitelj.

Prema svjedočenju Apolodora Atinskog, Platon je rođen na početku 88. grčke olimpijade, odnosno krajem maja 428. godine prije Krista.

Platon je imao dva brata, Adimanta i Glaukona, koji se pominju u njegovom djelu "Republika". Imao je i stariju sestru, po imenu Potone.

Platon je učestvovao u tri vojna pohoda, tokom Peloponeskog rata, na Tanagru, Korint i Delijum.

Susrevši Sokrata, Platon je uništio sve njegove poetske kompozicije i potpuno se posvetio filozofiji.

Susret sa Sokratom bio je fundamentalan za Platonovu ličnost. Platon je patio jer je atinska demokratska vlada optužila Sokrata za bogohuljenje i kvarenje omladine.

Sokrat je osuđen na smrt 399. pne.

Nakon Sokratovog nestanka, njegovi učenici, uključujući Platona, napustili su Atinu i sklonili se u Megaru.

Počevši od 395. godine Platon je počeo pisati prve "Dijaloge". U ovim spisima on se bavi kulturnim problemom koji predstavlja lik Sokrata i njegovom nepravednom osudom.

Godine 387. Platon se vratio u Atinu; i kupio park posvećen Akademu. U ovom parku osnovao je školu koju je nazvao "Akademija".

Akademija je implementirala poseban metod nastave koji se zove dijalektika. Nastava se odvijala kroz debate, u kojima su učestvovali i sami učenici, u režiji Platona ili starijih učenika. Ponekad su u Akademiji konferencije održavale slavne ličnosti koje su prolazile kroz Atinu. Platon je umro 347. godine prije Krista.

Platonska filozofija.

Prema Platonu, ljudsko biće se sastoji od dva dijela. Prvi dio se sastoji od tijela. Tijelo je neraskidivo povezano sa svijetom stvari napravljenih od materije. Dakle, ljudsko tijelo slijedi istu sudbinu kao i sve što pripada ovom svijetu, kao što su biljke i životinje na primjer.

Drugi dio ljudskog bića je duša, sastavljena od "svijesti i razuma". Ovaj dio nije napravljen od materije i stoga je besmrtan, jer ne može završiti u fizičkom raspadanju.

Platon potvrđuje postojanje psihičkog mjesta zvanog "Svijet ideja". Ovaj svijet postoji kao što postoji svijet materijalnih stvari. "Svijet ideja" je omiljeno mjesto za postojanje duše. Čovjek može spoznati ovo mjesto koristeći razum.

Duše postoje u "Svijetu ideja" (Πλατωνικό υπερουράνιο) i čekaju da se smjeste u tijelo. U ovom čekanju duše sazrevaju savršeno znanje o "idejama". Međutim, kada se duše spuste u tijelo, one zaboravljaju ovo znanje, odnosno zadržavaju samo blijedo sjećanje na njega. Dakle, svaki oblik učenja koji se razvija u ljudskom životu nije novo stjecanje informacija, već proces prisjećanja na stvari koje su već poznate, ali zaboravljene.

Konceptualna osnova Platonove filozofije fino je ugođena u raznim "Dijalozima". U ovim djelima Platon poriče da je potraga za znanjem nemoguća, kao što tvrde "heristički" filozofi kao što su Euthydemus i Dionisidores. Teze ovih filozofa mogu se sažeti na sljedeći način:

- Pretpostavimo da ne znate šta tražite. Da ste ga pronašli, ne biste ga prepoznali kao metu vaše pretrage.
- Ako već znate šta tražite, vaša potraga je besmislena.

Platon svojom filozofijom proturječi ovim pretpostavkama:

- Predmet istraživanja je samo djelimično nepoznat, jer duša svakog čovjeka prije rođenja poznaje izvorne Ideje, ali ih onda zaboravlja. Shodno tome, cilj čovjekovog istraživanja je znanje koje je već prisutno u njemu, čak i ako je zaboravljeno.

Mit o Platonovoj pećini.

Za Platona su "ideje" savršene i nepromjenjive, i postoje nezavisno od tijela, stoga ne mogu proizaći iz osjetila (vida, sluha, mirisa itd.). Pet čula su nesavršena oruđa tela. Da bi objasnio ovaj koncept, koristi mit o pećini. Pećina je zatvor za muškarce, koji su primorani da gledaju na varljivu stvarnost, odnosno na senke koje se reflektuju na zadnjem zidu.

Prave slike nalaze se izvan pećine, u svjetlosti sunca, odnosno u svjetlu razuma i znanja. Ova svetla se ne mogu uočiti sa pet čula; nažalost, zatvorenici nisu svjesni njihovog postojanja.

Platon predlaže ovaj mit u VII knjizi svog djela "Republika". On to objašnjava kroz dijalog između Sokrata i učenika Glaukona. Dijalog ide otprilike ovako.

> "Prijatelju moj, zamisli ovakvu situaciju. Zamisli da neki ljudi borave u podzemnoj nastambi u obliku pećine. Ljudi su ovdje zaključani otkako su rođeni. Ovi ljudi su vezani lancima. Ne mogu pomjeriti svoja tijela .
>
> Iza njih sija svjetlost zapaljene vatre."
>
> Glaukon je odgovorio: "Kako čudna ova slika i kakvi čudni zatvorenici!"
>
> Sokrat je dalje rekao:
>
> „Naravno, zatvorenici izgledaju čudno. Mislite li da su u životu vidjeli nešto drugo osim senki koje je bacala vatra na dnu pećine? Dakle, kada bi mogli razgovarati, vjerovatno bi tema razgovora bila senke koje se pojavljuju na dnu pećine."
>
> "Bez sumnje."
>
> „Stoga bi zatvorenici vjerovali da su sjene tih objekata jedina postojeća stvarnost.
>
> "To je apsolutno tačno."
>
> „Pa, ako bi neko oslobodio te zarobljenike sa lanaca, šta bi se moglo desiti? Kada bi zatvorenik odjednom mogao da ustane i pogleda oko sebe, izađe i pogleda u svetlo, šta bi se desilo?
>
> Vjerovatno zbog zasljepljujuće svjetlosti zatvorenik ne bi mogao vidjeti svijet oko sebe.

Zar ne mislite da bi taj zatvorenik bio zbunjen? Zatvorenik bi verovatno zaključio da su senke bolje od svetla koje ga sada zaslepljuje. Zar ne misliš tako??

- Zatvorenici nas predstavljaju, u smislu da živimo u sličnoj situaciji.
- Unutrašnjost pećine je naš empirijski svijet, odnosno svakodnevni svijet našeg iskustva.
- Lanci koji nas zatvaraju su pet čula. Čula su apsolutno nesavršeni alati koji nas tjeraju da vidimo lažnu stvarnost.
- Sjene koje se pojavljuju na dnu pećine su snovi, strahovi, fantazije i iluzije. Oni su izgrađeni na ukupnoj lažnosti situacije.
- Osloboditi se okova da biste mogli da vidite stvarnost i svetlost sunca znači osloboditi se uslovljenosti čula.

Ovo prisilno uslovljavanje nije filozofsko već fizičko. Možemo čuti i vidjeti samo u uskim granicama mogućih frekvencija, možemo okusiti u granicama slatkog i slanog. Stoga možemo imati samo ograničene informacije o objektima. Čvrstoću i toplinu predmeta možemo ocijeniti vrlo grubo. U isto vrijeme ne možemo razumjeti ništa o elementarnom sastavu molekula i atoma koji čine materiju.

Naša percepcija svijeta mora biti oslobođena okova. Oslobađanje ne može biti fizičko, jer ne možemo natjerati pet čula da funkcioniraju drugačije. Na kraju krajeva, moramo biti zahvalni pet osjetila na njihovom funkcioniranju, jer nas ona čine sposobnima za interakciju s makroskopskom stvarnošću u kojoj živimo.

Stoga, oslobođenje mora biti mentalno, racionalno. Moramo u sebi izgraditi svijest da postoji realnost i da je ona

„tamo van, izvan pećine“. Čula nam ne dozvoljavaju da vidimo ovu stvarnost. Međutim, ova realnost se može doživjeti razumno.

Na nivou svijesti, možemo priznati da su sve istine koje poriču osjetila, kao što su, na primjer, duhovnost, duša, psihička dimenzija ideja i uređena inteligencija kosmosa, upravo "tamo, izvan pećine". Ove ideje se mogu snažno manifestirati u našoj svijesti.

To se također može dogoditi kada u svakodnevnom iskustvu ostanemo okovani fizičkim osjetilima.

Zatvorenici nikada nisu videli ništa osim svojih senki; stoga misle da su senke stvarnost. Međutim, zatvorenik pobjegne i pogleda oko sebe. On vidi predmete i shvata da su stvarniji od senki. Izlazi iz pećine i zaslijepljen je suncem. On naslućuje da je van pećine sve istinitije. Pita se odakle dolazi svetlost i shvata da svetlost svemu daje smisao. Svetlost predstavlja znanje i ideju dobrog i lepog.

Međutim, Platon sjenama ne pripisuje potpuno negativnu vrijednost. Put iz pećine počinje pravo u sjeni. Sjene su povezane sa stvarnim objektima. Prema Platonu, iznad svega su "ideje". Iz "ideja" izvode objekte osjetilnog svijeta. "Ideje" su "psihički arhetipovi", tj. "originalni primitivni modeli". Predmeti koji se zatvorenicima pojavljuju kao sjene, modelirani su po ovim modelima.

Sva Platonova filozofija ima mnogo sličnosti sa "teorijom arhetipova" i "teorijom kolektivne podsvesti" koju je mnogo vekova kasnije razradio Karl Jung.

Slika 4 - Neke ličnosti koje su iznosile teorije suprotne materijalizmu (fotografija sa interneta).

Od Platona do teorije "vitalizma".

Teorija "vitalizma" razvila se između 18. i 19. stoljeća, na tragu neoplatonističkih ideja i renesansne filozofije. Prema ovoj struji misli, Platonove "ideje" trebale bi se proširiti na cijelu prirodu i postati sastavni dio svakog pojedinog organizma i svega što postoji. Stoga je čitav kosmos oživljen inteligentnim principom, Dušom svijeta. (na latinskom “Anima Mundi”).

Ovaj filozofski termin ukazuje na vitalnost prirode u njenoj ukupnosti, smatrajući je sličnom jednom velikom živom organizmu. Dakle, to je ujedinjujući princip kosmosa. Od njega se oblikuju pojedinačni organizmi: oni, iako su artikulisani i diferencirani svaki prema svojim individualnim specifičnostima, ipak su međusobno povezani zajedničkom univerzalnom Dušom.

Gottfried von Leibniz je pripisao život i sposobnost mišljenja čak i materiji, inertnoj materiji.

To je, naravno, bilo u oštroj suprotnosti s materijalističkim determinizmom, koji nikada nije prihvatio mogućnost dubokog jedinstva cijele prirode.

Veliki zagovornik vitalizma u 20. veku bio je Henri-Luj Bergson (1859-1941), francuski filozof i dobitnik Nobelove nagrade za književnost 1927.

U svojim spisima, u kontroverzi sa materijalističkim determinizmom, Bergson ponovo potvrđuje da se biološki život ne sastoji od nasumične agregacije hemijskih jedinjenja koja se sama reproduciraju, već je to višegodišnja i neprestana tvorevina.

Bergson tvrdi da se u osnovi svega nalazi vitalni impuls, koji materiju gura ka sve složenijim kreacijama. Ovaj zamah se širi u različitim smjerovima i različitim intenzitetom. Na taj način objašnjava postojanje biljnog svijeta odvojenog od životinjskog svijeta. U Bergsonovoj koncepciji materijalističke teze o mehanizmu i determinizmu više nemaju nikakvo značenje.

Evolucija koju je zamislio Bergson polazi od pretpostavke da ništa nije fiksno ili određeno, već da je sve u unaprijed određenom kretanju. Evolucija ide putem koji ima samo jedno porijeklo.

Bergson predstavlja kreativnu evoluciju.

U ovom kontekstu, materija je kulminacija kreativnog impulsa. Dakle, prema Bergsonu, materija je manifestacija duha.

Bergson također osuđuje pokušaje otkrivanja misterije života analizom pojedinih dijelova živog bića. U tom smislu, on dijeli izjavu Mefistofela u Faustu:

> "Da bi razumjeli i opisali živo biće, mnogi ga ubiju i podijele njegovo tijelo na dijelove. Tada u tvojoj ruci ostaju samo inertni fragmenti koji – nažalost – nemaju nikakvu vezu sa životom" ".

Nikada se ne može shvatiti misterija života rastavljajući živo biće na komade. Zaista, materijalisti bi to željeli učiniti, imitirajući dijete koje razbija igračku da bi razumjelo kako ona funkcionira. Može se raditi i sa igračkama, jer misterija kako to radi leži u nekoj mehaničkoj oprugi ili nekom zupčaniku; stoga se misterija nalazi unutar igračke. Misterija života, s druge strane, nije unutar biološkog stvorenja: ona dolazi izvana, ona je dio duše svijeta.

Od Hansa Driescha do Carla Junga.

Ličnost od posebnog interesa u polju teorije "vitalnosti" je Hans Driesch, (1867-1941), nemački filozof i biolog, pionir istraživanja u oblasti embriologije. Između 1891. i 1900. vodio je istraživanja morskih ježeva na Zoološkom Stanica u Napulju.

U početku je pokušao da objasni razvoj embriona na osnovu mehaničkih teorija.

Međutim, ubrzo je morao shvatiti nedostatnost tih teorija.

Konačno, Driesch He je pretpostavio vitalni princip nematerijalnog tipa koji dolazi izvan organizama.

Oslanjajući se na Aristotelove studije, Driesch je ovaj princip nazvao "Entelehija sa grčkog "ἐντελέχεια". Ovaj pojam označava stvarnost koja u sebi sadrži konačni cilj prema kojem teži da evoluira. Primijenjena na vrstu ili čak jednu jedinku, entelehija pretpostavlja postojanje "mjesta" gdje se ta informacija nalazi.

To je "mjesto" izvan fizičnosti pojedinca. Međutim, pojedinci mogu crpiti informacije sa ovog "mjesta".

Drieschove teorije bile su posebno fascinantne za Carla Junga. U svom radu objavljenom 1952. godine "Sinhronicitet kao princip neslučajnih veza", kojim je svijetu službeno objavio svoju teoriju sinkroniciteta, švicarski psiholog priznaje da je od 1925. bio pod utjecajem čitanja Drieschovih spisa.

Jungova razmišljanja o sinhronicitetu su počela već 1916. godine, ali prve eksplicitne formulacije teorije datiraju oko 1925. godine, poklapajući se sa nalazima s Drieschovim teorijama.

"Stepeni postojanja" Ernsta Šumahera.

U svojoj svesci "Epohalna zima. Aktuelna razmatranja" Hanspeter Padrutt se bavi i komentariše posebno rangiranje koje je u prošlom veku formulisao Ernst Fridrih Šumaher, o različitim stepenima bića (sl. 5).

Ernst Šumaher je bio uticajni nemački filozof i ekonomista, rođen u Bonu 1911. (sl. 4). Emigrirao je u Englesku prije Drugog svjetskog rata kako bi izbjegao život pod nacizmom: ipak, na izbijanju rata smatran je "neprijateljskim vanzemaljcem" i bio je interniran na izolovanoj farmi u Ujedinjenom Kraljevstvu. U tom periodu upoznao je poznatog ekonomistu John Keynesa. Keynes je cijenio neka od njegovih djela i dobio njegovo oslobađanje. Na taj način Schumacher je mogao doprinijeti ekonomskom i finansijskom oporavku britanske vlade. Kao rezultat toga, Schumacher je dobio dobru poziciju na Univerzitetu u Oksfordu.

Ernst Schumacher se zainteresirao za probleme iskopavanja uglja, a postao je poznat po svojoj kritici zapadnih ekonomija i po svojim prijedlozima u vezi sa usvajanjem humanijih industrijskih tehnologija.

Godine 1977. objavio je "Vodič za zbunjene". U ovom eseju on kritikuje naučni materijalizam i ulazi u istraživanje prirode i organizacije znanja bića. U ovom malom "vodiču za život u svijetu", Schumacher se odriče paradigmi klasične nauke.

Šumaher poziva čitaoca da se osvrne na sebe i povrati svoj život i smisao postojanja.

Pored ekonomije i filozofije, njegova velika strast bilo je baštovanstvo kojem se sa strašću posvetio. Umro je 1977. na putovanju u Švicarsku.

On je dio svog filozofskog istraživanja prenio u shemu objašnjenja. Ovo pokazuje njegovu edukaciju kao ekonomiste. Zaista, Schumacher izražava svoju ideju o različitim nivoima svijesti i znanja na neobičan način koji više podsjeća na matematičke formule nego na filozofske koncepte. Bez sumnje, ova metoda daje veliku jasnoću konceptima.

Psiholog i filozof William James (predsjednik Društva za psihološka istraživanja od 1894. do 1895.) poznat je po svojoj izjavi:

"Ono što znamo je samo mala kap u velikom okeanu neznanja."

Ovo zapažanje staro je dva veka, ali je i dalje istinito i aktuelno, posebno danas. Godine 1835. Ogist Kont, francuski filozof koji se smatra ocem pozitivizma, odlučno je izjavio da nikada ne možemo ni na koji način proučavati hemijski sastav zvezda. Danas se to radi normalno.

U naučnoj oblasti, danas više nego juče, sasvim je jasno da znamo vrlo malo. Prije samo nekoliko decenija vjerovalo se da su atomi najmanji dio materije i da to nije dalje djeljivo; umjesto toga, danas se nove čestice i dalje otkrivaju u akceleratorima i kvantna fizika izaziva ozbiljne sumnje o tome šta su čestice, idući toliko daleko da se pretpostavlja da one uopće ne postoje već se sastoje samo od vibrirajuće energije.

Horizont ljudskog znanja ide sve dalje i dalje: teorija relativnosti je upravo poremetila našu sigurnost u vezi s fiksnošću vremena i prostora, a mi već utvrđujemo kako nam je taj svemir, za koji smo mislili da ga tako dobro poznajemo, barem nepoznat. za 90% svoje suštine.

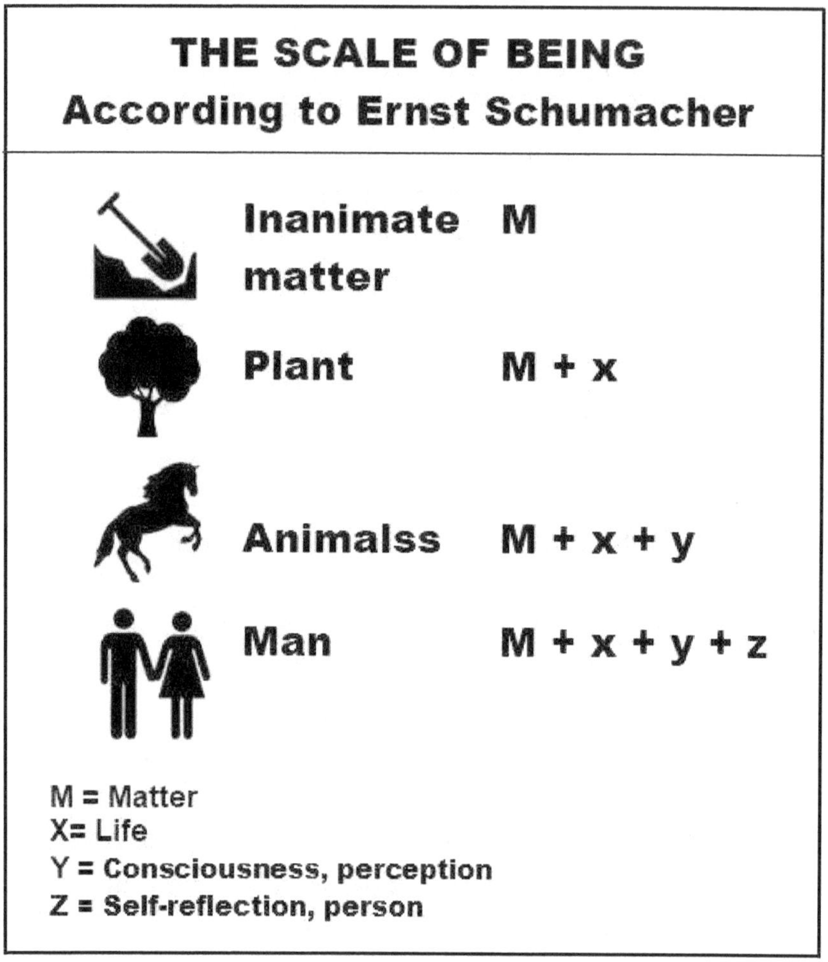

„Merdevine postojanja". Prema Ernstu Šumaheru.

Slika 5 – Prema Ernstu Šumaheru, uticajnom nemačkom filozofu i ekonomisti, svaki nivo stvarnosti podrazumeva postojanje višeg nivoa.

Svaki gornji nivo uključuje sve niže nivoe. Istovremeno, viši nivo dodaje viša svojstva nižim nivoima.

Na najnižem kraju skale nalazimo neživu čvrstu materiju.

Penjući se merdevinama, susrećete biljke i životinje.

Šumaher stavlja čovjeka na najviši nivo.

Tamna materija bi mogla da vredi i do 90% univerzuma. Što se tamne materije tiče, ona liči na "Arapa Feniksa" kojeg spominje pjesnik Metastasio: "Svi kažu da postoji, ali niko ne zna gdje je".

Svaki dan osvajamo mali prostor znanja, da bismo onda shvatili da je taj prostor otvoren prozor u nove ogromne i nepoznate teritorije. Danas nauka ima stotine, ako ne i hiljade prozora otvorenih na panoramama čije je samo postojanje izvesno, dok sadržaj ostaje potpuno nepoznat,

Znamo da smo sazdani od materije. Mi smo skup molekula, koji se sastoje od agregata atoma, koji se sastoje od agregata elementarnih čestica. Međutim, gdje pripada iskra života, gdje ona stanuje? Gdje se nalazi organizacija ovih agregacija materije? Naše tijelo je vozilo, izuzetno efikasna mašina; ali vozač, gdje je on?

Da li je sve bilo slučajno? Čudesna nesreća nasumično je agregirala materiju u oblik našeg tijela. Nakon toga, da li se dogodilo još jedno čudo koje je ovoj agregaciji inertne materije dalo samosvijest?

Godine 1981. dva renomirana astronoma, Fred Hoyle i Chandra Wickramasinghe, hteli su da izračunaju kolika je verovatnoća da je život rođen upravo takav, slučajno. Zaključili su da će postojati vjerovatnoća jednaka vjerovatnoći uragana koji, ispuštajući svoju snagu na metalnu deponiju i pomjerajući ih u vrtlogu vjetrova, može formirati Jumbo Jet spreman za let. Savršeno. Ali čak i da se ovo nekim čudom dogodi, odakle bi došao pilot sposoban da poleti u letu?

Uprkos svim naporima materijalista, očigledno je da materija sama po sebi ne može preći određenu granicu. Iza savršenstva univerzuma mora postojati inteligencija, superiorna svest koja sve vodi.

Čovečanstvo čeka da nauka konačno sebi postavi za cilj odustajanje od materijalizma i traženje nematerijalnog nivoa. Ovaj nivo bi bio "Univerzalna svest" nezavisna od vremena i prostora, "Polje energije i informacija".

Zadatak nauke će biti da identifikuje "Projekat", "Knjižicu sa uputstvima". Govorimo o svoj mudrosti univerzuma. Naša savest crpi iz univerzalne mudrosti, nesvesno. Ovo se dešava sada.

Naša individualna svijest dio je veće svijesti iz koje crpi informacije i mudrost.

Moje srce vjerovatno ne zna da je dio veće cjeline, odnosno da je dio mog tijela. Isto tako, i ja sam dio veće cjeline, a da to ne znam. Međutim, veća cjelina čiji sam dio poznaje me i brine za mene.

U tom smislu Schumacher u svojoj shemi predlaže različite faze u kojima je dio svemira dio veće cjeline, čak i ne znajući za to; veća cjelina, zauzvrat, uključuje dijelove niže na skali i dodaje nešto više (sl. 5).

Najniži nivo (M) je nivo inertne materije koja se može izmeriti na vagi i izmeriti u svojim dimenzijama. To je dio višeg nivoa, svijeta povrća. Ovaj nivo uključuje "M", ali dodaje "x", što znači život.

Prema tome, ako je nivo minerala samo M (materija), sljedeći nivo, biljni, je M+x, tj. materija + život. Ali ovaj nivo je zauzvrat deo višeg nivoa, trećeg nivoa.

Treći nivo, koji se odnosi na životinjsko carstvo, uključuje inferiorni (M+x) ali dodaje "y", odnosno svijest i sposobnost opažanja. Dakle, treći nivo postaje M+x+y.

Čitav treći nivo je deo četvrtog nivoa, odnosno nivoa koji se odnosi na čoveka. Četvrti nivo dodaje "z", tj. samosvest o svom "Ja". Dakle, u "stepenima postojanja" čovek je M+x+y+z.

Šumaher ovde zaustavlja svoje merdevine. Ali ako svaki korak prirodno pripada višem stepenu, onda četvrti nivo, onaj čoveka, takođe mora imati viši nivo.

Šta je gornji nivo za čoveka?

Zašto ne bi postojao i viši nivo, uključujući M, x, y, z ali i "nešto više"?

Najprirodniji odgovor je da. Postoji peti nivo, onaj "Univerzalne svijesti", koji dodaje još jednu vrijednost.

Ne znajući kako da definišemo ovu vrednost, nazivamo je "beskonačno". Njegov simbol je ∞.

Peti nivo skale bi postao M+x+y+z+∞.

Ovako završena skala stepena bića čini čoveka delom univerzalne Svesti koja obuhvata ceo univerzum: materiju, život, svest, samosvest, beskonačnu energiju i informaciju.

Na taj način se nematerijalni dio nas samih, naš lični pilot, ujedinjuje sa velikim univerzalnim pilotom, od kojeg dobija svoju letačku dozvolu. Naša lična savest je stalno u stalnom dijalogu sa univerzalnom Svešću. Da je to slučaj, konačno bismo znali odakle potiču naše duboke intuicije, naše apriorno znanje, naša najplemenitija osjećanja.

Stoga bismo znali odakle dolazi onaj dio nas koji je apsolutno stran životinjskom svijetu. Izašli bismo iz čisto životinjskog stanja u koje nas materijalizam želi natjerati

Istina, tokom ljudske istorije čovjek je uvijek intuitivno vjerovao u nešto više. Čovjek je ovu višu stvarnost nazvao koristeći beskonačna imena beskonačnih božanstava.

Svakako postoji kosmička inteligencija, koja prevazilazi naše razumevanje. Mi smo stalno pod uticajem ove inteligencije.

Čini se da čovjek ima urođenu potrebu da vjeruje u nešto veće. Uostalom, čak i uvjerenje da nema ničeg većeg je i dalje vjerovanje, čin vjere.

Snovi koji ukazuju na izume i uspjehe.

Mendeljejevljev periodni sistem.

U ruskim naučnim krugovima se tvrdi da je Dmitrij Ivanovič Mendeljejev došao da odredi sastav tabele elemenata zahvaljujući snu. Čuveni hemičar (1834–1907) želeo je da na racionalan način organizuje 65 hemijskih elemenata poznatih u njegovo vreme. Intuitirao je da organizacijski obrazac mora biti povezan s atomskom težinom, ali nije mogao odrediti tačan odnos. Prema ruskom hemičaru B.M. Kedrov, Mendeljejev je izjavio:

> "U snu sam vidio ravnu površinu, na kojoj su svi elementi poređani u traženom redoslijedu. Nakon buđenja, odmah sam nacrtao taj raspored na listu papira".

Tako je nastao periodni sistem koji i danas poznajemo. Mendeljejev je primijetio da je raspored viđen u snu bio toliko tačan da je otkrio da su neki elementi prethodno bili netačno izmjereni.

Googleov pretraživač.

Larry Page, suosnivač Gugla, kaže da mu je ideja o pretraživaču sa Gugl karakteristikama pala na pamet tokom "živog" sna. Nakon razgovora o tome sa njegovim prijateljem Sergejem Brinom, zajedno su kreirali Backrub, preteču današnjeg Google-a.

Paul McCartney i "Yesterday".

Pol Makartni kaže svom biografu Bariju Majlsu da se jednog jutra 1965. probudio uz muziku u glavi. Ustao je i odsvirao na klaviru melodiju koja će postati "Yesterday". Danas je ova pjesma rođena u snu u Ginisovoj knjizi kao najsnimljenija pjesma.

Prijenos signala u mozgu.

Početkom 1900-ih, naučnici su pogrešno vjerovali da je prijenos signala u mozgu električan. Umjesto toga, san Otta Loewija sugerirao je ispravnu teoriju. Loewi je bio predavač na Univerzitetu u Gracu u Austriji, ali se preselio u Sjedinjene Države za vrijeme nacističkog režima. Ovdje je predavao na Univerzitetu u New Yorku, gradu u kojem je umro 1961. Njegove studije su se fokusirale na farmakologiju supstanci koje djeluju na autonomni nervni sistem, kako na simpatički tako i na parasimpatički, otkrivajući da su medijatori aktivni u funkcionisanju nervi i mišići su hemijskog tipa, a nisu električnog tipa.

Loewi je do ovog otkrića došao nakon sna. Probudio se i naškrabao neke bilješke na komad papira. Nakon buđenja shvatio je da je napisao temelje teorije koja će promijeniti istoriju medicine: da se informacije prenose hemijski, preko aktivnih hemijskih medijatora. Zahvaljujući ovom otkriću, Otto Loewi je 1936. godine dobio Nobelovu nagradu za fiziologiju

Niels Bohr i atom.

U članku koji je Edwina Portocarrero napisala na Massachusetts Institute of Technology (MIT) s nekim od njenih saradnika, čitamo sljedeće:

> «Niels Bohr (1885–1962) razvio je atomski model zasnovan na svom snu. U snu je Bor sjedio na suncu dok su sve planete, kružeći okolo, šištale i kretale se kao na žicama ».

Zaista, trenutni atomski model sastoji se od centralnog jezgra i niza elektrona koji kruže oko njega. Portocarrerov članak bio je posvećen upravo snovima i nosio je naslov "Lekcije na jastuku: diskontinuirano sučelje za prisjećanje i reprodukciju snova".

Mary Shelley i Frankenstein

U maju 1816. grupa pisaca odsjela je u hotelu u Ženevi. Među tim piscima bili su lord Bajron, njegova ljubavnica Claire Clairmont sa svojom sestrom Mary Shelley i drugi ljubitelji književnosti. Dan je bio kišovit i odlučili su da prevladaju dosadu čitajući priče o duhovima. Byron tada predlaže da sami sastave priču o duhovima: svi su prihvatili. Meri Šeli nije imala pojma odakle da počne, ali je tokom noći videla u snu trenutak kada je ludi naučnik stvorio Frankenštajna. Sljedećeg jutra počeo je da piše jeziv nastavak, a knjiga je bila uspješna koliko je znamo. Šta bi danas bila horor književnost bez Frankenštajna?

"Misery" ne mora da umre

Ovo je jedna od najpopularnijih knjiga Stivena Kinga, po kojoj je snimljen i film. Sama autorka kaže da mu je ideja za radnju, zasnovanu na obožavatelju koji svog omiljenog pisca drži zatvorenika da prepiše kraj priče, pala na pamet tokom sna u avionu.

Šivaća mašina Eliasa Howea

Pronalazak šivaće mašine pripisuje se Eliasu Houu (1819–1867), koji je imao zaslugu da je u velikoj meri unapredio neke postojeće dizajne i patentirao svoju poboljšanu verziju. Hou je dugo bio zaglavio sa svojim projektom: zapravo, Howe nije znao gde da stavi ušicu igle.

Zbog ovog problema rad je zaustavljen i on je skoro pao u siromaštvo. Njegova prvobitna ideja bila je da prati tradiciju i stavi ušicu igle na gornji kraj igle. Međutim, pri tome se nit uvijek zapetljava. Nikada nije pomislio da stavi ušicu igle blizu vrha igle.

Godine 1845. Howe je usnio čudan san. Neki kanibali su ga uhvatili i proboli ga svojim kopljima. Njegovo uvježbano oko primijetilo je da koplje ima rupu blizu vrha. Rekavši to, primijenio je ovu ideju na svoj izum i nastala je šivaća mašina.

Snovi Wolfganga Paulija

Fizičar Wolfgang Pauli, dobitnik Nobelove nagrade, više puta je tvrdio da je dobio inspiraciju u snovima, korisnim za formulisanje njegovih naučnih teorija.

Jedan od snova koje je Pauli pamtio do kraja života bio je ono što je nazvao "Svjetski sat". Pauli je u snu vidio dva koncentrična točka koja su se okretala u neharmoničnom smjeru. Avaj, točkovi su bili povezani nemogućom centralnom osovinom. Dok je Pauli sanjao, on je bio podvrgnut psihološkoj analizi u Jungovom studiju i shvatio je da slika sadrži poruku koju treba prenijeti u njegovo naučno istraživanje. Za Paulija, dva točka su predstavljala psihu i materiju, koje je trebalo ujediniti u naučnu teoriju. Nažalost, uprkos tome što je težio ovom cilju kao doživotnoj misiji, Pauli nije uspeo da pronađe način da pomiri naučni materijalizam sa duhovnošću. Zaista, moderna nauka odbacuje svako upućivanje na psihu ili duh kao da je guba.

Od Platona do Berklija.

U mitu o pećini Platon sugerira da sve stvari, kako ih mi vidimo, nisu ništa više od gigantske iluzije, ali ne ide toliko daleko da eksplicitno izjavi da stvari ne postoje. Ovaj koncept se, međutim, više puta navodi u ljudskoj misli, i postaje okosnica filozofije Džordža Berklija (sl. 6). Berkeley je bio irski teolog i anglikanski biskup. Sa Johnom Lockeom i Davidom Humeom, Berkeley je bio jedan od tri velika britanska empirista. Prema Berkliju, jedini objekti ljudskog znanja su ideje.

Ono što mi definišemo kao stvar nije ništa drugo do skup ideja. Na primjer, jabuka nije ništa drugo do kombinacija određene boje, određenog okusa, određenog mirisa, određenog oblika, određene konzistencije.

Svi objekti za koje verujemo da postoje (jer nas čula teraju da verujemo da postoje) u stvari uopšte ne postoje: nemaju konzistentnost, nemaju telo, oni su samo ideje koje čula prenose u mozak, mi konfigurirati pripisujući im lažni utisak materijalnosti.

Mi uopšte ne poznajemo objekte: poznajemo samo ideje o objektima koje čula prenose našem mozgu. Živimo kao u snu, kao zatvorenici Platonove pećine koji posmatraju senke, verujući da su stvarne. Imamo prostorno-vremenske percepcije vezane za pretpostavljene objekte koji ne postoje.

Berkli i srušeno drvo.

Korisno je ponovo postaviti drevno pitanje: ako drvo padne u šumi i nema nikoga u blizini, da li ono pravi buku? Ovo pitanje je postavio George Berkeley.

Berkeley je rođen u Kilkennyju u Irskoj 12. marta 1685. i umro u Oksfordu 14. januara 1753. Diplomirao je 1707. godine, nakon što je završio univerzitetske studije matematike, logike, klasične književnosti, teologije i filozofije na koledžu Triniti u Dablinu. Odmah je produbio svoje znanje o velikim misliocima svog vremena čitajući djela Lockea, Gasendija, Newtona, Descartesa, Hobbesa i drugih, dajući na taj način oblik i smjer evoluciji svoje misli, kao da može izraziti kardinal princip njegove filozofije: nematerijalizam.

Godine 1709. objavio je knjigu "Esej o novoj teoriji vizije", a naredne godine knjigu "Traktat o principima ljudskog znanja". Godine 1713. napisao je i "Dijaloge između Hilasa i Filonousa".

Slika 6 - George Berkeley je bio irski filozof, teolog i anglikanski biskup. On tvrdi da su jedini objekti ljudskog znanja ideje; stvari same po sebi ne postoje, one su samo skup ideja.

Godine 1728. oženio se Anne Forster, najstarijom kćerkom Johna Forstera, predsjednika irskog Donjeg doma. Pošto je imao koristi od značajnog nasljedstva, njegov žarki religiozni duh potaknuo ga je da poželi da ode, sa svojom ženom, u nove zemlje Amerike gdje je namjeravao obavljati misionarsku djelatnost osnivanjem vjerskog koledža na Bermudskim otocima.

Dok je čekao da dobije obećana sredstva, Berkeley se preselio u Ameriku i nastanio se na Rhode Islandu, gdje je rođen Henry, njegovo prvo dijete. Nažalost, tada je filozof bio prisiljen napustiti inicijativu. Nažalost, kraljica nije održala prvobitno obećanje o finansiranju. Vrativši se u Irsku, imenovan je za biskupa Cloynea (za Irsku crkvu).

Berkleyjeva filozofska misao je usredsređena na idealizam kojem se on snažno suprotstavlja "prosvjetiteljstvu" koje proviruje između kraja 1600-ih i početka 1800-ih. Berkeley odbacuje materijalizam koji se degenerira u skepticizam i ateizam. Na ovu temu komponovao je "Alcifrone", polemički dijalog protiv slobodnih mislilaca tog vremena.

Berkeley je tvrdio da objekti postoje samo onako kako se percipiraju. Stoga, ako drvo padne u šumi u kojoj niko nije svjedok pada, ono ne pravi buku.

Sa stanovišta našeg zdravog razuma mogli bismo prigovoriti da očigledno stablo koje pada svakako stvara buku, jer lomljenje drvenastih vlakana i sudar s granama drugog drveća uzrokuju kretanje zraka tipično za zvučne valove.

Očigledno je, međutim, sama nauka intervenisala izražavajući pozitivno mišljenje Berkliju. U stvari, jedan od najstarijih i najprestižnijih popularnih naučnih časopisa, "Scientific American", koji je osnovao Rufus Porter 1845. godine, počeo je da se bavi ovom temom 1884. Sa dobro dokumentovanim člankom racionalno je pokazao da drvo koje pada ne čini ništa. buka ako nema nikoga ko može čuti zvuk pada.

U praksi, tvrdi časopis, istina je da pad drveta proizvodi vibracije u vazduhu, ali one se mogu detektovati samo slušnim sistemom koji ih preko unutrašnjih delova uha može prevesti u zvukove. Stoga, u nedostatku slušnog sistema koji bi mogao detektovati buku, toga nema. Besprekorno objašnjenje.

Na ovaj način rješavamo pitanje koje se ponekad pogrešno pripisuje zen filozofiji: ako drvo padne kada niko nije u blizini da ga čuje, ono ne pravi buku.

Vrativši se Berkliju, da bi ojačao svoju tezu, skovao je izreku "Esse est percipi" (Biti znači biti percipiran). Čitavo biće objekta sastoji se u tome da se on percipira i ništa drugo. To je sažetak njegove nematerijalne teorije, prema kojoj stvari nisu ništa više od niza ideja i nastaju tek kada se percipiraju.

Ovo nije posebno iznenađujuće otkriće za kvantnog fizičara. Kao što ćemo vidjeti, na nivou elementarnih čestica, one mijenjaju svoje ponašanje bez obzira postoji li neko ko ih posmatra ili ne: štaviše, u zavisnosti od toga kako se posmatraju, mogu promijeniti oblik u kojem se pojavljuju.

Posle vekova ironičnog hihotanja, Berklijeve teorije počinju da dobijaju čvrstu doslednost sa stvarnošću.

Iste vrste kao i drvo koje pada je više tehnološka dilema: ako upalimo sijalicu u praznoj prostoriji, u kojoj je niko ne može posmatrati, da li ona emituje svetlost? Obično bi se odgovorilo da; osim toga, svjetlost nije ništa drugo do percepcija nervnog sistema, pa ako u prostoriji ne postoji sistem koji je sposoban da percipira svjetlost, odnosno oko, nema svjetlosti. Svetlost počinje da postoji kada je neko može da vidi: ona sama po sebi ne postoji, ona je samo razrada vizuelnog sistema. Zapravo, zatvaranjem prekidača, jedan oblik energije teče i mijenja se u drugi oblik energije, koji mi, međutim, ne poznajemo. Poprimi izgled svjetlosti samo kada ga neko posmatra.

Slično bismo rekli: kakav ukus ima to primamljivo jelo koje ste servirali? Niko. Hrana će imati ukus kada je podnesete svom nepcu. Sam po sebi, okus je kvaliteta koja nije u potpunosti povezana s hranom koju jedete.

U ovom trenutku čini se razumnim da se zapitamo da li smo mi ti koji se prilagođavamo stvarnosti, ili je stvarnost ta koja se prilagođava nama.

Univerzum postoji jer ga gledamo.

Vratimo se na temu svjetlosti. Ako je tačno da sijalica u zatvorenoj prostoriji ne emituje svetlost jer je niko ne vidi, na isti način možemo reći da da nismo tu da gledamo u svemir, svemir bi bio taman. Zvijezde ne bi sjale, ni sunce ne bi sijalo, da nema ko da ih gleda.

Da bi svemir bio ono što se čini, neko mora biti tamo da bi ga vidio. Bez očiju sposobnih da transformišu fotone koje emituju zvijezde u svjetlost, svemir bi bio taman.

U drugom stihu Biblije (Postanak 1, 2) autor počinje izvještaj o stvaranju ovim riječima:

> "I reče Bog: "Neka bude svjetlost", i postade svjetlost. I vidje Bog da je svjetlost dobra, i odvoji svjetlost od tame..."

Bog je video da je svetlost dobra. Nakon što ga je stvorio, videvši ga, priznao je da je to bila dobra stvar. Svetlost postaje dobra stvar kada je Bog vidi. Ne samo to, kada Bog stvara čovjeka, on ga stvara „na sliku i priliku Božju“. Na taj način i čovjek može vidjeti svjetlost, tako da kreacija ostane "dobra stvar" jer je u svojoj suštini nešto čemu se divi.

Glavna zamjerka tome trebala bi doći iz teorije evolucije, prema kojoj sva živa bića potječu od jednog organizma predaka iz kojeg se razvija sva trenutna biološka raznolikost. Za svako živo biće razvili bi se najprikladniji organi koji bi garantovali njegov opstanak. Svi organi (ruke, noge, rep, perje, uši, koža i tako dalje) bili bi rezultat progresivnog poboljšanja već postojećih organa, ili u svakom slučaju razvijenih od strane predaka.

Stoga se peraja može transformirati u nogu koja prati prelazak ribe do kopnenih životinja: to jest, organ razvijen u datom stanju kao koristan za preživljavanje u tom stanju može evoluirati u drugi organ koji će biti koristan u drugom stanju. Ova teorija je vjerodostojna za gotovo sve organe, ali ne i za oko.

Evolucijske kontradikcije oka.

Ako postoji jedan problem koji proganja darviniste, to je upravo problem evolucije oka. Sam Darwin u svom djelu "Porijeklo vrsta" u stvari kaže:

> "Pretpostaviti da je oko, sa svim svojim neponovljivim mehanizmima [...], moglo biti formirano prirodnom selekcijom, čini se, slobodno priznajem, definitivno apsurdnim."

Prvi naizgled efikasan pokušaj da se objasni postepenost razvoja oka datira iz 1994. godine: to je poznati rad Nilssona i Pelgera "Pesimistična procjena vremena potrebnog za razvoj oka". Prema ovim naučnicima, oko bi evoluiralo iz početnog sloja ćelija osetljivih na svetlost, zahvaljujući kojima bi prvobitni organizam mogao da se usmeri ka izvoru svetlosti. Ovo potvrđuje, u svakom slučaju, da je potreba za viđenjem već bila svojstvena prvom organizmu.

Kasnije bi evolucijski procesi doveli do gomilanja ovih fotosenzitivnih ćelija u neku vrstu hemisferičnog bunara; kada je kokpit postao dovoljno dubok, na ivicama se pojavila dijafragma koja se mogla skupljati. Konačno, gušće područje koje može djelovati kao sočivo bi se formiralo u šupljini koja je već ispunjena providnom tvari.

Nažalost, evolucijski lanac opisan u ovim odlomcima nikako nije postupna i kontinuirana evolucija i ne odgovara onome što bi trebalo da budu uzastopne minimalne modifikacije iste karakteristike, jer uključuje dodavanje drugih potpuno nezavisnih organskih struktura. Potrebni su "pra-primitivna zjenica" i "proto-leća primitivnog oka".

U stvari, oko ne predstavlja evoluciju jednog primordijalnog organizma, već zahtijeva dodavanje različitih i sofisticiranih dijelova, kao što su sočivo, regulatorni mišići, senzorne stanice i inervacije. Sočivo bez retine, kao ni retina bez sočiva, nije funkcionalno. Ipak, mrežnica i sočivo nisu dio istog evolucijskog procesa jer imaju različite kvalitete tkiva što implicira različito porijeklo kako u embriogenom razvoju tako iu evoluciji.

Ovo nesumnjivo potvrđuje da je oko proizvod evolucijske konvergencije različitih dijelova u jednoj integriranoj funkciji: dakle, ako želimo govoriti o slučajnosti, to bi bila slučajnost podignuta na n-ti stepen.

Zaključno, nezamislivo je da bi uređaj tako specijaliziran kao što je oko mogao proizaći iz slučajnog razvoja, sve u početku bez specifičnih evolucijskih prednosti, koje se potom čudesno integriraju u vizualnu funkciju.

Možemo zamisliti razvoj primordijalnog oka, lišenog retine i kristalnog, samo ako ga shvatimo kao obavezan korak ka budućoj funkciji: to jest, kao dio projekta koji je već predviđao kakva će njegova upotreba biti u kasnijim epohama. Sigurno nije slijepa evolucija, već projekt vođen i potpomognut univerzalnom inteligencijom.

Kada stvari nisu onakve kakve izgledaju.

Ljudsko biće je dio cjeline koju nazivamo "univerzum", dio ograničen u vremenu i prostoru. On sebe, misli i senzacije doživljava kao nešto odvojeno od ostalih, u nečemu što je svojevrsna optička varka svijesti.

Ova iluzija je neka vrsta zatvora koji nas ograničava na naše lične želje i naklonost prema nekolicini najbližih ljudi. Naš zadatak je da se oslobodimo ovog zatvora povećavajući naše saosećanje u koncentričnim centrima da obuhvatimo sva živa bića i svu prirodu u njenoj lepoti.

(Albert Ajnštajn, fizičar, Nobelova nagrada)

Čudan slučaj dvojice predsednika.

U novije vrijeme vrlo je moderno, u trač štampi, tražiti čudne slučajnosti koje spajaju poznate ličnosti. Konkretno, izluđuje potraga za činjenicama, događajima i okolnostima koje uključuju Kate Middleton i Charlene iz Monaka.

Koincidencije su brojne, ali ne izgledaju posebno značajne. Na primjer, mnogo je naglašeno da i Kate i Charlene nemaju plavu krv. Obe žene su rođene u januaru, Kejt 9. a Šarlin 25. Ipak, što se tiče datuma, Kejt i Šarlin su se venčale 2011. godine.

Sa ličnije tačke gledišta, dve plemkinje su i sportisti i vole da prisustvuju svim vrstama takmičenja, okušavajući se u raznim disciplinama. Nadalje, oboje moraju imati posla s dvije prilično "glomazne" svekrve, Lady Diana za Kate i Grace Kelly za Charlene.

Svakako, intrigantnije je naracija o koincidencijama koje povezuju dva najpoznatija predsjednika Sjedinjenih Država. Hajde da razgovaramo o Džonu Fitdžeraldu Kenediju (sl. 7) i Abrahamu Linkolnu (sl. 8). Najrelevantnije koincidencije vezane su za modalitet njihove smrti. U stvari, oba predsednika su ubijena u vrlo sličnim okolnostima, Linkoln 14. aprila 1865. i Kenedi 22. novembra 1963. Evo nekih od poznatijih koincidencija oko njihovih ubistava:

- Obojica su ubijena u petak, hicem u glavu.
- Obojica su pored sebe imali suprugu, koja nije pogođena.
- Kenedi je ubijen dok je bio u limuzini Ford Lincoln Continental; Linkoln u "Našim američkim rođacima" u Ford teatru u Washingtonu.

Slika 7 - Nevjerovatan niz slučajnosti povezuje dva najpoznatija predsjednika Sjedinjenih Država, Abrahama Linkolna i Johna Fitgeralda Kennedyja, obojicu žrtve napada.

- U trenutku napada i Linkolna i Kenedija pratio je par: u oba slučaja povređen je muškarac koji je bio pored predsednika.
- Oba atentatora (John Wilkes Booth za Linkolna i Lee Harvey Oswald za Kennedyja) su imali tri imena sa ukupno petnaest slova.
- Obe ubice su umrle u nejasnim okolnostima pre nego što im je suđeno. Njihova smrt se dogodila otprilike u "isto doba dana" kada su umrle njihove žrtve. Obojica su umrli od prostrelnih rana..

Zatim postoje slučajnosti koje se tiču privatnog života ili političke karijere.

- Obojica su imali prezime sastavljeno od sedam slova, a kršteni su istim imenom kao i njihove bake i dede. Štaviše, oboje su bili drugorođeni u svojim porodicama.
- Obojica su se borili u ratu; Linkoln u ratu Crnog Jastreba i Kenedi u Drugom svetskom ratu.
- Obojica su tokom predsedničkog mandata izgubili sina. Linkoln je izgubio Williama Wallacea, a Kennedy Patricka Buoviera.
- Oboje su u trenutku smrti imali četvoro dece.
- Obojica su prvi put izabrani u Kongres 1946. godine; isto tako 1956. su bili kandidati za potpredsjednike, ali nisu izabrani jer je njihova stranka izgubila na izborima.

Slika 8 – Abraham Linkoln, žrtva pokušaja atentata 14. aprila 1865. Mnoge okolnosti njegovog života i smrti se nevjerovatno poklapaju sa sličnim u vezi s predsjednikom Johnom Kennedyjem.

- Obojica su bili uključeni u odbranu prava crnačkog stanovništva, Linkoln u vezi sa ukidanjem ropstva i Kenedi u promociji građanskih prava.
- Obojicu je naslijedio potpredsjednik po imenu Johnson: Andrew Johnson za Linkolna i Lyndon Johnson za Kennedyja.

Ako to nije bilo dovoljno, ko želi moći će da pronađe stotine drugih koincidencija koje povezuju živote dvojice predsjednika, konsultujući stranicu (na engleskom): https://www.near-death.com/

Objašnjenja skeptika.

Dok polovina svijeta nastoji proučavati ovakve slučajeve kako bi dodala još podudarnosti na listu, druga polovina nastoji pokazati da bi neke od predstavljenih podudarnosti bile lažne i pokušala bi upotrijebiti neke netočnosti da sve porekne.

Zatim postoje neke općenite primjedbe koje su dobre za svaku priliku, poput one da nije tako teško pronaći podudarnosti između dvije nasumično odabrane činjenice, ako se pogledaju svi detalji.

Prema zakonu velikih brojeva, ako se detaljno procijene život i rad dvoje poznatih ljudi, nije teško sastaviti listu slučajnosti. Ako bismo, na primjer, spomenuli Masaniella i generala Lamarmora, vjerovatno bi obojica voljela napuljsku picu i obojica su nosili veličinu 44 stope, ali ne znam koje bi se druge zaista značajne podudarnosti mogle naći.

Kada pet čula varaju.

Ali zašto nauka pruža toliki otpor paranormalnom? Zapravo, zapadna nauka je provela nekoliko vekova svog života ne verujući u to, a sada kada se u ovoj granitnoj izvesnosti počinju pojavljivati pukotine, dopušta da je zanese oportunizam. Zaista, teško je odreći se pogodnosti, konsolidovanih pozicija, karijera izgrađenih na afirmaciji materijalizma.

Štaviše, mi sami, koji smo voda po kojoj klizi brod nauke, toliko smo ovisni o ovim pozicijama da ih uzimamo zdravo za gotovo, uprkos činjenici da se svakodnevno suočavamo sa paranormalnim ili sa ekstrasenzornim percepcijama. Sada smo navikli vjerovati samo u ono što se može dodirnuti, izvagati i izmjeriti, tako da ni dokazi ne mogu iskorijeniti dogme materijalizma iz našeg mentaliteta.

Anksioznost nas tjera da damo važnost samo opipljivom, zaboravljamo da se u većini slučajeva najvažnije stvari ne mogu držati u ruci kako bi se pretvorile u novac.

Glavni izvor našeg blagostanja su misli, pozitivna raspoloženja, osjećaji i sve aktivnosti vezane za duh ili psihu koje uspijevaju dati duboko značenje i motivaciju našem postojanju ili, naprotiv, uspijevaju učiniti da ono izgleda beskorisno i bez budućnost.

Činjenice koje se događaju oko nas oblikovane su našim načinom tumačenja, našim optimizmom ili pesimizmom, našim gradijentom povjerenja i nade ili očajem. Oko nas nema objektivne stvarnosti, stvari nisu nepokretne, već se mijenjaju prema našem ključu tumačenja, odnosno kroz filter naše savjesti i našeg razuma.

U tom smislu, ono što opažamo sa pet čula, odnosno čulna stvarnost, uvijek je rezultat ekstrasenzorne obrade.

Umjesto toga, stalno doživljavamo ekstrasenzorne sposobnosti koje se ne mogu izmjeriti i izmjeriti, ali svakako postoje, kao što su hrabrost, optimistična vizija budućnosti, svijest da se život sastoji od uspona i padova. Nakon svakog najnižeg nivoa, uvijek prirodno dolazi do maksimuma. Povjerenje u sebe i bližnje, sažaljenje i dobrota, sposobnost da pomognemo i da nam se pomogne, sve to čini naše uvjerenje čvrstim. Svaki vjetar može duvati koliko god želi, a da nikada ne bude u stanju da iskorijeni ova uvjerenja.

Ono što opažamo sa naših pet čula, u burnim i mirnim periodima, uvijek je posredovana istina. Ovo važi ne samo na psihološkom nivou, već i na praktičnom. Naša osjetila, koja nam se čine tako savršena, dizajnirana su za maksimalnu uštedu. Oni služe samo da nam pruže pomoć koja je neophodna za kretanje i rad u okruženju bez oštećenja.

Na primjer, naš sluh je sposoban da uhvati vrlo niske zvukove (frekvencije oko 30 Herca) do onih vrlo visokih, frekvencije oko 10-15.000 Hertz. Međutim, izvan ovog raspona postoji beskonačna raznolikost zvukova. Nažalost, naše uši ne mogu da percipiraju ove zvukove. Na primjer, ultrazvuk, koji često čuju mnogi naši kućni ljubimci. Zašto čujemo samo frekvencije od 30 do 15.000 Herca, a ne one veće ili niže? Jednostavne, jer ne bi bile korisne za naš opstanak.

Niže čujne frekvencije mogu signalizirati tutnjavu lavine koja se približava, a više zvučne frekvencije mogu signalizirati šištanje zmije. Ne treba nam ništa drugo da preživimo.

Prisiljeni granicama sluha, svu božanstvenost umjetnosti kao što je muzika smještamo u ovaj raspon frekvencija, a ne zamišljamo ni koje bi simfonije mogli komponovati (ali prije svega čuti) da je raspon širi. Za nas je sva muzika ograničena na mizernu skučenost onoga što naše uši percipiraju, od 30 do 15.000 herca. Čak i ne pomišljamo na postojanje nevjerovatno razrađenijih i privlačnijih harmonija. Za nas ne može postojati druga muzika osim one koju naše uši mogu čuti.

Ne vjerujemo da postoji koncert rastućeg drveta, menuet rascvjetalog cvijeta ili mračna simfonija stijene koja godinama stenje dok se sprema da se otrgne od planine.

Ove nedostatke nadoknađujemo lepljenjem lažnih zvučnih zapisa u dokumentarne filmove, prikladne za naš slušni opseg; očigledno, to nisu pravi zvuci.

Onda kada nam pričaju o šamanima koji uspijevaju putovati ovim svjetovima i slušati ove zvukove, te skrivene glasove prirode, mi ne vjerujemo onima koji nam govore i procjenjujemo ih ludima.

Naša čula nisu stvorena da nas približe svemiru, već, mnogo prozaičnije, da nas spreče da udarimo nožnim prstima o neki ugao kada hodamo ili da stavimo previše vruću hranu u usta dok jedemo. Oni nam također pomažu da izbjegnemo otrov nekog malog stvorenja koje je previše šareno ili previše prekriveno bodljama.

Naša čula su i dalje ona neandertalskog čoveka, dok smo sada evoluirali daleko iza faze "Sapiens sapiens", sada smo "Homo ciberneticus". Moramo razviti nova osjetila, prilagođena našoj novoj evolucijskoj fazi.

Objektivnost i subjektivnost.

Ono u šta vjerujemo određuje kvalitet našeg života.

Možemo birati između objektivnosti i subjektivnosti.

Objektivnost nužno podrazumijeva našu nemogućnost da interveniramo na stvarima koje nas okružuju. Stvari stoje ovako, sviđalo se to vama ili ne. Sa objektivne tačke gledišta, sve je formirano i događa se izvan nas samih i uključuje nas bez mogućnosti bijega. Mi smo mehaničke igračke koje ponavljaju programirani zadatak marširajući i udarajući u tamburu i po suncu i po kiši, dok sunce neizbježno blijedi naše boje, a kiša rđa naše opreme.

Naprotiv, subjektivnost nas čini sposobnima da razumijemo i prihvatimo stvari tako što ih posredujemo, to je mreža koju pletemo i kroz koju filtriramo stvarnost. Subjektivnost pruža moćne i efikasne alate za suprotstavljanje ili podršku onome što nam život nudi.

Suočiti se sa životom sa subjektivne tačke gledišta znači osloboditi se od nametanja omasovljujuće sudbine i izgraditi ličnu, posredovanu sudbinu, obojenu različitim prilikama za svakoga od njih.

Život koji se živi subjektivno više nije mjerljiv i mjerljiv u laboratoriji, jer standardne mjere više ne vrijede; svaki postavlja svoje vrijednosti koje stoga izbjegavaju provjeru vanjskih promatrača. Oni se više ne mogu laboratorijski provjeriti, već su stvarni za svakoga u srcu, u krvi, u trbuhu, na koži i prije svega u duši.

Ljubav, vjernost, velikodušnost, prijateljstvo, povjerenje u sebe i druge su neobjektivne stvarnosti na kojima modeliramo svoje živote.

Dakle, postoji stvarnost koja nadilazi pet čula i omogućava nam da napustimo dimenzije mašina i postanemo ljudska bića, što i jesmo.

Pobjeda subjektivnosti predstavlja poraz materijalizma i smanjenje pet čula koja više nisu pokazatelji apsolutne istine, već jednostavna pomagala korisna za smještaj našeg postojanja u osjetilni univerzum. U ovom univerzumu, univerzumu Newtonove fizike, zasnovanom na tri klasične dimenzije plus vrijeme, pet osjetila nam pomažu na istinski primjeren način. Međutim, kada razmotrimo postojanje psihičkih univerzuma, slobodnih od materije, u kojima prevladavaju različite percepcije vezane za misao i dušu, onda shvaćamo da nam pet čula više ne pomažu, naprotiv, često nas varaju.

Poslednjih vekova materijalizam je poverio pet čula zadatak da apsolutno predstavljaju sva moguća ljudska iskustva. Istina, sama materijalistička nauka našla se u teškoćama suočena sa onim što danas nazivamo fenomenima povezanim s materijom, kao što su magnetizam i elektricitet.

Jedno od najzavarljivijih čula, kada ga želimo upotrijebiti u druge svrhe osim onih za koje je razvijeno, odnosno za preživljavanje, je vid. Vid obrađuje predmete i živa bića kao forme, koje se pamte kako bi nam omogućile da ih prepoznamo tokom narednih susreta. Ovo nije precizno pamćenje, jer možemo prepoznati lice osobe čak i kada su mu se crte lica mnogo promijenile, nakon desetina godina. Nasuprot tome, s teškom mukom se sjećamo kakav je pejzaž bio u pozadini ili koji su automobili i ljudi prolazili putem iza nje. Ipak, i naše su oči vidjele te detalje.

"Psihologija forme".

Između 19. i 20. stoljeća, eksperimentalna psihologija je posvetila mnogo energije istraživanju mehanizama preko kojih se povezujemo sa vanjskom stvarnošću.

Slika 9 – figura Rubina koja je gore reprodukovana može imati dva različita značenja, prema subjektivnoj interpretaciji posmatrača.

Osnova istraživanja obično je polazila od razmatranja da sve što opažamo čulima nema istu važnost u razradi koju mi radimo. Slušajući razgovor obično filtriramo svu pozadinsku buku. Posmatrajući prizor koncentriramo se na bitnu činjenicu dok zanemarujemo konture. Drugim riječima, u mogućnosti smo zadati hijerarhiju posmatranim događajima, odnosno ustanoviti šta nas zanima, a šta ne, kako bismo ojačali razumijevanje samo jednog dijela posmatrane slike, a ostali zanemarili.

Naša percepcija onoga što se dešava oko nas nikada nije tačna reprodukcija stvarnosti. To znači da naše znanje o svijetu nikada ne postaje integralno, jer ne bilježimo vjerno sve što se dešava u našim mislima, već samo ono što nas zanima.

Svi uočeni stimulansi se odmah dijele na "zanimljive" ili ne, tako da se većina odbacuje i zauvijek gubi.

Rubinova slika, predložena na slici 9, može se tumačiti na dva načina. U sredini se može vidjeti oblik čaše, ili, sa strane, dva ljudska profila. Kroz brzo posmatranje, naša čula registruju jedno od dva značenja, ali hoće li to biti ono koje odgovara stvarnosti? Koliko još "dvosmislenih" okvira percipiramo sa pogledom iz stvarnosti koja nas okružuje?

Pitanje je: ko odlučuje šta nas zanima, a ko odlučuje šta odbaciti, a šta, obrnuto, zadržati?

S obzirom na ove aspekte ljudske percepcije, neki istraživači kao što su češki psiholog Max Wertheimer i Nijemci Wolfgang Köhler i Kurt Koffka započeli su niz studija kojima su dali naziv psihologija oblika (Gestaltpsychologie).

Ove studije su imale za cilj razumijevanje principa prema kojima se neki percipirani elementi agregiraju kako bi sastavili "formu" koja se pojavljuje u pozadini, zanemarujući druge elemente.

Slika 10 – Na slici Kaniže prikazanoj iznad, bijeli trokut je savršeno vidljiv u centru. Ovo, međutim, nije nacrtano ni na koji način, i može se zamisliti samo s obzirom na složenost crteža.

Ovi elementi, iako prisutni u percepciji, smatraju se suvišnim, kao da nisu također dio percipiranog totala. Tada shvatimo da nam pet čula više ne pomažu, naprotiv, često nas varaju.

Kofka je tvrdio da postoje stvari i "ne-stvari": stvari su smeštene u scenario "ne-stvari". Slika Mona Lize pojavljuje se na pozadini pejzaža koji uglavnom zanima samo likovne kritičare. Umjesto toga, milioni ljudi koji su promatrali sliku, nakon određenog perioda, nejasno se sjećaju najviše prisutnosti mosta (ili je to kula?). Obično se niko ne sjeća koliko je čempresa vidljivo u pozadini.

U stvarnosti, navika odnosa prema vanjskom svijetu kroz pet čula vodi nas da svu stvarnost transformišemo u stvari: ne uzalud koristimo da kažemo na isti način kada smo suočeni s predmetom ili činjenicom koju činimo. ne razumem: šta je ovo?

Da bi ih naša čula prihvatila, stvari moraju imati veličinu i težinu i moraju biti postavljene na odgovarajući način u odnosu na druge stvari oko sebe. Stolica postavljena pored stola je nešto što nas ne brine, jer bi se moglo dogoditi da se stolica pojavi i nestane ili lebdi u zraku.

To je tačno sve dok posmatramo scenu detaljno je analizirajući, odnosno namećući sebi potpunu analizu situacije.

To obično nije slučaj. Naša čula su mnogo brža, a mora da jesu, budući da su scene poput reka koje teku, mogu se menjati u deliću sekunde.

Stoga čula nikada ne analiziraju u potpunosti cijelu situaciju, već samo izvlače bitne elemente, a to je u većini slučajeva varljivo i proizvoljno.

Često se navodi primjer dijeljenja trinaest karata u igri "Scalaforty". Kada bi igrač dobio svih trinaest srca, od asa do kralja, bilo bi to skoro čudo. Zapravo, postoji samo jedna šansa od 635 milijardi da će igraču biti podijeljeno trinaest karata iste boje. Ali ako razmislimo o tome, bilo koja kombinacija od trinaest karata može se dogoditi samo jednom od 635 milijardi puta, tako da svaka podjela karata predstavlja malo čudo.

Činjenica da je igraču podijeljeno trinaest karata iste boje je za nas značajna i zapanjujuća, ali u stvarnosti je to sasvim normalna pojava. Samo mi pripisujemo izuzetno značenje činjenici koja je sama po sebi apsolutno obična.

Za geštalt psihologiju događaj ovog tipa nije značajan jer je statistički rijedak, već zato što se snažno ističe u pozadini hiljada drugih manje linearnih distribucija kartica.

Poznati primjeri predstavljeni su likovima Kaniže.

Gaetano Kanizsa, rođen u Trstu 1913. i umro u istom gradu 1993. godine, bio je italijanski psiholog i slikar. Otac mu je bio mađarski Jevrej, majka slovenka katolkinja. Nakon srednje škole upisao je filozofski fakultet Univerziteta u Padovi, gdje ga je Cesare Musatti upoznao sa psihologijom. Zbog rasnih zakona oduzeto mu je italijansko državljanstvo. Nakon Kasibilovog primirja pobjegao je u Rim, gdje je dobio mjesto istraživača na Institutu za psihologiju CNR-a.

Slika 10 jasno prikazuje bijeli trougao. Ovo, međutim, nije nacrtano ni na koji način, i može se zamisliti samo s obzirom na složenost crteža. Iako ga nema, upada u oči mnogo više od ostalih geometrijskih figura. I ne samo to, njegova unutrašnjost nam se čini "bjeljom" od bijele koja sadrži ostatak slike. Slika potvrđuje kako su naša čula sposobna da vidimo stvari koje ne postoje.

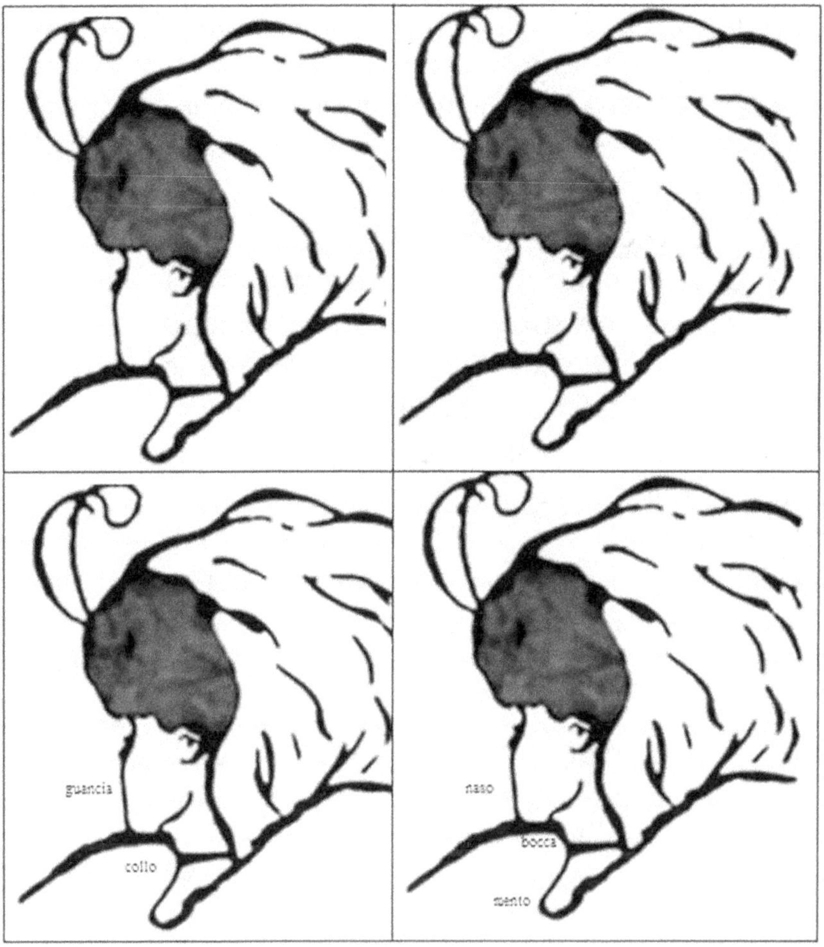

Slika 11 – Ova figura se može dešifrirati s većom poteškoćom i prikazuje lice mlade žene ili, alternativno, profil starice.

Slika 11 se teže dešifruje i prikazuje lice mlade žene ili, alternativno, profil starije dame. Vrlo je teško shvatiti oba značenja bez poznavanja njihovog postojanja. Ali naša čula nisu ožičena da precizno analiziraju stalno bombardovanje podražaja koje primaju. Stoga će osjetila registrirati jedno od dva značenja figure, zanemarujući postojanje drugog. Ali jesmo li sigurni da će snimiti onaj koji najbolje odgovara stvarnosti? U 50% slučajeva, suočeni sa predstavom ovog tipa, naša čula će nas prevariti. Vjerovatno će registrovati značenje najbliže onome što bismo očekivali, odnosno bit će "usklađeni" sa našim stečenim kulturnim prtljagom. To znači da će se, normalno, svaki intelektualni poticaj ostaviti po strani u korist očuvanja i jačanja postojećeg.

Pretpostavka geštalt psihologije je da naša osjetila opažaju i organiziraju percepcije po nekim privilegiranim, misterioznim, ali čvrsto operativnim linijama.

Koffkine studije su identifikovale organizacione principe percepcije.

Među njima glavne su sličnost, simetrija, blizina ili udaljenost i druge.

Na primjer, serija brzih bipova tumači se kao signal opasnosti; dva ovčarska psa u stadu ovaca izdvojena su kao par različit od ostalih figura; serija od tri blisko raspoređene crne tačke, plus tri druge blizu jedna drugoj, ali malo udaljene od prvih, ne tumači se kao skup od šest tačaka, već kao dva seta od tri.

Posebno zanimljiv princip je princip vremenske blizine. Skloni smo organizirati percepcije i signale koje primamo izvana također prema vremenskoj povezanosti koja ih ujedinjuje. Drugi važan kriterijum je razum. Postoje percepcije koje skaču u naše oči poput svjetionika u noći, zbog toga kako su raspoređene tokom vremena i zbog smisla, značenja koje nas inspirišu.

Ali ovdje ulazimo u drugo polje, ono značajnih podudarnosti.

Slučajnosti, kolektivna podsvest, sinhronicitet.

„Ono što znamo o sebi samo je dio,
a možda i vrlo mali dio onoga što jesmo bez našeg znanja."
(Luigi Pirandello, italijanski dramaturg, pisac i pesnik).

Moćniji od najmoćnijih kompjutera.

U prethodnom poglavlju vidjeli smo kako naša osjetila skeniraju ogromnu količinu podataka, koji ne dospiju do naše svijesti dok se otkriju. Podaci se obrađuju u skladu sa procedurama koje mogu izvući iz mase one od najvećeg interesa za nas. Nakon toga, zanimljivi podaci se pohranjuju prema shemama s visokim simboličkim sadržajem. To nam omogućava da prepoznamo lice mnogo godina nakon što smo ga posljednji put vidjeli. U praksi, mi ne pamtimo lice kakvo jeste, već oblik lica, neke reference koje se godinama kasnije mogu pratiti do originala.

Kao da je određeni softver, koji se nalazi u našoj svijesti, manipulirao golom stvarnošću onakvom kakva se čini osjetilima, pretvarajući je u apsolutno fleksibilne forme ili koncepte, koji se po potrebi mogu prilagoditi i ponovo koristiti. Ovo omogućava kategorizaciju kao "stolicu" bilo koji predmet opremljen jednom ili više nogu i horizontalnom površinom pogodnom za smještaj donjeg dijela leđa.

Prepoznavanje mirisa je izuzetno moćna funkcija. Nakon decenija smo u stanju da prepoznamo jednu i odmah rekonstruišemo scenu u kojoj smo je prvi put uočili. Na primjer, miris naplavljenih morskih algi odmah nas vraća na školski izlet koji su dječaci napravili u primorski grad.

Prepoznavanje lica jedna je od privilegiranih funkcija našeg ličnog softvera. S kojom god čudnom panoramom da se suočimo, odmah smo u mogućnosti da prepoznamo mogući oblik lica u rasporedu objekata i elemenata. Lako prepoznajemo lica u formacijama oblaka, ili u kamenim ograncima ili čak na vlažnim mjestima na drevnim zidovima.

U praksi, svaki stimulans koji dolazi direktno iz čula obrađuje softver koji se nalazi u našoj svesti i transformiše se tako da bude upotrebljiv u narednim situacijama; stoga je to softver za učenje i pamćenje, čija je glavna karakteristika da je opremljen moćnim algoritmom za oporavak.

U ranim danima informatike, svaki student koji je namjeravao pisati male programe suočio se s problemom pohranjivanja i preuzimanja podataka. Na primer, želeći da napiše mali program koji može da naznači glavni grad nacije, učenik je napravio datoteku u dve kolone koja sadrži parove nacija-glavni grad (Italija – Rim, Francuska – Pariz, Španija – Madrid, itd.).

Dajući ime nacije (Španije) kao unos u računar, mašina je skrolovala kroz celu datoteku dok nije pronašla par koji sadrži Španiju i ispisala rezultat na ekranu: Madrid.

To se zvalo sekvencijalni pristup i mogao je raditi sve dok parovi podataka ne pređu nekoliko hiljada, nakon čega je sistem postao presporo da bi bio zaista koristan.

Danas živimo u eri pretraživača, sposobnih da ispitaju milijarde podataka. Naravno, pretraga više nije sekvencijalna. Pretraživači imaju vrlo sofisticirane algoritme koji mogu izvući informacije u vremenima u rasponu od milisekundi.

Možete upisati "kvantno zapletanje" u Google liniju za pretragu i vidjet ćete da će za 0,36 sekundi to značiti da ima otprilike 9.700.000 rezultata (pretraženo u maju 2018.).

Pa, mnogo prije nego što je čovjek razvio ove algoritme, nešto slično, ako ne i sofisticiranije, već je bilo prisutno u ljudskom umu. Naši mentalni algoritmi su u stanju da izvuku informacije korisne za naš svakodnevni život u milisekundama izvlačeći iz mase od milijardi milijardi megabajta koje su naša čula stekla tokom godina. Ali neće samo naznačiti koliko referenci postoji, već će odmah odabrati najkorisnije za nas u tom trenutku.

To je divna i zapanjujuće efikasna organizacija. Da li je moguće da ovo nije ništa drugo do plod raznih pokušaja, neuspjeha i ponovnih pokušaja evolucije, kako bi to htjele argumentirati materijalističke teze? Sumnje su opravdane.

Radi li samo s jednostavnim stimulansima?

U ovom trenutku moramo se zapitati da li naš softver radi samo onako kako smo ga vidjeli do sada, obrađujući bez našeg znanja stimulanse primljene od osjetila, odbacujući ili birajući prema misterioznim kriterijima zanimljive forme za čuvanje i upravljanje ovom masom podatke bez ikakve naše intervencije. Ili ako ne možemo pretpostaviti mogućnost našeg aktivnog učešća.

Moramo poći od pretpostavke. Ako je naš softver sposoban da razluči šta može biti korisno, a šta ne, on nužno mora biti obdaren ne samo inteligencijom, već i sposobnošću razlučivanja. Odnosno, mora znati šta će nam koristiti u budućnosti, stoga mora imati viziju našeg postojanja koja nadilazi iskustvo prošlosti i sadašnjosti, ali se proteže i u budućnost, u one okolnosti i prilike koje će nastati u budućnosti. Stoga bi naš softver trebao znati našu budućnost da obrađuje trenutne informacije na koristan način.

Ako je to tačno, a sigurno jeste, onda možemo napustiti koncept softvera, jer softver nije ništa drugo do program napravljen za obavljanje određenih radnji. Koliko god neki softver bio inteligentan, nikada neće biti inteligentniji od programera koji ga je stvorio.

Softver sposoban da zna prošlost i budućnost nadilazi ljudske mogućnosti. Ono što djeluje u našoj savjesti nije inteligentni softver, niti softver koji je slučajno razvijen tokom evolucijskih peripetija vrste. To je Inteligencija, ili bolje rečeno, već postojeća Mudrost, koju možemo definirati kao univerzalnu inteligenciju.

Univerzalna inteligencija poznaje našu prošlost, sadašnjost i budućnost jer ona postoji u različitoj dimenziji od one u kojoj smo navikli živjeti, sastavljena od materije koja podliježe pravilima Njutnove fizike (gravitacija, vrijeme, itd.).

Nivo Univerzalne inteligencije mora biti čisto psihički; to je nivo sačinjen od energije i informacija, u kojem materija nema.

Da li je moguće da takav nivo postoji? Svakako da, kao što ćemo vidjeti u narednim poglavljima. Kvantna fizika je otkrila i eksperimentalno potvrdila postojanje ovog nivoa.

Kvantna fizika sigurno ni na koji način nije potvrdila postojanje Univerzalne inteligencije, ali mi volimo da zamišljamo da postoji, inače se čitav niz fenomena ne bi mogao objasniti ni na koji način, uključujući i ono što je već rečeno o inteligentnom skladištenju oblika prerađeno od sirovih percepcija naših čula.

Posebnost ove Inteligencije je njena sposobnost da uspostavi neku vrstu interakcije sa našom savješću. Pored praktično automatske uloge konstruisanja i pamćenja formi korisnih za naš opstanak, Inteligencija konstruiše životne upute i uputstva. Nadalje, Univerzalna inteligencija gradi prijedloge usmjerene na promjenu, korekciju, često jednostavno na poboljšanje našeg odnosa sa stvarnošću. Ovi prijedlozi su oblici komunikacije koje je desetljećima proučavao švicarski psiholog Carl Jung. On ih je nazvao značajnim koincidencijama ili sinhronostima

Principi organizacije naših percepcija, kojima upravlja ono što smo nazvali Univerzalna inteligencija, ne primjenjuju se samo na stvarnost koja se percipira iz trenutka u trenutak, shvaćena kao niz različitih pojava, već i na percepciju činjenica, pojava i slučajnosti koje se obično čine bez ikakvog odnosa ili veze između njih. Ponekad ove percepcije. nastaju potpuno spontano, u našoj svijesti Vidimo kako se pojavljuju logičke veze i intuicije koje daju smisao ovim podudarnostima i čine ih značajnim za naše razumijevanje.

Možemo reći da Inteligencija gradi sinkronicitete za nas i čini nas sposobnima da intuitiramo poruku koja je tamo skrivena. To je moguće kada cijenimo eventualnost i prisustvo sinhroniciteta, izbjegavajući razmatranje pukih slučajnih događaja.

Sat koji se zaustavlja u trenutku smrti svog vlasnika predstavlja značajnu koincidenciju, za istovremenost dva događaja; ovo ne bi bio slučaj da je sat stao dva dana kasnije ili ranije.

Isto tako, susret sa poznanikom iz prošlosti, nakon što se sanjao o njemu prethodne noći, smatra se značajnom slučajnošću.

Carl Gustav Jung

Carl Gustav Jung je bio jedna od glavnih intelektualnih ličnosti psihološke i psihoanalitičke misli, psihijatar, psihoanalitičar, antropolog i švajcarski filozof (sl. 12).

Rođen je 26. jula 1875. u Kesswilu, u Švicarskoj, od porodice Paula Ahila Junga, protestantskog pastora i teologa, i

Emilie Preiswerk. Diplomirao je medicinu i 1900. godine otišao da radi u psihijatrijskoj bolnici u Cirihu.

U početku mu je bila bliska misao Sigmunda Frojda, slažući se sa njegovim tumačenjima psihičkih fenomena. Njih dvoje su se sreli u Beču 1907. godine i tom prilikom su razgovarali trinaest sati.

Kao rezultat ove saradnje Jung je počeo da se naziva "delfinom" psihoanalize, a očekivalo se da će on naslijediti Freuda na čelu psihoanalitičkog pokreta.

Razmirice i raskid sa Sigmundom Frojdom.

Umjesto toga, nakon samo nekoliko godina pojavili su se prvi znaci njihovih neslaganja, iz kojih su se rodile dvije glavne istorijske orijentacije psihoanalize, koje je Freud shvatio kao terapiju, a Jung kao način razumijevanja psihe.

Ova dvojna vizija se brzo uspostavila, toliko da je već 1909. Univerzitet Clark, planirajući ciklus konferencija u Sjedinjenim Državama, pozvao obojicu.

Tokom putovanja brodom, dva naučnika su odlučila da vežbaju međusobno analiziranje snova. Međutim, Jung nije bio zadovoljan Frojdovom saradnjom jer je, po njegovom mišljenju, Freid pokušavao da sakrije neke aspekte svog privatnog života koji bi bili neophodni za bolju analizu.

Kada je Jung izrazio ovu zbunjenost, Frojd nije poricao, već je potvrdio da razlog njegove povučenosti leži u činjenici da nije mogao da otkrije aspekte svoje ličnosti koji bi ugrozili njegov autoritet. Od ove epizode Jungovo poštovanje prema Frojdu počelo je da bledi, kao i njegovo uvažavanje njegovih teorija.

Tome je dodano produbljivanje prilično izmučenog puta konceptualnog razlikovanja. Ovaj put je dostigao vrhunac kada je 1912. Jung odlučio objaviti svoje djelo (Libido. Simboli i transformacije) u kojem je razotkrio sva svoja teorijska neslaganja.

U ovoj knjizi Jung manifestuje svoju orijentaciju, usmerenu ka proširenju analitičkog istraživanja od priče o individui na globalnost čovečanstva: zapravo, prema Jungu, pored individualne podsvesti postoji i kolektivna podsvest, koja manifestuje svoje prisustvo i deluje. kroz arhetipove.

U ovoj viziji, život pojedinca postaje put kroz koji se odvija realizacija ličnog Ja. Jung ovaj proces naziva "procesom otkrića".

Nakon objavljivanja ove knjige, njegova veza sa Frojdom je prekinuta. Komentarišući Freudovo razmišljanje, Jung je rekao: "Mozak se vidi kao dodatak genitalija."

Što se tiče sadržaja ova dva tumačenja, i njihove diferencijacije, moramo priznati da je Jung u početku delio sa Freudom sud o mentalnoj bolesti. Prema ovim hipotezama, razumijevanje bolesti zahtijeva poznavanje pacijentove individualne povijesti i "procesa represije" koji se odnose na sadržaje isključivo seksualne prirode.

Kasnije je, međutim, Jung formulisao hipotezu da fenomeni psihe nisu oni koje je opisao Freud. Prema novoj Jungovoj teoriji, te pojave bile su manifestacije energije prisutne u prirodi, libida.

Libido i simboli.

Libido je vrsta vitalnog impulsa, nagona koji dinamički cilja na život i očuvanje vrste.

Slika 12 – Carl Gustav Jung. Njegovo razmišljanje postulira da, pored "individualne podsvijesti", postoji i "kolektivna podsvijest" koja se izražava kroz arhetipove. Na život pojedinca gleda se kao na put, nazvan "proces individuacije".

Stoga u psihološkoj terapiji nije potrebno imati na umu samo biološku komponentu. Ovo bi bio pesimistički pristup. Suprotno tome, duhovna komponenta se također mora imati na umu. Ova komponenta daje pojedincu zdravu tenziju u cilju ostvarenja poboljšanja.

Prema Jungu, impulsi libida također mogu biti preusmjereni na nematerijalne koncepte i ambicije i stoga mogu proizvesti duhovnu evoluciju. Mentalna bolest nastaje kada je ovaj evolucijski proces blokiran; u tim uslovima nastaju neuroze. Libido djeluje tako što proizvodi simbole. Zahvaljujući tome, primitivni čovjek je mogao prenijeti svoje neposredne impulse usmjeravajući ih prema kreativnosti, čime je pokrenuo prijelaz sa instinktivnog životinjskog nivoa na kulturni.

Simboli libida imaju sadržaje koji nadilaze individualnu svijest i mogu pomoći u transformaciji prirode čovjeka.

Neki od ovih simbola su univerzalni, zajednički i dijele ih svi pojedinci. Jung ih naziva arhetipovima, što je izraz izveden iz grčkog. Značenje "arhetipa" može se učiniti razumljivijim ako ga definišemo kao "originalne slike", "modeli", "virtuelne slike", "moguće reprezentacije".

Arhetipovi odgovaraju iskustvima koja je čovečanstvo steklo tokom svoje evolucione istorije, razvijajući svest. One su sjećanje čovječanstva i zatvorene su u prostor koji Jung naziva "kolektivna podsvijest". Ova podsvijest je kolektivna jer nije individualna, već zajednička, dostupna cijelom čovječanstvu i svakom pojedinom ljudskom biću.

Arhetipovi koji žive u kolektivnoj podsvesti imaju moć da intervenišu u živote pojedinačnih pojedinaca generišući epizode koje Jung naziva sinkronicitetima.

Slika 13 - Wolfgang Pauli, vrlo mlad učenik u Döblinger gimnaziji u Beču. Kao odrasla osoba upoznao je Junga radi terapijskog tretmana koji je ubrzo rezultirao čvrstim prijateljstvom i razmjenom pisama koja je trajala četvrt stoljeća..

U izgradnji ove teorije, Carl Jung je imao kulturnu podršku i moralnu podršku poznatog fizičara dobitnika Nobelove nagrade Wolfganga Paulija, (slika 13) koji ga je ohrabrio da svoje zaključke iznese eksplicitno uprkos tome što je Jung godinama oklevao da to učini. Pauli je nagovorio Junga da 1952. zajedno objave knjigu koja sadrži teoriju sinhroniciteta u obliku eseja pod naslovom "Sinhronicitet kao princip slučajnih veza".

Simbol.

Simbolični karakter arhetipova proizvodi posljedicu da čak i sinkroniciteti koje oni stvaraju imaju simboličke aspekte.

Ovo je potkrijepljeno iskustvom, a neki jungovski analitičari ne ustručavaju se definirati sinhronicitete kao "sanjare".

U stvari, snovi su apsolutno nezavisni od naše volje i teško bismo mogli intervenisati da ih upravljamo u našem običnom životu. Slično, sinkroniciteti su jedinstveni događaji koji se pojavljuju u našim životima da izazovu zbunjenost i čuđenje. Sinkroniciteti su uvijek okruženi aurom misterije zbog svoje simbolične forme.

Čudne koincidencije čiji smo mi ponekad protagonisti imaju i simboličku vrijednost, ali njihovo ponavljanje nas može voditi ka dešifriranju simbola i razumijevanju poruke. To, kada se to dogodi, slijedi misteriozne procedure. Ponekad se dogodi: jednostavno da naša svijest pred našim očima otkrije značenje simbola, iako ne možemo rekonstruirati postupak prema kojem se to moglo dogoditi.

Prema uobičajenom značenju, simbol je nešto što stoji umjesto nečeg drugog. Većinu vremena nam izmiče skriveno značenje simbola. Iako nam se čini da ga imamo „na vrhu jezika“, on zuji oko nas, a da ga ne možemo uhvatiti.

U tom smislu, simbol stvara tenziju između onoga što se pojavljuje i onoga što izmiče razumijevanju, sadrži dio poznatog i dio nepoznatog. Predstavlja izazov savesti, dok savest pati od nemira nerešenog problema, neodgovorenog pitanja, piona kome nema mesta.

Nije nemoguće pobijediti u izazovu. Zaista, sinkroniciteti imaju funkciju komuniciranja poruka iz kolektivne podsvijesti, koristeći našu individualnu podsvijest.

Tajanstvena poruka izvire iz kolektivne podsvijesti, napisana jezikom i sa simbolima izgrađenim na evoluciji koju je doživjelo cijelo čovječanstvo i stoga neodgonetljiva do maksimalnog stupnja za viziju koju dopušta naše izuzetno ograničeno iskustvo. Recimo da naša savjest nema dovoljno velike oči da bismo mogli vizualizirati i razumjeti ukupno značenje poruke.

Kada prođe kroz našu individualnu podsvest, poruka pokušava da bude razumljiva našoj savjesti.

Posredovan individualnom podsviješću, simbol je obučen u stvari koje su se dogodile kojih se više ne sjećamo ili koje želimo zaboraviti; pretura po skladištu ruševina i fragmenata uništenih zgrada koje su nam, međutim, u datom trenutku bile poznate, i koristi ih da bi se bliže izrazio našem iskustvu. Dok zadržava svoju zagonetnu prirodu, postaje dešifrovanija.

Da nije povezana s kolektivnom podsviješću, naša individualna podsvijest bila bi samo tužna beskorisna stvar, groblje zakopanih iskustava.

Zahvaljujući kolektivnoj podsvijesti, naša individualna podsvijest postaje dragocjeno oruđe i pretvara se u medij uzbudljivih životnih trenutaka, sanjarenja koji nas mogu voditi ka duhovnoj evoluciji i boljem životu.

Arhetipovi, ideje, koncepti.

Riječ arhetip dolazi iz starogrčkog i može imati značenje originala, modela, marke. Po nekima može značiti i p "početak". Prvi ga je upotrebio Filon Aleksandrijski, starogrčki filozof poznat i kao Filon Jevrejin, koji je živeo u Aleksandriji u Egiptu i bio je Isusov savremenik. Kasnije su ovaj termin preuzeli i drugi grčki filozofi kao što su Dionizije iz Halikarnasa i Lucijan od Samosata.

Međutim, razvoj teme arhetipova može se ubaciti u platonsku tradiciju, gdje se oni pojavljuju kao ideje, odnosno originalni modeli osjetilnih stvarnosti. Neki neoplatonisti kao što je Plotin smatrali su ih već postojećim idejama u božanskom umu i modelima stvorenih stvari.

U okviru ove tradicije Jung smatra da su arhetipovi primordijalne slike koje čine kolektivnu podsvest, ili čak primitivne forme na kojima se zasnivaju mitovi i religije.

U analitičkoj psihologiji arhetipovi dobijaju etičku i afektivnu vrednost za subjekta i uslovljavaju ga manje-više svesno tokom njegovog postojanja.

Zaista, arhetipove, kako ih je zamislio Jung, mnogi autori upoređuju s mitskim strukturama i popularnim bajkama. Zapravo, otkrili bi mnoge sličnosti u značenju s bajkama i mitovima. Recipročno, postoje fundamentalne teme u mitovima i religijama koje se mogu smatrati arhetipovima. U svojoj knjizi "Psihološki tipovi" Jung navodi: "Glavni mitološki motivi svih vremena i svih rasa su vjerovatno ovog tipa (slično arhetipovima)."

Isključenje četvrtog elementa.

Jung je bio vješt predavač, uspijevajući u svakom slučaju zainteresirati publiku čak i kada je nisu činili ljudi uvedeni u naučnu sredinu. Za razliku od frojdovske proze, nenakićen i odmeren, Jung ume da izrazi svoju bogatu i kulturnu ličnost čak iu najtehničnijim ili najsistematičnijim delima. U ovom poglavlju uglavnom se pozivam na tri njegova eseja, predstavljena u obliku predavanja. Prvi, "Arhetipovi kolektivnog nesvesnog", napisan je 1934. i revidiran 1954. Drugi, "Koncept kolektivnog nesvesnog", napisan je 1936. godine.

Treći rad, "Sinhronicitet kao princip nepovremenih veza", objavljen 1952. godine, gotovo je kompendijum prvih i u njemu u potpunosti izražava svoju teoriju sinkroniciteta.

Jung nije bio voljan da objavi ovaj esej, a tek 1952. njegov prijatelj i dopisnik Wolfgang Pauli ga je nagovorio na to.

Njih dvoje su sarađivali više od dvadeset godina kroz intenzivnu razmjenu ideja, upravo o ovim pitanjima.

U stvari, iako je bio jedan od osnivača kvantne fizike, sposoban da dobije Nobelovu nagradu 1945., Pauli je u velikoj mjeri dijelio Jungove ideje i volio bi da naučno okruženje bude u stanju da prevlada nepovjerenje, skepticizam i podsmijeh uzimajući u obzir mogućnost paralelnog puta i zajedničkog jezika između nauke i psihe, što je moglo omogućiti veće razumevanje.

Intelektualni sukob između Junga i Paulija proizveo je istraživanje poznato kao "četvrti isključeni element". U stvari, predmet njihovog proučavanja imao je tendenciju da razriješi mnoge sumnje koje je kvantna fizika pokrenula u pogledu potpunosti modela trijade klasične fizike: vrijeme, prostor, kauzalnost; Jung i Pauli su zamislili "isključeni četvrti element" koji je dobio ime sinhroniciteta.

Pauli je bio fasciniran mogućnošću dodavanja četvrtog elementa trozvuku.

Jung je, sa svoje strane, bio fasciniran prvim studijama subatomskih čestica koje su počele da otkrivaju neverovatna svojstva. Na primjer, ove čestice bi se mogle pretvoriti u vibracije, ili bi mogle nestati i ponovo se pojaviti na udaljenim točkama u svemiru. Elementarne čestice mogle bi komunicirati na ogromnim udaljenostima putem misterioznih nefizičkih veza. Jung sam video kvantnu fiziku u nastajanju, kao i Ajnštajnovu teoriju relativnosti, kao moguće naučne potvrde njegovih psiholoških koncepata o sinhronicitetu i paranormalnom.

Pauli je posjedovao duboku intuiciju (za koju je rekao da je mnogo proizašla iz njegovih snova) i izuzetnu sposobnost razmišljanja.

U vrlo mladoj dobi objavio je članak o teoriji relativnosti koji je objavio "Enzyklopadie der mathematischen Wissenschaften". Kada ju je Ajnštajn, otac teorije, pročitao, prokomentarisao je sledeće:

> „Svako ko proučava ovo djelo ne bi vjerovao da ga je napisao mladić od samo dvadeset i jedne godine. Ne znam čemu da se više divim: psihološkom razumijevanju evolucije ideja, tačnosti matematičkih dedukcija, duboka intuicija, sposobnost predstavljanja rada sa sistematskom lucidnošću, činjeničnom potpunošću ili kritičkom nepogrešivom."

Nažalost, Jung je, kao i svi geniji, uvijek nailazio na hladnoću i nerazumijevanje svojih kolega i njegovog radnog okruženja prema svojim najoriginalnijim idejama. Njegovo žaljenje, a možda i patnja zbog toga što u svoju intuiciju nikada nije mogao uključiti ni najbliže ljude, vidljivo je sa stranica "Sećanja, snova, razmišljanja". Ova knjiga je svojevrsna dnevnička ispovijest, povjerena peru Aniele Jaffè. Stoga je, kako je sazrijevao, Jung instinktivno zauzeo stav nerado da javno objavi svoje najnaprednije teorije.

Pauli je bio taj koji je pobijedio svoju povučenost uvjeravajući ga da zajedno izdaju knjigu u kojoj su se pojavila dva eseja; jedan od samog Paulija pod nazivom "Uticaj arhetipova na Keplerove naučne teorije" i drugi, koji je potpisao Jung, "Sinhronicitet kao princip ne-slučajnih veza".

Arhetipovi kao "primordijalne slike".

Knjiga objavljena sa Paulijem predstavljala je sintezu višedecenijskog rada. Prvi put da je Jung upotrijebio termin arhetip datira iz 1919. godine, povodom simpozijuma održanog u Londonu.

> „U nesvjesnom također nalazimo karakteristike koje nisu individualno stečene, već naslijeđene, odnosno nagone shvaćene kao impulse za aktivnostima koji dolaze, bez svjesne motivacije, iz unutrašnje prisile. Njima se pridodaju urođeni oblici intuicije, odnosno arhetipovi percepcije i razumijevanja, (...) Instinkti vode čovjeka na specifično ljudsko ponašanje. Slično, arhetipovi prilagođavaju percepciju i intuiciju prema specifično ljudskim aspektima. Instinkti i arhetipovi intuicije formiraju kolektivno nesvesno."

Jung je ubrzo razvio uvjerenje da su arhetipovi ideje izvan individualne svijesti, uvijek postojeće i usko povezane s primordijalnim mitovima. Događaj koji ga je naveo da uvjerljivo prigrli tezu o odnosu prema mitovima ispričao je sam u eseju „Koncept kolektivnog nesvjesnog“ napisanom 1936. godine.

> „Oko 1906. godine naišao sam na čudnu zabludu, prisutnu kod paranoičnog šizofreničara koji je bio u bolnici mnogo godina. Pacijent je patio od malih nogu i bio je neizlječiv. Studirao je u državnoj školi i bio je zaposlen kao službenik u kancelariji. Nije imao posebne sklonosti, a ja sam u to vrijeme znao ništa o mitologiji ili arheologiji. Jednog dana sam zatekao pacijenta pored prozora, kako zabacuje glavu i žmirka na suncu. Rekao mi je da uradim istu stvar da vidim nešto veoma zanimljivo. Kada sam ga pitao šta vidi, začudio se što ništa ne vidim: „Definitivno vidite penis sunca… kada pomeram glavu napred-nazad, penis se takođe pomera. Iz ovog pokreta dolazi vjetar.” Naravno da nisam razumeo ovu čudnu ideju, ali sam je zapamtio.
>
> Onda sam otprilike četiri godine kasnije, u toku mojih mitoloških studija, naišao na knjigu pokojnog Albrehta Diteriha, poznatog filologa. Knjiga je osvetlila ovu fantaziju. Rad, objavljen 1910., bavi se grčkim papirusom iz Nacionalne biblioteke u Parizu. Dierich je mislio da je otkrio mitraistički ritual u jednom dijelu teksta. Tekst je nesumnjivo religiozni recept koji se odnosi na djelovanje određenih čini u kojima je Mitra

imenovan. (...) U tekstu se mogu pročitati sljedeće naznake:

"Udahnite od zraka, udahnite tri puta više što možete i osjetit ćete kako ste podignuti i hodate prema gore i činit ćete se da ste usred zračnog područja... Vidjet ćete put bogova vidljiv kroz disk sunce, koje je Bog moj otac. Tako ćete vidjeti i takozvanu cijev, koja je porijeklo vjetra sažaljenja. Jer ćete vidjeti nešto poput cijevi koja visi sa sunčevog diska. Videćete ovo prema krajevima zapada, beskonačno kao vetar koji duva sa istoka."

(...) Apsolutno je nemoguće da je pacijent mogao imati bilo kakvo znanje o grčkom papirusu objavljenom četiri godine kasnije".

Jung je ovu epizodu smatrao prvim dokazom bliske veze između arhetipova koji se materijaliziraju u ljudskom umu i simbola drevnih mitologija.

Kolektivna podsvest.

Kolektivna podsvest je koncept iz Jungove analitičke psihologije. Za razliku od lične podsvesti koja je individualna, kolektivnu podsvest dele svi ljudi i potiče od zajedničkih predaka celog čovečanstva. U tom smislu predstavlja univerzalni psihički kontejner, odnosno dio zajedničke podsvijesti koju dijeli cijelo čovječanstvo. Sadrži arhetipove, odnosno oblike i simbole tipične za sve narode svih kultura (sl. 14).

Važno je napomenuti da arhetipovi ne proizlaze iz iskustva pojedinca, oni postoje a priori, budući da su naslijeđe iskustva cijelog čovječanstva. Neki naučnici dijele kolektivnu podsvijest prema različitim slojevima: najdublji proizilazi iz arhaičnih korijena prošlosti; srednja stratifikacija sadrži vrijednosti i društvene običaje trenutka u kojem živimo, a treća stratifikacija sadrži potencijal i moguće buduće evolucije čovječanstva.

Jung predstavlja i brani svoju teoriju u eseju "Koncept kolektivnog nesvesnog", objavljenom 1936. godine.

On uvodi koncept navodeći da osobna podsvijest duguje svoje postojanje ličnom iskustvu i da je u suštini sastavljena od sadržaja koji su bili svjesni, iako su možda kasnije zaboravljeni ili uklonjeni.

Nasuprot tome, sadržaji kolektivne podsvijesti nikada nisu bili u individualnoj svijesti i stoga nikada nisu individualno stečeni, već svoje postojanje duguju isključivo naslijeđu.

Shodno tome, on razlikuje te dvije vrste podsvijesti pozivajući se na njihov sadržaj: individualna podsvijest sadrži prije svega komplekse, kolektivnu podsvijest, s druge strane, u suštini čine arhetipovi.

Jung brani svoju ideju arhetipa kao već postojećeg oblika, citirajući druge istraživače kao što je Lévy-Bruhl koji u svojim studijama o psihologiji primitivaca definira arhetipove kao "kolektivne reprezentacije". Jung također citira Huberta i Maussa, koji u svojim studijama komparativne religije definiraju arhetipove kao "kategorije imaginacije". On također citira Adolfa Bastiana koji u svojim etnološkim studijama definira arhetipove kao "elementarne misli" ili "iskonske misli".

Osnažen ovim naučnim konvergencijama, Jung iznosi svoju tezu prema kojoj:

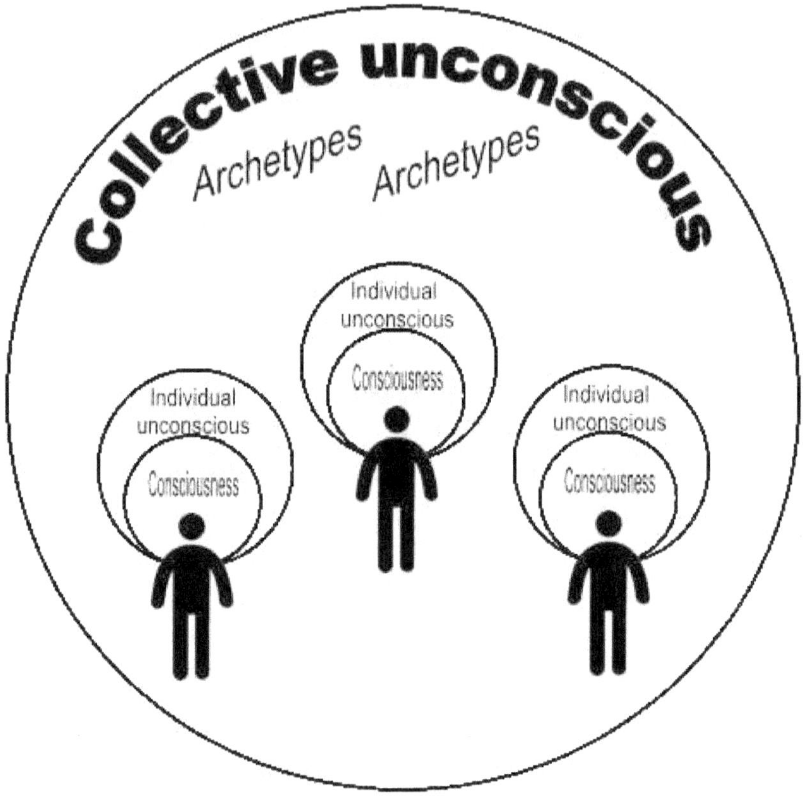

Slika 14 – Nivoi svijesti prema Carlu Jungu.
1. Kolektivna podsvijest je zajednička za cijelo čovječanstvo
2 Arhetipovi dolaze iz kolektivne podsvijesti.
3 -4 Svaki pojedinac ima individualnu podsvest i svest.

> „Pored naše neposredne svijesti, koja je potpuno lične prirode i koju smatramo jedinom empirijskom psihom (čak i ako dodamo ličnu podsvijest kao dodatak) postoji drugi psihički sistem. Ovaj sistem je kolektivan, univerzalan i bezličan, i identičan je kod svih pojedinaca. Ova kolektivna podsvest se ne razvija individualno, već se nasleđuje. Sastoji se od već postojećih formi, arhetipova, koji tek kasnije mogu postati svjesni i dati specifičan oblik određenim psihičkim sadržajima".

Jung zatim nastavlja da ilustruje značenje kolektivne podsvesti i počinje pozivanjem na terapijsku psihologiju u viziji Sigmunda Frojda i Alfreda Adlera, koja je isključivo personalističke prirode i negira bilo kakav spoljni doprinos ili povezanost sa individuom

Jung ističe kontradikciju zbog činjenice da, koliko god bila individualna, vizija Sigmunda Freuda i Alfreda Adlera također se odnosi na faktore koji nisu samo individualni, kao što je, na primjer, seksualni instinkt ili nagon za samopotvrđivanjem.

Čak ni Freud ni Adler nisu mogli poreći postojanje instinkta koji postoje a priori i prisutni i kod ljudi i kod životinja. Instinkti svakako nisu lični, već univerzalni i naslijeđeni sastavni dijelovi psihe i često djeluju iznad svijesti. U tom smislu, instinkti pokazuju vrlo bliske analogije s arhetipovima.

Prema tome, prema Jungu, hipoteza o postojanju kolektivne podsvijesti nije ništa odvažnija od one koja predlaže postojanje instinkta. Na osnovu ovog rezonovanja, brani se od optužbi za misticizam koja se upućuje na njegovu teoriju o kolektivnoj podsvijesti. Baš kao što su instinkti u stanju da utiču na misao, svest i delovanje pojedinaca na potpuno mističan način, arhetipovi kolektivne podsvesti mogu da učine isto.

Jungovski proces individuacije.

U prvom poglavlju svog rada "Aspekti savremene drame" Jung piše ovako:

> "Arhetipovi su kao korita rijeka napuštena vodom, koja ipak mogu ponovo dočekati vodu nakon određenog vremena. Arhetip je sličan planinskoj klisuri u koju se voda (struja života) odavno izlila. Što je voda više kopala ovo korito, što je više držala ovaj pravac, veća je vjerovatnoća da će se, prije ili kasnije, vratiti u njega".

Psiha se u suštini sastoji od svjesnog dijela (svijesti) i nesvjesnog dijela, u kojima možemo razlikovati individualnu podsvijest i kolektivnu podsvijest.

Dinamiku između dva dela (svesno - podsvesno) Jung smatra motorom koji omogućava pojedincu da se suoči sa dugim putovanjem usmerenim na ostvarenje sopstvene ličnosti.

Interakcija između svijesti i podsvijesti stvara proces koji Jung naziva "individuacija". Na tom putu pojedinac se susreće i suočava sa nesvjesnim aspektima (arhetipovima) vlastite ličnosti: suočavajući se s njima može proširiti vlastitu svijest.

Proces individuacije predstavlja put integracije i ujedinjenja kompleksa koji formiraju ličnost, odnosno progresivnog približavanja "Ega" sa "Sopstvom", kroz put koji vodi ka svesti o Jastvu i oslobađanju Ego iz njegovih unutrašnjih sukoba.

Jung smatra da je zadatak psihoanalize da uspostavi hijerarhijski odnos između "Ja" i "Ega", upravo s obzirom da je prvi totalitet dok je drugi samo dio. Ovaj odnos bi trebao omogućiti nastavak harmoničnog zbližavanja između njih dvoje, kada je to zaustavljeno neurozom koja je rezultat pooštravanja zahtjeva "Ega" u odnosu na individualne potrebe "Ja" (otuda naziv : proces individuacije).

Pristup se odvija kroz dešifrovanje značenja simbola sa kojima se pojedinac susreće tokom svog života. Simboli se mogu pronaći kako u unutrašnjem svijetu, kroz regresivna i progresivna kretanja libida, tako i u vanjskom svijetu, zahvaljujući epizodama sinkroniciteta. Stoga su sinhroniciteti valjana pomoć u razvoju procesa individuacije.

Pod ovim svjetlom, individuacija je plod kontinuirane suradnje između Svijesti, Podsvijesti, Ega i Jastva. Proces individuacije predstavlja duhovno putovanje ka većoj samosvesti. Napredak na putu je prepoznatljiv po svojim prekretnicama.

Prva faza: arhetip Sjene.

Prvu fazu karakteriše arhetip Sjene, odnosno svi oni aspekti koje pojedinac ne zna ili želi da sakrije o sebi, kao i sve ono što je uklonjeno kompromisima zbog obrazovanja i uticaja okoline.

Senka predstavlja najneugodniji i najnegativniji deo psihe; poklapa se čak i sa najnižim instinktivnim impulsima, koje obično potiskujemo. Takođe predstavlja poroke i sklonosti za koje pojedinac teži da negira da su njegovi, ali koji, uprkos tome, utiču na njegovo ponašanje i manifestuju se odvratnim stranama karaktera ili "iskušenjima" koje svesni deo pokušava da ignoriše.

Ovaj arhetip se može manifestovati u snovima i simbolima sa demonskim likovima, čudovištima i hajkama, noćnim morama proživljenim u mraku.

Arhetip koji se često pominje zajedno sa Senkom je arhetip Ličnosti.

Osoba (od latinskog, "maska glumca") je arhetip koji ukazuje na ulogu koju subjekt igra u društvenom kontekstu u kojem djeluje. Osoba je upravo maska, pokriće identiteta pod kojim djelujemo i zahvaljujući kojem smo ono što bi drugi htjeli da budemo i ono što vjerujemo da jesmo.

Druga faza: arhetip Anime ili Animusa.

Drugu fazu karakteriše susret sa arhetipom Anime (za muškarca) i Animusa (za ženu). Unatoč nazivu koji podsjeća na dušu, ne odnosi se ni na jedan religijski ili dogmatski koncept.

Sliku anime muškarci projektuju na žene, dok je kod žena odgovarajući arhetip, animus, koji se projektuje na muškarce.

Duša predstavlja kontakt sa psihičkim i mentalnim aspektima, odnosno prvi pristup pojedinca njegovoj psihologiji, gotovo obred inicijacije. To su vrata koja omogućavaju pristup transcendentnom svijetu.

To je arhetip velike komunikacije jer predstavlja mnoge nesvjesne slike, stvara nesporazume, gradi iluzije, a time i krize.

U tom smislu, suočavanje sa dušom je mnogo zahtevnije od sukoba sa Senkom; uključuje ulazak na teritorije na kojima postoji opasnost od smrskanja. Sve što Duša dotakne postaje numinozna, odnosno apsolutno, opasno, podložno tabuu, magično.

Animus (muška komponenta žene) predstavlja tipično praktične i konkretne, racionalne i stvarne aspekte. U snovima je predstavljen ratom, kovačem i sličnim simbolima. Ima sadržaje refleksivnosti, kontrole, analize, ponderiranja, racionalnosti, proračuna, odluke, planiranja, razlikovanja.

Ova dva arhetipa nam daju širok pogled na to koliko psiha može biti dualna.

Prema Jungu, svaki arhetip sadrži aspekt života i njegovu suprotnost, pri čemu se podrazumijeva da oba imaju svoju vrijednost i svoje mjesto. Nasuprot tome, Freudova misao je usredsređena na sukob i borbu za eliminaciju jednog od njih.

Prema Jungu, dualnost psihe omogućava potčinjavanje koje pobjeđuje zlostavljanje i ljubav koja pobjeđuje mržnju. Mora postojati i harmonična saradnja između svjesnog i nesvjesnog.

Jungov dualitet takođe ostaje validan u pogledu različitosti polova, jer psiha u sebi ima mušku i žensku energiju, a svaki muškarac ima žensku stranu, kao što svaka žena ima mušku stranu. Očigledno je da svaki posjeduje dominantnu energiju, ali ipak ima domaćina, doduše u pozadini, i suprotnu.

Na bareljefima indijskih hramova, muško i žensko su predstavljeni kao muškarac i žena u zagrljaju; alegorijski su to dvije univerzalne figure. Početno jedinstvo ova dva žanra također proizlazi iz religioznih ili mitskih narativa, gdje čitamo da je Eva rođena iz Adamovog rebra, a Atena je izašla iz Zevsove glave (ili teleta.

Treća faza: arhetip "mudrog starca".

Treća faza odgovara susretu sa arhetipom "mudrog starca", koji se može shvatiti kao muška očinska figura, koja odražava arhetip Grance Madre. U Starom Mudracu je zatvoreno cjelokupno iskustvo pojedinca, a sa njim i sva njegova sposobnost rasuđivanja i predviđanja. Predstavlja transformativni cilj do kojeg dolazi nakon suočavanja sa arhetipovima prethodnih faza. U tom stanju čovjek postaje sposoban procijeniti prošlost, sadašnjost i budućnost. Mudar starac je prikazan kao filozof sposoban za savjetovanje.

"Velika majka" predstavlja krajnji cilj ženske psihologije. U jungovskoj psihologiji to je arhetip velike i ambivalentne moći, istovremeno razarač i spasilac, koji hrani i proždire. Odjevena je u svetost, kao da je jedna od numinoznih moći nesvjesnog.

Četvrta faza: arhetip Jastva.

Arhetip Jastva je konačni razlog za proces individuacije, odnosno razlog postojanja pojedinca, koji mu se otkriva i otvara pred njim poput rascvjetalog cvijeta.

Prikazuje se kao svjetlost, kvartern, centar stvari. Njegov simbol može biti mandala, figura koja u budističkoj i hinduističkoj religijskoj tradiciji predstavlja kosmos i oslikana je na tkanini ili freskama na zidovima hramova.

Ja predstavlja samog pojedinca, sa svim iskustvom i znanjem koje je akumulirao na svom putu individuacije. Kada se pojedinac susreće sa sopstvom, to znači da su neuroze poražene i da je postignut unutrašnji sklad.

Stoga je Jastvo cilj, kulminacija realizacije ličnosti, vrhunac u kojem se konvergiraju i ujedinjuju svi svjesni i nesvjesni aspekti pojedinca.

Drugi klasični arhetipovi predstavljaju univerzalne slike koje istovremeno izražavaju pozitivnost ili negativnost: Voda, Broj, Heroj, Mađioničar, Buntovnik, Suveren, Nevini, Apolon, brojne religijske figure, itd.

Kada se arhetipovi odnose na mitske, religiozne ili legendarne ličnosti, Jung ih naziva "numinoznim moćima", uzimajući termin koji je već skovao Rudolf Otto, njemački teolog i istoričar religija.

Jung i alhemija: individuacija i "Opus alchemicum".

Poslednja knjiga koju je Jung napisao 1956. godine nosi naslov "Mysterium Coniunctionis" i bavi se istoimenim arhetipom, koji se odnosi na sveti ili "alhemijski" brak između Sunca i Meseca. Jung se fokusirao na alhemiju u mnogim svojim radovima, pokušavajući da istakne značenje "Opus alchemicum" (Alhemijskog rada) kao duhovne potrage.

Njegovo istraživanje je imalo za cilj da otkrije analogije koje postoje između alhemijskih procesa i onih vezanih za psihičku sferu. Posebno je analizirao faze kroz koje će se odvijati alhemijski rad, odnosno postupak dobijanja kamena filozofa. Ovaj postupak uključuje nekoliko faza, koje su prvobitno bile četiri:

- "Nigredo" ili pocrnjenje, povezano sa elementom zemlje.

- "Albedo" ili izbjeljivanje, povezano sa elementom vode.
- "Citrinitas" ili žutilo, povezano sa elementom vazduha.
- "Rubedo" ili crvenilo, povezano sa elementom vatre.

Ove četiri faze bi odgovarale psihičkom procesu individuacije.

Konkretno, prva faza identifikacije, odnosno poređenje sa arhetipom Sjene, pronašla bi korespondenciju u fazi alhemijskog procesa zvanom "nigredo".

"Nigredo" je latinski izraz koji znači "crna boja" ili "crnilo". Označava "fazu do crnog" Opusa, početak procesa stvaranja kamena filozofa. I faza truljenja i raspadanja. Ovo je najdelikatniji trenutak, koji simbolizira crna vrana. U ovoj fazi potrebno je ostaviti sve sastojke da umru, macerirati ih i dugo kuhati dok se ne formira tamna masa.

Druga faza, odnosno susret sa Animom ili Animusom, našla bi korespondenciju u fazi Opusa "albeda", latinskog izraza koji znači "bjelina". Ova faza je simbolizirana bijelim labudom i zove se "Opera al Bianco". Sastoji se od pročišćavanja bezoblične mase koja nastaje iz "nigreda", da se isperu nečistoće i pripremi za sljedeću fazu. Na hemijskom jeziku to odgovara destilaciji. Metaforički, ovim odlomkom duša se oslobađa okova tjelesnosti.

Treća faza, odnosno susret sa mudrim starcem, odgovarala bi fazi alhemijskog procesa zvanom "Citrinitas".

"Citrinitas" je faza žućenja ili sagorevanja materijala Opusa. Njegova boja je citrinsko žuta, simbol volje i dinamične savjesti. Od početnog truljenja dobija se destilovano jedinjenje namenjeno sublimaciji.

Četvrta faza, individuacija, odnosno susret sa arhetipom Ja, našla bi korespondenciju u fazi Opusa poznatom kao "Rubedo".

Latinski izraz rubedo može se prevesti kao "crvenilo". Predstavlja "crvenu fazu" i predstavlja završetak hemijske transmutacije, koja bi trebalo da se poklopi sa realizacijom kamena filozofa sposobnog da pretvori osnovne metale u zlato. "Rubedo" se dešava usled dejstva vatre, odnosno Duha. Njegovi simboli su feniks, crvena ruža, jaje, krunisani kralj.

Rubedo takođe ima i druge simboličke vrednosti, povezane sa činjenicom da crvena u alhemijskoj tradiciji predstavlja međuboju između crne i bele. Dakle, predstavlja spoj suprotnosti i sjedinjenje između duha i materije ili između muškog i ženskog.

Konačno, kao što je "nigredo" odgovarao fizičkom tijelu alhemičara, a "albedo" njegovoj duši, "rubedo" odgovara njegovom duhu, odnosno najvišem dijelu tri sastavna elementa ljudskog bića.

Sinhronicitet.

U predelu srca se dešava spontano prepoznavanje veza koje um često razume tek kasnije. Ove veze u početku su gotovo neobjašnjive, ali se percipiraju sa apsolutnom sigurnošću definirane su kao sinkroniciteti, ili slučajnosti, ili jednostavno čuda.
(Ruediger Schache, Savjeti iz srca)

Jung u potpunosti objašnjava svoju teoriju sinhroniciteta u eseju "Sinhronicitet kao princip akauzalnih veza", a svoje razmišljanje započinje definisanjem pojmova kauzalno - akauzalno.

Jung započinje svoje izlaganje naglašavajući kako je koncept koji leži u osnovi zakona prirode da je svaki događaj uzrokovan uzrokom. Međutim, to nije uvijek tačno; postoje događaji u prirodi koji nisu međusobno povezani uzročno-posljedičnim vezama i stoga se moraju različito tumačiti.

Bilo bi uzaludno tražiti ove događaje u makrofizičkom svijetu, makar samo zato što bi ih bilo nemoguće objasniti. Zamislimo da se bilijarska lopta kreće bez ikakvog guranja. Lopta nije primila udar druge lopte, pritisak vjetra, nije na kosoj ravni. Takva činjenica nije vjerodostojna. čak ni ako mnogi svjedoci to kažu.

Ovo je potvrda koncepta determinizma, prema kojem je svaki fizički fenomen ili događaj nužno određen drugom pojavom ili događajem koji se ranije dogodio.

Da bi se neka pojava uzela u obzir, nije dovoljno jedno svedočanstvo, potrebno je mnogo. Unatoč tome, čak i kada postoji mnogo svjedočanstava, fenomen će i dalje biti negiran u nedostatku ponovljivosti, odnosno mogućnosti da se normalno reprodukuje. Ponovljivost mora biti moguća pod bilo kojim analognim uslovima. Ponekad se, međutim, može uzeti u obzir čak i rijetka pojava, kao što se događa u biologiji, gdje samo jedan primjerak nepoznate vrste čini postojanje cijele vrste vjerodostojnim.

Pitanje koje se Jung postavlja je: postoji li, na apsolutno uopšten način, mogućnost dobijanja potvrde događaja bez uzroka? Postoje li događaji bez odlučujućeg uzroka?

Njegov odgovor je pozitivan. Jung se odnosi na svijet "slučajnosti", u kojem se čini da događaji nisu povezani uzročno-posljedičnim vezama s drugim događajima.

Kada govorimo o slučaju, uobičajeno je da se tvrdi da se čak i događaji definisani kao "slučajnost" ili "slučajnosti" mogu objasniti. Kada se ti događaji ne mogu pripisati uzroku, to zavisi samo od činjenice da ga ne znamo .

Ali, nastavlja Jung, princip prema kojem svaki događaj mora imati uzrok je relativan, odnosno primjenjiv je samo na kontekst makrofizičke stvarnosti, one u kojoj živimo. Shodno tome, iako se priznaje da velika većina događaja mora imati uzrok, to ne isključuje da ga neki događaji možda nemaju.

Među velikom većinom događaja povezanih sa uzrocima, rijetki slučajevi u kojima ne postoji uzrok mogu se pronaći gdje se uzročno-posledična veza čini nezamislivom, pomnim ispitivanjem. Ovdje Jung daje primjer:

> “Prinuđen sam da konstatujem da moja tramvajska karta ima isti broj kao i pozorišna karta koju odmah nakon toga kupim. U toku iste večeri dobijam telefonski poziv u kojem se spominje isti broj. Ovom prilikom mi se uzročna veza čini krajnje nevjerovatnom, a ni najluđa mašta ne bi mi dozvolila da pomislim da bi veza mogla postojati, iako svaki slučaj uzet za sebe jednako očigledno ima svoj uzrok.

Očigledno je da bi sve slučajnosti mogle biti kao mete koje su slučajno pogođene, ali ova teorija može biti validna sve dok ne prelazi razuman nivo vjerovatnoće. Kada se ovaj prag prekorači, evidentno je da kompleks koincidencija postaje neobjašnjiv i ne može se upućivati na bilo koji uzrok.

Jung priznaje mogućnost da bi, međutim, grupa slučajnosti mogla biti posljedica isključivo slučajnosti.

Međutim, mogu postojati grupe "čudnih slučajnosti" koje poprime drugačiju i vrlo značajnu vrijednost za protagonista. To su slučajevi u kojima uključena osoba uspijeva povezati slučajnosti, dajući im smisao.

Pojava ovih grupa koincidencija sadrži numinoznu komponentu, tajanstvenu, svetu, što ih čini značajnim, a kada se to dogodi, Jung grupi daje ime sinhroniciteta.

Ilustrujući značajne koincidencije, Jung ih grupiše u tri kategorije.

Prvi predviđa da postoji veza između psihičkog stanja subjekta i savremenog i objektivnog događaja, koji odgovara psihičkom stanju. Primjer je epizoda koju je ispričao sam Jung: dok mu je pacijentica govorila da je sanjala bubu sličnu bubi, insekt te vrste udario je u prozor radne sobe.

Druga kategorija značajnih koincidencija predviđa da postoji veza između psihičkog stanja subjekta i spoljašnjeg događaja, koji se dešava na drugom mestu, ali se kasnije može potvrditi. Nebrojena svjedočanstva snova koji najavljuju smrt osobe, za koju se potom utvrdi da se dogodila u isto vrijeme kada i san, mogu se koristiti kao primjeri.

Treća kategorija predviđa da postoji veza između psihičkog stanja subjekta i događaja koji se još nije dogodio, ali će se dogoditi u budućnosti. Na primjer, može se dogoditi da iznenada pomislite na nekoga s kim ste izgubili kontakt i da ga sutradan sretnete.

U sva tri slučaja evidentna je potreba za postojanjem psihičkog stanja koje omogućava subjektu da presretne signale koji najavljuju događaj, pridajući im značenje i motivirajući u sebi onaj naboj očekivanja koji će se poklopiti s pojavom događaja. sebe.

Nažalost, signali koje bismo mogli definisati kao premonitorske često se zanemaruju, ma koliko bili brojni, jer smo prirodno navikli da gledamo na svet prema parametrima determinističke fizike i da odsutno razmatramo neobične događaje i čudne slučajnosti, koje spuštamo na slučajevi bez značaja.

Rođenje sinkroniciteta.

U svom spisu "Sinhronicitet kao princip akauzalnih veza" objavljenom 1952., Jung navodi primjer sinhroniciteta:

> “Da navedem jedan primjer među mnogima, naveo sam sljedeći slučaj od 1. aprila 1949. Danas je petak. Imamo ribu za ručak. Svi se prolazno sjećaju upotrebe "aprilske ribe". Tokom jutra sam zabilježio natpis: "Est homo totus medius piscis ab imo". Popodne mi bivša pacijentica koju nisam vidio mjesecima pokazuje neke posebno sugestivne slike riba koje je u međuvremenu naslikala. Uveče mi pokažu vez koji predstavlja morska čudovišta u obliku riba. Rano ujutru 2. aprila, bivša pacijentica koju nisam vidio nekoliko godina ispričala mi je san u kojem je, dok je bila na ivici jezera, vidjela veliku ribu kako brzo pliva u njenom smjeru dok nije "odletjela" kod njenih nogu. U ovom periodu bavim se istraživanjem čija je tema istorijski

simbol ribe. Samo jedan od gore navedenih ljudi to zna. Očigledna je sumnja da bi se u ovom slučaju radilo o značajnoj koincidenciji, o slučajnoj vezi. Moram priznati da me ova koncentracija impresionirala. Za mene je to imalo određeni numinozni karakter. U takvim slučajevima se čuveno kaže: "To ne može biti čista slučajnost!". Ribe se često pojavljuju kao simboli nesvjesnog sadržaja."

Jezikom psihologije forme, značaj je kvalitet koji razlikuje 'stvari' od 'ne-stvari', središnju scenu od pozadine, relevantne radnje koje sačinjavaju nebitne oblike i konture.

Percepcije bismo mogli podijeliti na fotografije i video zapise, kako bismo sugerirali da ne postoje samo trenutne percepcije, uporedive sa fotografijama. Često percipiramo neke strukturiranije situacije, sa svojim vremenom razvoja, složene događaje koji se izdvajaju u pozadini drugih događaja, kao što se dešava u filmovima u kojima centralna radnja zaokuplja svu pažnju nauštrb obrisa.

U ovom slučaju govorimo o događajima, okolnostima, značajnim podudarnostima, od kojih svaka ima svoj značaj. Sve zajedno doprinose izgradnji složenije forme, sačinjene od filmskih isječaka, svaki neovisni o drugom, ali u cjelini obdareni simbolikom koja se odnosi na događaje i potrebe našeg života. U ovom slučaju govorimo o sinhronicitetu.

Vjerovatno najjednostavniji način da se objasni što je sinhronicitet je simulacija procesa kojim se on gradi, odnosno oblikuje u svijesti pojedinca.

Slika 15 – Zamislimo da isprekidani kvadrat obuhvata period nečijeg života, koji označavamo kao Filip. Dan, sedmicu ili više. Svaka tačka predstavlja jedan od bezbroj događaja koji su se desili tokom ovog perioda.

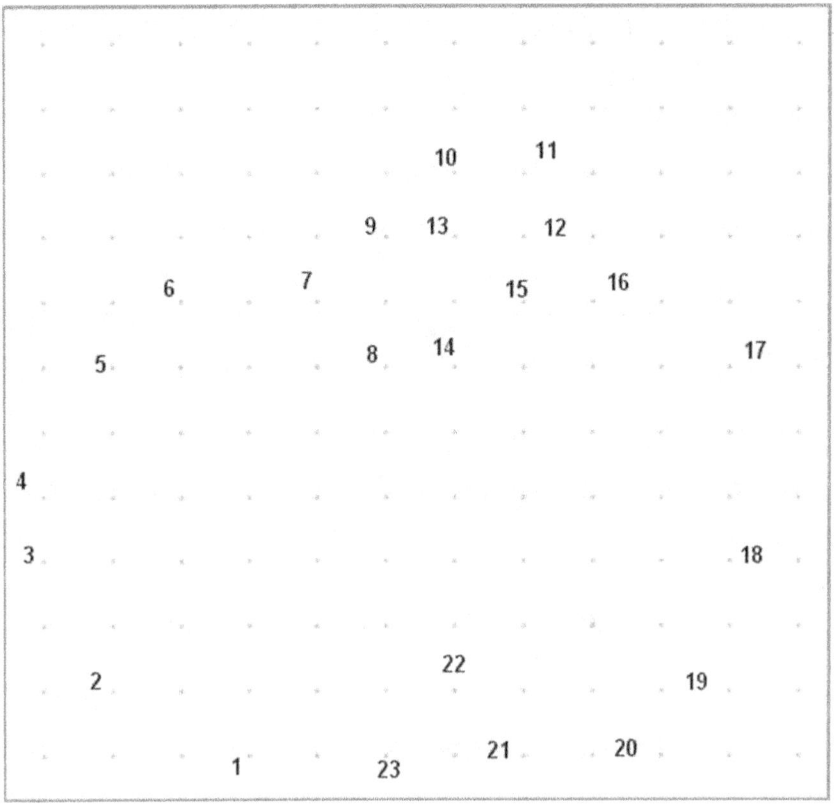

Slika 16 – Naravno, neke epizode su relevantnije od drugih. Zatim, postoje neki (oni koji su podebljani) koji za Filipa poprimaju posebno značajnu vrijednost, čak i ako on sam nije u stanju objasniti razloge.

Stoga ćemo zamisliti da rekonstruišemo prolaze kroz koje bi se sinhronicitet mogao pojaviti i postati djelotvoran u savjesti prijatelja, kojem pripisujemo konvencionalno ime Filip.

Filip i njegov brak.

Slika 15 simbolično obuhvata u ograničenom području (kvadratu) vremenski period u Filipovom životu, razumno sedmicu. Svaka tačka zatvorena u tom području predstavlja jedan od bezbrojnih događaja koji su ga uključivali tokom ovog perioda, od vezivanja cipela ujutro do gašenja svjetla kada je otišao u krevet navečer. Svaka tačka ima svoju važnost, ali svakako su neki događaji relevantniji od drugih, kao na primjer to može biti pohvala na poslu u poređenju sa bacanjem odbijanja u smeće.

Međutim, postoje neke situacije koje ostaju posebno utisnute u Filipovu umu, čak i ako on ne zna zašto. To su događaji koji nisu međusobno povezani niti imaju bilo kakvog uticaja na uobičajeni tok njegovog dana.

Jednostavno, to su bljeskovi svjetlosti koji zasljepljuju um baš kao što munja može zasljepiti oko. Kao što znamo, efektu bljeska je potrebno neko vrijeme da se oko oslobodi nelagode, pa tako i čudan osjećaj izazvan nekim događajima nastavlja da treperi u umu, bez posebnog razloga.

Na slikama 16 i 17 želeo sam da sve predstavim kao da je u pitanju čuvena igrica "Spoji tačke".

Zapravo, Filip mora nastojati da poveže čudne činjenice, snove i slučajnosti kako bi im dao smisao, odnosno da izgradi formu koja daje zajedničko značenje događajima koji naizgled ne bi trebali imati ništa zajedničko.

U noći između ponedjeljka i utorka Filipo sanja čudan san. Nalazi se na ostrvu u Tihom okeanu i uključen je u zabavu koju organizuju stanovnici jednog sela. Mnogi plešu, drugi sviraju instrumente karakteristične za ovo mjesto, a treći nude vijence cvijeća, sve u atmosferi spokojne radosti. Mlada žena prilazi Filipu i stavlja mu na glavu krunu od raznobojnog i mirisnog cvijeća, koje mu leži na ramenima i spušta se na grudi. Odjednom, dok učestvuje u prazničnoj atmosferi, Filipo spušta pogled i ugleda malog insekta koji izmiče iz čašice cvijeta i počinje grickati njegove latice. Ubrzo se pojavljuju drugi insekti koji napadaju sve cvijeće. Ove brzo venu i trunu. San se pretvara u noćnu moru; Filipo se uspaničeno budi i shvata da je imao samo neprijatno iskustvo iz snova, ali slika raskošnog cveća koje mu trune pred očima ostaje živa u njegovoj svesti.

Sljedećeg dana otkriva da se dokumentarni film o vojnoj organizaciji Rimskog carstva emituje na TV kanalu koji on obično ne gleda. Oduvijek ga je zanimala istorija starog Rima, pa odlučuje da prati emisiju. Video predstavlja organizaciju "kastruma". "Kastrum" je bio logor koji je svaka legija morala da izgradi za nekoliko sati na kraju dnevnog marša. Na početku je vojska iskopala jarak i u njemu podigla palisadu. Unutar logora, zemlju su dijelile "Via Principalis" i "Via Praetoria". U raznim sektorima bili su šatori komande, oficira i vojnika. Po završetku izgradnje logora, komandant je prinio žrtvu božanstvima pozivajući se na zaštitu novopodignutog logora.

"Kako čudno, - misli Filip, ovi ljudi su prinosili žrtvu bogovima u svakoj prilici. Dakle, zašto na tako dobro uređenom polju nisu podigli i mali hram božanstvima?".

Ova pomisao ga iznenađuje: nikada ne bi zamislio da se brine o izgradnji vjerskog hrama. Filipo želi da ostavi tu misao po strani, ali mu se stalno vrti u glavi.

Treća čudna koincidencija se dešava nakon nekoliko dana, dok radi u kancelariji, i zateče se kako ima posla sa najlonskim markerom koji je predugo ostao nepoklopljen i zbog toga je mastilo na vrhu suvo. Nestrpljiv, baca ga u smeće. Guido, kolega, interveniše i kaže mu:

"Ne bacaj, daj mi. Uz malo strpljenja, regenerirat ću ga i iskoristiti za najave koje ću staviti na oglasnu ploču kluba.

Gvido je sekretar i faktotum u kuglanskom klubu koji oboje pohađaju i gde ljudi zbog oskudnih sredstava štede na svemu.

Filipa je zbunila pomisao na oglasnu ploču i potrebu da se piše recikliranim flomasterima.

Za nekoliko dana, neshvatljivo, Filipa je privukao niz radoznalih i potpuno nepovezanih činjenica. Počinje da se pita ima li sve to smisla.

Sanjao je svježe cvijeće koje su pokvarile štetočine. Nedostatak paganskog hrama ga je iznenadio. Zamislite oglasnu ploču napisanu markerima iz smeća.

Odjednom, kao bljesak, zajednička veza bukvalno eksplodira u Filipovom umu.

Zajednički nazivnik je crkva, naravno. Ne bilo koja crkva, već mala crkva u kojoj se vjenčao. Cveće je ono sa ceremonije, hram je sama crkva, oglasna tabla je ona koja sadrži obaveštenje o venčanju.

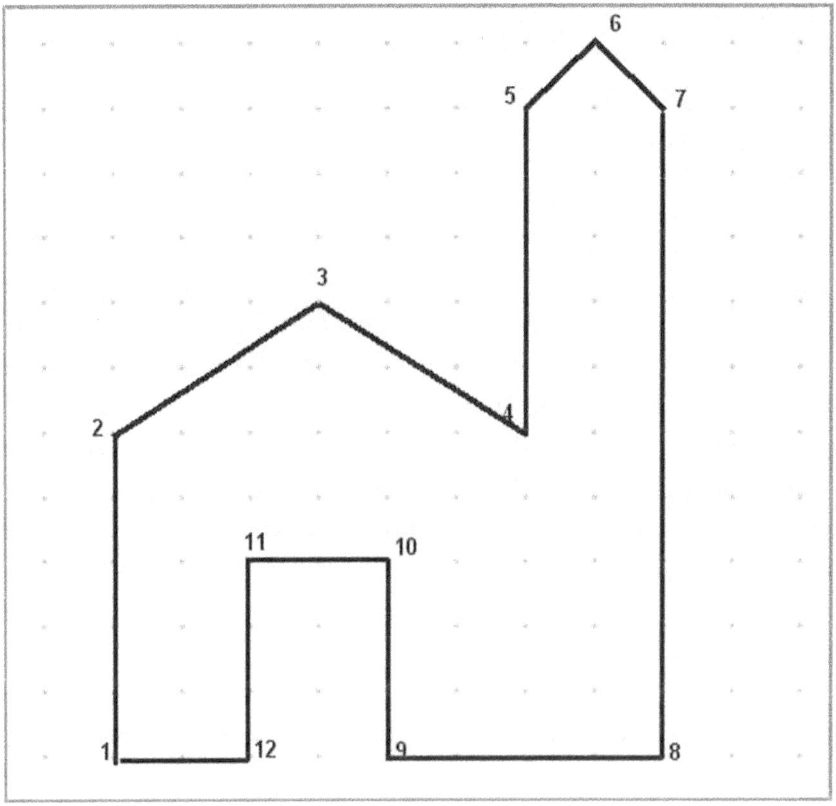

Slika 17 – Značajne koincidencije omogućavaju da se „oblik“ materijalizuje u Filipovoj savjesti, kao što bi se moglo dogoditi u igrici „Spoji tačke“.

U našoj metafori igre „Spoji tačke“, kao što se vidi na slici 17, Filip povezuje tačke i dobija oblik crkve koju odmah identifikuje kao onu u kojoj se venčao.

To još uvijek nije dovoljno, crkva je jednostavno simbol, zbir mnogih simbola.

Filip mora shvatiti poruku koja se krije iza simbola. Cvijeće koje napadaju insekti i trulež, zavjetni hram kojeg nema, potrošen najlonski flomaster. Sve to povezano sa crkvom u kojoj je započela njegova bračna avantura, navodi ga da shvati da je njegov bračni život patio od nekog zanemarivanja i da njegov brak doživljava težak trenutak. Pogoršanje bračne situacije dogodilo se dok on, zauzet poslom i svakodnevnim poslovima, to nije primijetio.

Ako Filip uspe da dešifruje sinhronicitet u kojem je bio protagonista, verovatno će uspeti da spase svoj brak.

Matej i učestalost broja 31.

Drugi primjer koji predstavljam zasniva se na neobičnoj učestalosti kojom nam broj može privući pažnju. Pričaćemo o Matteu i njegovim ponovnim susretima sa brojem 31.

Jednog blijedog jesenjeg jutra Matteo, menadžer prodaje svoje kompanije, zakazivao je sastanke s nizom klijenata. Matteo je za kraj ostavio najvažniji sastanak, onaj sa dr. Corradinijem, menadžerom nabavke kompanije sa vrlo zanimljivim budžetom. Nažalost, Corradini je imao neprijateljski i ponekad neprijatan karakter. Matteu je uvijek bilo neugodno u raznim radnim kontaktima koje je morao održavati sa sobom. Uzdahnuvši, podigla je slušalicu i pozvala ga. Doktor Corradini je tog dana bio neobično ljubazan, pa je razgovor ubrzo završio dogovorom.

- Pa doktore, možemo li se naći 31.? - Predložio je Matthewa.

- Zašto tako udaljen sastanak? – usprotivio se Corradini.

- Pa, kraj je mjeseca, ostala je još jedna sedmica.

- Ali vidite, g. Matteo, griješite. Mi smo u novembru koji ima 30 dana. Ali koji kalendar koristi? Astečki kalendar?

Matteo je na trenutak ostao zbunjen, a onda je osjetio kako tone. Kakva greška! Prokletstvo, samo sa Corradinijem! Promrmljao je neke izgovore i zakazao termin za 30.

Međutim, ta epizoda ga je šokirala. Kako je mogao pogrešno izračunati datum važnog sastanka? Bilo je očigledno da novembar ima 30 dana. Kaže i poznata dječja pjesma: "Trideset dana ima novembar, sa aprilom, junom i septembarom...". A onda je imao otvoren dnevni red na stolu. Kako je mogao smisliti taj ukleti broj 31, izlažući se ironiji svog klijenta?

Ostatak radnog dana Matteo nije mogao da završi mnogo, a mučio ga je taj broj 31.

Konačno je došao kraj radnog vremena i Matteo je izašao na ulicu kako bi otišao do autobuske stanice, gdje bi čekao autobus broj 218 koji će ga odvesti kući. Ali na stanici Matteo pronašao je natpis: „Zbog radova u toku, autobus broj 218 je privremeno obustavljen. Alternativno, gospoda putnici mogu uzeti autobus broj 31 koji vozi duž Via Panoramica.

Ako je vjerovao da se riješio broja 31, Matteo je pogriješio. Uzeo je ovo novo vozilo koje ga je dovelo blizu njegove kuće. Prije nego što je otišao do kuće, otišao je u kemijsku čistionicu po odjeću.

Sinjora Pina, vlasnica praonice, predala mu je odjeću sa računom.

- Duguje mi 33 evra.

Matteo nije bio škrt, ali se volio cjenkati oko cijena kad god je to bilo moguće.

- Tako puno? 33 eura? Hajde, gospođo Pina, imao sam loš dan! Da platim 30 evra.

- Šalite se, g. Matteo? Niste vidjeli račun za struju koji sam danas dobio! A onda vlada svaki dan izmišlja novi porez. Vidite g. Matteo, apsolutno ne mogu da pravim popuste. U svakom slučaju, samo ovaj put, samo mi daj 31 euro. Ne mogu vam dati nižu cijenu, vjerujte!

Matteo je platio i izašao. Tek kada se vratio na ulicu, Matteo je shvatio da je broj 31 ponovo postao dio njegovog života.

Cele večeri je nastavio da razmišlja o tom veoma čudnom insistiranju broja 31. Kada je legao u krevet, shvatio je da ne može da zasp

Loš utisak sa Corradinijem izgoreo je na poseban način. Matteo je osjetio ironiju svog odgovora:

„Ali koji kalendar ona koristi? Onaj astečki?".

Da, novembar ima 30 dana. Možda je pobrkao s prethodnim mjesecom, oktobrom, koji donosi 31.

- 31. oktobar. Na šta me podsjeća ovaj datum? rekao je Matteo u sebi.

Naravno, Noć vještica! (Sl.18)

Počeo je da se prisjeća noći vještica koje je proveo sa svojim prijateljem Fulviom. Svake godine, na noć vještica, njih dvoje su stavljali veliku praznu bundevu sa upaljenom svijećom unutra, na ulazu u most. Zatim su čekali prolaznike, vičući i galami da ih uplaše.

Fulvio je bio nekoliko godina stariji od njega i bio je pravi majstor u krađi najpogodnije bundeve u okolnom selu.

Matteov um je dugo lutao kroz ta sjećanja. Dugo se nije čuo sa Fulviom. Ko zna kako mu je bilo?

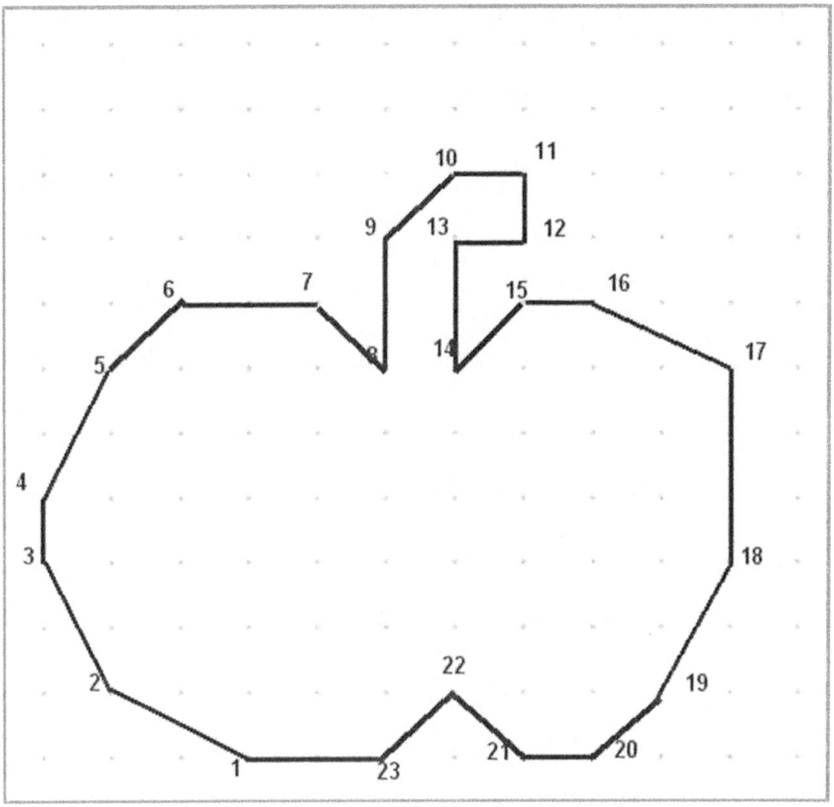

Slika 18 – Igra „Connect the dots" kao metafora sinhroniciteta koja uključuje Mattea i, kroz simbologiju bundeve, navodi ga da svoju pažnju usmjeri na zabave za Noć vještica njegove mladosti.

Pogledao je na sat. Nije bilo kasno za telefonski poziv. Iz starog telefonskog imenika izvukla je Fulviov broj i nazvala ga.

Fulviov prijemnik je zazvonio sa neverovatnom snagom u tišini njegovog doma. Fulvio, koji je sjedio za svojim stolom, bio je zaprepašten. Telefon je ponovo zazvonio, odlučno, nadmoćno.

Fulvio je stavio pištolj koji je držao u desnoj ruci na sto i podigao slušalicu

- Hej prijatelju, kako si? Znaš me? Ja sam Matthew!

Fuluio je bio zapanjen. Odmaknuo je papir u stranu i spustio olovku ispred sebe, a zatim je odgovorio:

- Naravno da te prepoznajem. Zašto si pomislio da me pozoveš?

- Pa, mislio sam da je prošlo dosta vremena otkad se nismo vidjeli i da bi bilo lijepo da se sretnemo i razmijenimo neke ideje. Šta misliš prijatelju, može li se to učiniti?

Fulvio je zurio u slušalicu, kao zadivljen. Više nije bio sam, neko je pomislio na njega, anđeo noći je došao da mu pruži ruku. Odjednom je njegova samoća izgledala manje ugnjetavajuća. Našao se na mjestu gdje je izbor između nade i očaja još uvijek bio moguć. Da, stopalo na ivici provalije se još moglo povući. Nova odluka je bila moguća.

Fulvio je odlučio brzinom munje. Uzeo je pištolj i vratio ga u ladicu.

"Naravno da se može, prijatelju... da, prijatelju, to se definitivno može, hajde da se nađemo!".

Priča o Matteu i Fulviu se ovdje završava. Niko nikada neće saznati da je Fulvio te večeri spašen zahvaljujući nizu čudnih koincidencija u koje je upleten Matteo, a sve su povezane sa brojem 31.

Niko nikada neće saznati koja je procedura (sigurno ne logična) navela Mattea da transformiše neke generičke reference na broj 31 u značajan datum, zabavu za Noć vještica, a zatim je došao do odluke da kontaktira svog prijatelja iz djetinjstva.
Niko nikada neće saznati koliko su se puta ovakve priče zaista dogodile.

Broj, arhetip reda.

"Nije važno sve što se može izbrojati
i ne može se sve što je važno pobrojati."
(Rukom pisani papir visi u Ajnštajnovoj radnoj sobi)

Brojevi i sinhronicitet.

Brojčane podudarnosti uspijevaju fascinirati svakoga, posebno kada se ponavljaju redovno u kratkom vremenskom periodu, čak iu različitim situacijama: isti red vožnje, isti broj ulice, isti broj rezervacije itd. Mnogi ljudi su pogođeni njime, ali ne vjeruju svi da postoji značenje ili ne žele da ga otkriju.

Ponavljanje istog broja često krije vrlo ličnu poruku, koju treba intuitivno shvatiti kopanjem u nabore nesvesnog. Intrinzično simboličko značenje samog broja može pomoći u ovom istraživanju, prema vrlo drevnim tradicijama. Kroz numeričku alegoriju možemo biti protagonisti sinkroniciteta koji nastoji otkriti sadržaj tajanstvenog porijekla, možda božanskog.

Praksa utvrđivanja smislenih podudarnosti na osnovu brojeva je ukorijenjena u najranijoj povijesti čovjeka. Moglo se izbrojati broj ptica u jatu, broj kamenja istog oblika ili boje, broj biljaka na istoj čistini. Sam broj je neobičan i misteriozan. Prema Jungu, broj ima značenje koje je uvijek numinsko, čudno, božansko.

Neki nastavnici matematike poučavali su svoje učenike nepobitnim primjerom. Razmotrite bilo koju grupu objekata. Uklonite svako pojedinačno svojstvo ovih objekata poput težine, oblika, veličine i tako dalje. Ali sigurno nećete moći eliminisati njihovu količinu, odnosno broj ovih objekata.

Postoji bliska veza između broja i sinkroniciteta, jer su oba odjevena u svetost i misteriju. Broj je uvijek prisutan u bilo kojoj sinkronicioznosti, u bilo kojem obliku: količina, datum ili drugo; često je skriven pod izrazima kao što su "mnogo", "malo", "veoma veliko", "beskonačno".

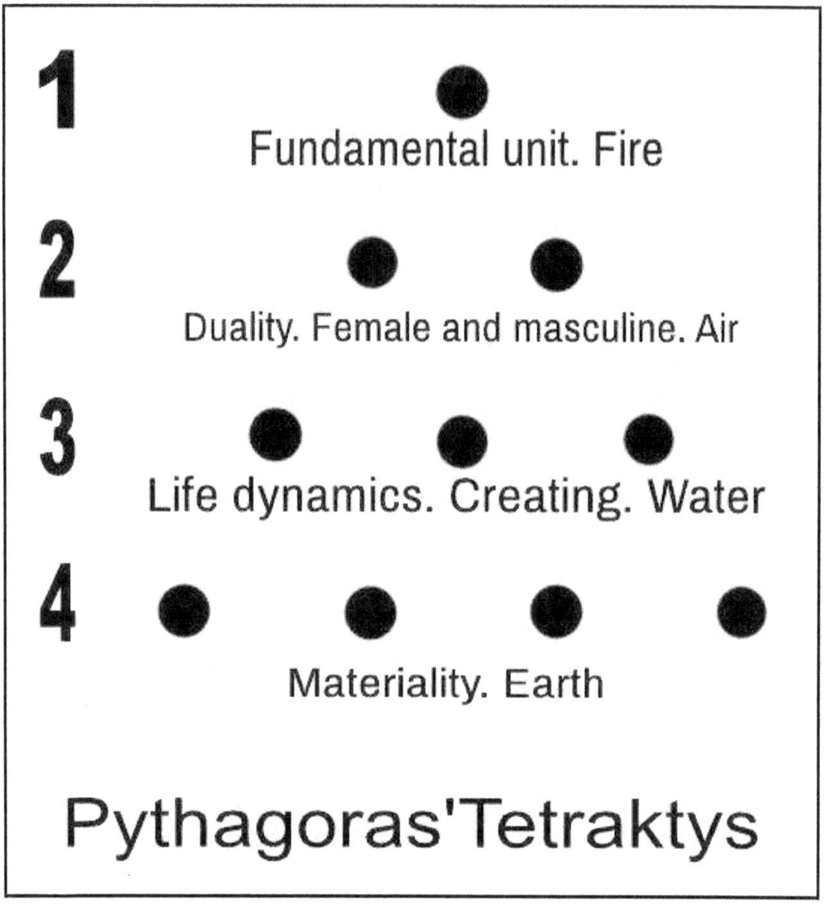

Slika 19 - Tetraktis ili kvaternarni broj predstavljao je za Pitagorejce aritmetički niz prva četiri prirodna broja, tačnije pozitivnih cijelih brojeva.

1. Osnovna jedinica. Vatra.
2. Dualnost. Žensko i muško. Zrak.
3. Dinamika života. Kreacija. Voda.
4. Materijalnost. Zemlja.

Svaki objekat se može posmatrati u svom jedinstvu ili u svojoj višestrukosti. Broj je taj koji uspostavlja precizan red, stoga stvara hijerarhiju, strukturu, koherentnost, organizaciju, jasnoću.

Broj se smatra jednim od glavnih arhetipova, a Jung ga naziva arhetipom reda. U stvari, stvara disciplinu u haosu; omogućava nam da ustanovimo i shvatimo pravilnost koja postoji a priori našeg ispitivanja, čak i kada bi, nakon prve provjere, izostala.

Broj je element koji stvara red u duhu od nastanka čovječanstva, dakle najbliži i najintuitivniji za ljudsku inteligenciju. Primjer mogu predstavljati crteži prisutni u pećinama iz paleolita. Uz slike koje prikazuju bizone, konje, nosoroge i druge životinjske vrste, pronađeni su i otisci ruku rađeni žutim ili crvenim okerom. Najpoznatiji su oni koji se nalaze u "Cuevas de las manos pintas" (Pećini oslikanih ruku) koja se nalazi u Patagoniji, u Rio Chubut.

Datiranje postavlja ove otiske šaka prije najmanje 14.000 godina. Ovo su ruke sa široko rastavljenim prstima. Izvan poruke koju je umjetnik želio da prenese, a koju vjerovatno, prema antropolozima, nikada nećemo saznati, predstava broja pet skače u oči. Kako to obično biva i kao što Occamov brijač sugerira, najjednostavnija i najdirektnija interpretacija je često najispravnija.

U najstarijoj tradiciji svi brojevi su poprimili mistično značenje i svetost koja se i danas čuva; posebno se vjeruje da su svi brojevi od 1 do 9 “sveti".

Tetraktis Pitagorejaca.

Pitagora, grčki filozof i matematičar koji je živeo u šestom veku. BC, matematiku je shvatio kao nauku sposobnu da unese red u prividni haos svijeta. Osnovao je školu u Crotoneu; da bi bili primljeni, studenti su morali da se zakunu na Tetractys:

"Kunem se, onim koji je prenio u našu dušu Tetraktis u kojem se nalazi izvor i korijen vječne prirode...".

Tetraktys predstavlja aritmetički niz prva četiri pozitivna cijela broja (slika 19). Ovi brojevi su raspoređeni u geometrijskom obliku jednakostraničnog trougla sa stranom "četiri", formirajući tako piramidu koja sažima odnos između njih i desetice. Zapravo, prema takozvanoj teozofskoj sumi:

$1 + 2 + 3 + 4 = 10.$

Zauzvrat, 10 se odnosi na jedinstvo dodavanjem $1 + 0 = 1$.

Četiri nivoa Tetraktisa odgovaraju kosmogonijskim principima i četiri elementa prirode.

Zlatni presek.

Neki brojevi su zaista posebni, kao što je broj 1.618. Ova vrijednost označava idealan omjer (zapazite na primjer omjer između širine i visine standardnog okvira za fotografije) i njegova formula je:

$$(\sqrt{5} + 1)/2 = 1{,}618\ldots$$

Obično se označava grčkim slovom Fi Φ i zove se zlatni broj, ili zlatna proporcija, ili zlatni presek, ili Fidijina konstanta. Platon, koji ga spominje u svom djelu Timej, govori o njemu kao o fizičkom ključu Kosmosa. U srednjem veku zlatni presek je preuzeo Leonardo Fibonači iz Pize, po čemu je danas posebno poznat kao Fibonačijev niz (sl.20).

Fibonačijev niz je niz pozitivnih cijelih brojeva u kojem je svaki broj, počevši od trećeg broja, zbir prethodna dva, a prva dva broja jednaka 1.
Dakle, serija je predstavljena brojevima:

1, 1, 2, 3, 5, 8, 13, 21, 34, 55, 89,144, 233, 377, 610...

i može trajati zauvijek. Istina, Fibonačijeva namjera dok je razrađivao ovu seriju bila je da pronađe matematički zakon koji bi opisao rast populacije zečeva. Nije zamišljao da otkrije jedno od divnih prirodnih pravila Kosmosa. Zaista, Fibonačijev niz je prisutan u praktično svim elementima prirode i otkriva projekat nevjerovatne elegancije.

Između dužine ruke i podlaktice odraslog muškarca odnos je „zlatan“, kao i dužine noge i njenog donjeg dela. Isti zlatni omjer nalazi se i između falange srednjeg i prstenjaka.

Matematička i geometrijska svojstva zlatnog presjeka koja se s nevjerovatnom postojanošću ponavljaju u najrazličitijim prirodnim kontekstima potvrda su postojanja bliske veze između "Kreativnog entiteta" i kreacije. Slučaj sigurno ne bi doveo do takve pravilnosti savršenstva i ljepote.

Kada broj otkriva sadržaj kao što je zlatni presjek, on se pokazuje kao instrument i posrednik odnosa između cjeline i dijela, kao i između svakog većeg i njegovog manjeg dijela.

Niko ne poriče postojanje, u ovoj prirodnoj konfiguraciji, ideala ljepote i sklada, koji uvelike opravdava nazive "Aurea" i "Divina".

U botanici, možda najznačajniji primjer efektivnog prisustva zlatnog presjeka predstavlja geometrijski raspored listova i cvatova nekih biljaka.

Sredinom 1800-ih, Auguste Bravais, francuski botaničar, u nizu studija provedenih s njegovim bratom Louisom, primijetio je da su kod mnogih biljaka listovi raspoređeni na stabljici prema spirali u kojoj je ugao između dva uzastopna lista skoro konstantan i iznosi oko 137,5°, što odgovara zlatnom uglu. Ovakav raspored garantuje pristup i optimalno korišćenje svakog lista na sunčevoj svetlosti.

Ali ima mnogo primjera prisutnih u prirodi. Na primjer, broj latica cvijeta obično je ekvivalentan vrijednosti Fibonačijevog niza. Na primjer, vrlo mnogi, kao što su iridaceae i ljiljani, imaju tri. Šipka ima pet ili osam, kao ljutiča i plumerija. Mnoge tratinčice imaju 13, pa se pitanje "on me voli" ili "on me ne voli" gotovo uvijek završava utješno, potvrđujući "on me voli". To se dešava i kada koristite "livadsku tratinčicu" koja ima 21 latica. Asteraceae, velika botanička grupa koja uključuje, između ostalog, suncokrete, gerbere i krizanteme, ima 34, 55 ili 89, dok obična cikorija, koja pripada istoj porodici, ima 21.

Svi su to brojevi koji su dio Fibonačijevog niza. Nevjerojatno kako prirodni izrazi koje bi neko poželio da su nastali slučajno imaju matematičke karakteristike inspirisane jednim izvorom.

Pored ljudskih anatomskih oblika, kao što je već spomenuto, zlatnim presjekom inspirirani su i oni mnogih životinja, poput morskih zvijezda; na apsolutno očigledan način spiralna bića to rade, kao što sugeriše školjka Nautilusa. Ali to još uvijek nije dovoljno: u ovom trenutku više ne treba da nas iznenađuje da su oblici Mliječnog puta i drugih galaksija također inspirisani zlatnim presjekom.

U oblasti medicine, napravljena su važna otkrića u proučavanju kretanja ljudi. Na primjer, 2013. godine je potvrđeno da je u hodanju odnos između faze "stav" (oslonca) i faze "zamaha" (kada stopalo napreduje a da još ne dodiruje tlo) jednak zlatnom rezu.

Prokletstvo Devete simfonije.

U stvari, mnogi broj devet povezuju sa smrću. Ova negativna korelacija je počela da dobija na snazi kada je Gustav Maler umro 1911; upravo je završio svoju 9. simfoniju "Das Lied von der Erde" (Pjesma o zemlji) i brzo je radio na 10., nadajući se da će izbjeći sudbinu Beethovena koji je umro ubrzo nakon što je završio svoju 9. simfoniju (Horska simfonija).

Prokletstvo Devete simfonije rođeno je i rašireno između 1800. i 1900. godine i još uvijek postoji s obzirom na činjenicu da su mnogi kompozitori umrli nakon što su je komponovali. Među najpoznatijim žrtvama, pored Malera i Beethovena, možemo spomenuti:

- Louis Spohr, ili Ludwig Spohr (Braunschweig, 5. aprila 1784. - Kassel, 22. oktobra 1859.) njemački kompozitor, violinista i dirigent.
- Franz Schubert (Beč, 31. januara 1797. - Beč, 19. novembra 1828.) austrijski kompozitor i pijanista iz perioda romantizma.
- Antonín Dvořák (Nelahozeves, 8. septembar 1841 - Prag, 1. maj 1904) češki kompozitor.
- Ralph Vaughan Williams (Down Ampney, 12. oktobar 1872 - London, 26. avgust 1958) britanski kompozitor, autor simfonija, kamerne muzike, opera, horske muzike i zvučnih zapisa.
- Joseph Anton Bruckner (Ansfelden, 4. septembra 1824. - Beč, 11. oktobra 1896.) austrijski kompozitor.

- Kurt Atterberg (Geteborg, 12. decembar 1887. - Stokholm, 15. februar 1974.) švedski kompozitor, dirigent i muzički kritičar.
- Elie Siegmeister (Njujork, 15. januara 1909. - Manhaset, 10. marta 1991.) američki kompozitor, učitelj muzike i dirigent.
- Roger Sessions (Brooklyn, 28. decembra 1896. - Princeton, 16. marta 1985.) američki kompozitor, muzički kritičar i akademik.
- Egon Joseph Wellesz (Beč, 21. oktobar 1885. - Oksford, 9. novembar 1974.) je austrijski muzikolog, kompozitor i učitelj.
- Peter Mennin (Erie, Pennsylvania, 17. maj 1923. - Njujork, 17. juna 1983.) važan američki kompozitor italijanskog porijekla.
- Sir Malcolm Henry Arnold (Northampton, 21. oktobar 1921. - Norwich, 23. septembar 2006.) britanski kompozitor.

U eseju o Maleru, Arnold Schoenberg je napisao:

> „Kao da je Deveta simfonija ograničenje. Ko god hoće da ga savlada, mora da umre. Čini se kao da nam se nešto saopštava kroz Desetu simfoniju. To je nešto što sada ne možemo znati ili nismo spremni da to saznamo. Oni koji su napisali Devetu simfoniju su se previše približili onome što zovemo "Ahiret".

Klub 27.

Engleski izraz "Club 27" odnosi se na umjetnike, uglavnom rok pjevače, koji su umrli u dobi od 27 godina. Često se koristi i izraz "Prokletstvo J27", koji se odnosi na činjenicu da njihovo ime ili prezime počinje slovom J.

Ovo vjerovanje je nastalo nakon smrti Jimija Hendrixa, Janis Joplin i Jima Morrisona. Mnogi vjeruju da je prvi umjetnik koji je postao žrtva prokletstva bio Robert Johnson koji je, prema legendi, prodao svoju dušu đavolu da bi postigao uspjeh. Drugi dodeljuju medalju prvog člana Kluba Aleksandru Leviju, koji je preminuo u 27. godini 1892. godine.

Godine 2009, na 15. godišnjicu smrti Kurta Cobaina, Robert Smith sa Nacionalnog javnog radija rekao je: "Smrt ovih rok zvijezda u dobi od 27 godina je zaista revolucionirala način na koji gledamo na rok."

Zaista, smrt mnogih umjetnika u tako mladoj dobi može se pratiti do zloupotrebe alkohola ili droga, saobraćajnih nesreća ili čak samoubistva.

Evo nekih članova Kluba 27:

- Jim Morrison, (8. decembar 1943. - 3. jul 1971.), pjesnik, pisac i blagajnik, zvanično je umro od srčanog zastoja (ali obdukcija nikada nije obavljena).
- Amy Winehouse, (14. septembar 1983. – 23. jul 2011.) kantautorica, umrla je od navodne zloupotrebe alkohola.
- Brian Jones, (28. februar 1942. - 3. jul 1969.) osnivač Rolling Stonesa. Umro je udavljen u bazenu svoje vile.
- Janis Joplin, (19. januar 1943. – 4. oktobar 1970.) pjevačica i tekstopisac za Big Brother i The Holding Company. Umro od predoziranja heroinom.

- Jimi Hendrix, (27. novembar 1942. – 18. septembar 1970.) Pionir i virtuoz električne gitare. Umro je od gušenja od povraćanja nakon uzimanja alkohola i tableta za smirenje.
- Kurt Cobain, (20. februar 1967. - 5. april 1994.) pevač i gitarista Nirvane. Umro od samoubistva.
- Kim Jong-yun, (8. aprila 1990. – 18. decembra 2017.) kompozitor i pevač K-Pop grupe SHINee. Umro od samoubistva.
- Robert Leroy Johnson (8. maja 1911. – 16. avgusta 1938.) američki kantautor i gitarista. Umro od neutvrđenih uzroka.
- Cecilia, Evangelina Sobredo Galanes (11. oktobar 1948 – 2. avgust 1976), španska kantautorica, posvećena pop žanru. Poginuo je u saobraćajnoj nesreći.
- Chris Bell (12. januara 1951. - 27. decembra 1978.) pjevač i gitarista. Poginuo je u saobraćajnoj nesreći.
- Alexandre Levy (10. novembar 1864 - 17. januar 1892) Brazilac, pionir fuzije između klasične kompozicije i popularnih ritmova Brazila. Smatra se da je on prvi poznati član Kluba 27. Umro je od neutvrđenih uzroka.

Wolfgang Pauli i broj 137.

Wolfgang Pauli, fizičar i dobitnik Nobelove nagrade, imao je dugu vezu sa Carlom Jungom, prvo u terapeutske svrhe, a potom i iz naučnog interesa. Postoji dokumentacija o veoma dugoj razmjeni pisama između dva naučnika. Pauli bi želio da stvori psihofizičku teoriju koja bi ujedinila materiju i psihu. Na kraju krajeva, Pauli je neprestano upoređivao svoje ideje sa svojim snovima, što je izgledalo kao efikasan vodič.

55
34
8
5
21
13
The golden section
or Fibonacci series
Leonardo Fibonacci
Nautilus, extinct mollusk

Unatoč naučnom mentalitetu nije bio oslobođen ekstrasenzornih manifestacija: u univerzitetskom okruženju u kojem je radio bio je poznat takozvani "Paulijev efekat" prema kojem nije mogao ući u laboratorije svojih kolega, a da se neka oprema ne pokvari.

Tokom svog naučnog života bio je gotovo opsjednut složenim problemom u fizici, konstantom fine strukture, jednakom oko 1/137.

Uprkos svojim naporima Pauli nikada nije uspio pronaći razlog za tu vrijednost. Godine 1958. hospitaliziran je u Cirihu, jer ga je pogodio rak pankreasa, koji je brzo doveo do njegove smrti.

Na svoje veliko iznenađenje našao se u bolnici u sobi 137 i na to je odmah ukazao svom pomoćniku Charlesu Enzu kada je otišao kod njega. Pauli je rekao asistentu da više nikada neće izaći iz te sobe, kao što nije uspio riješiti problem svog života. Procijenio je da je broj 137 za njega kao zamka, i zaista jeste.

Broj 108 u orijentalnoj kulturi.

Broj 108 je rođen iz 12x9 i stalno se pojavljuje u orijentalnoj kulturi. Konkretno, evo nekih pojavljivanja broja 108 ili njegovih višekratnika i podmnožnika:

- To je broj perli male ili "indijske brojanice" i budističke Akšamale.
- To je broj grijeha u tibetanskom budizmu.
- Hindu božanstva imaju 108 imena koja se mogu recitovati prebrojavanjem 108 perli Mala.
- Rig Veda ima 10.800 stihova.

- Tibetanske svete knjige Khagiura sastoje se od 108 tomova.
- U Śrīmad Bhāgavatamu, Krišna je opisan kako pleše sa 108 pastirki i nakon toga oženio 16.108 žena.
- U šaivizmu, Shiva Nataraja je prikazan kako izvodi svoj kosmički ples u 108 poza.
- U Japanu se na kraju godine 108 puta zazvoni nova godina.
- Iskušenja kojima se osoba mora oduprijeti da bi dosegla nirvanu su 108.
- Hram Baalbek, u Fenikiji, imao je 54 stuba.
- U svetom gradu Lashanmjh na Tibetu bilo je 108 hramova.
- Angkor Vat, Kambodža, ima 54 kule, 108 statua pored prilaza i 540 statua božanstava.
- U kineskoj astrologiji postoji 108 zvijezda koje se smatraju svetim.
- Dužina pretpotopne vladavine u sumerskoj mitologiji bila je 108.000 godina.

Kao kuriozitet, dodajemo da je 108 udvarača Penelope, žene Uliksa, u Homerovoj Odiseji.

Broj 666.

Ne možemo završiti ovaj pregled o svetim ili značajnim brojevima, a da ne spomenemo broj 666. Pojavljuje se u odlomku Novog zavjeta, u Apokalipsi po Jovanu, i odnosi se na "Zvijer" koja se diže iz mora i pustoši Zemlju. Konkretno, u savremeno doba, broj je postao simbol đavola.

Kao kuriozitet prenosim priču koju je objavio Associated Press 2. novembra 1996. Prema agenciji, 436 stanovnika grada Madison pristalo je da odigra kombinaciju tri broja 666 na lokalnoj lutriji pod nazivom "Luck Devils ". Ovo se dogodilo povodom zabave za Noć vještica. Nevjerovatno ali istinito, igrači su osvojili sumu od 1800 dolara. Iz širenja ove vijesti čini se da su mnogi drugi pokušali.

Determinizam smrti.

Ako neko pita iskusnog filozofa koje knjige da čita, filozof treba da odgovori:
„Koju filozofiju želiš? Znam šta tražiš. Želite filozofsku doktrinu koja potvrđuje vaša uvjerenja.
Šta želiš? Bog ili materija? Sloboda ili determinizam? Reci mi. Sve ove stvari imam u svojoj apoteci. Mogu vam dati jedno ili drugo, po vašoj želji."
(Giuseppe Rensi, talijanski filozof i pravnik)

Božanska pravda u Drynoru.

Godine 1836. Davy Crockett, narodni heroj američkog dalekog zapada, dok je putovao da se pridruži teksaškoj vojsci u San Antoniju, kampovao je u šumarku na obali Honey Grove Creeka, male rijeke duge samo 18 milja. Ova rijeka prolazi kroz okrug Fannin u Teksasu. Te večeri Davy je napisao pismo u kojem je entuzijastično opisao to mjesto, nazvano Honey Grove po obilju saća koje su divlje pčele stvorile u šupljim stablima.

Crockett je kasnije promovirao rođenje, na tom mjestu, istoimenog grada. Godine 1842. tu se nastanio njegov prijatelj Samuel Erwin, prvi naseljenik. Crockett je sam izveo Erwinovo vjenčanje. Kasnije je lokalitet postao mali centar koji se širio sve dok nije konstituisan kao grad 1873. godine; trgovina, uzgoj pamuka i druge aktivnosti omogućile su mu da naraste na nivo od nekoliko hiljada stanovnika, što je pogodovalo postojanju lokalnih novina na četiri stranice, "Signal medenog gaja".

Izdanje ovog časopisa od 31. marta 1905. opisuje činjenicu koja je postala klasik u literaturi o čudnim i misterioznim događajima, općenito poznatim kao "slučaj metka sudbine". Postoji nekoliko verzija, ali novinski izvještaj nam omogućava da rekonstruiramo najistinitiju.

Članak se pojavljuje u koloni na drugoj stranici, s naslovom „Iznenađujuće od filma. Metak osveti devojku dvadeset godina nakon njene smrti".

Početne riječi članka („Dogodio se čudesan slučaj kazne na zemlji za grijehe tijela...") dobro opisuju kulturnu sredinu u kojoj se ta činjenica odigrala i tumačenje koje je dato.

HONEY GROVE SIGNAL.

DR. PRICE'S CREAM BAKING POWDER

Greatest Aid to Cookery

Ayer's Cherry Pectoral

Coughs, Colds

CROOK-RECORD CO.

PARIS, TEXAS.

The Fashion Event

Spring Opening

Millinery, Tailored Suits, Wraps, Skirts, Shirtwaists, Gloves, Hose, Corsets, Underw'r

Wednesday, April 5

Special Bargain Prices

Slika 21 - Izdanje od 31. marta 1905. u Honey Grove Signal-u, koje u kolumni na drugoj stranici izvještava o slučaju smrti Henryja Zieglanda koja se dogodila u čudnim okolnostima. Ziegalndova smrt podsjeća na pozadinu koja datira dvadeset godina ranije.

Članak opisuje slučajnu smrt jednog Henryja Zieglanda, stanovnika grada Drynor, grupe kuća koja se nalazi u blizini Honey Grovea. Hronika njegove smrti bila bi lišena interesa da je ne povežemo s pozadinom koja datira dvadeset godina ranije.

Godine 1885. Henry Ziegland je bio bogat mladić posvećen svim ugodnim aktivnostima tipičnim za mladiće svih vremena, kao što je udvaranje djevojkama.

Nažalost, za njega, sadašnje okruženje i moral nisu bili skloni prolaznim avanturama.

Iz tog razloga, kada se udvarao lokalnoj djevojci Maysie Tinchor, ona je podlegla njegovom laskanju samo u skladu sa obećanjem braka. Nažalost, Henry je, pošto je ostvario plod svojih želja, naglo otpustio djevojku.

Bol i svijest o obmani bili su ogromni za mladu Maysie. Jadna djevojka si je oduzela život.

Naravno, nije moglo ovako da se završi. Filford, Maysiein mladi brat, izbezumljen zbog samoubistva svoje sestre, odlučio je da se suoči s Henryjem.

Odjurio je do izdajnikove kuće, ali je prvo, s pretjeranom impulsivnošću, ponio sa sobom staru vojnu mušketu sposobnu da ispali jedan metak.

Dva muškarca su se suočila. Henry, koji je bio stariji i zdepastiji od mlađeg čovjeka, nikako nije bio pomirljiv. Henry je Filfordu i Maysie izgovorio uvredljive riječi. Takođe, Henry je ismijao mušketu koju je Filford držao u rukama.

Zaslijepljen mržnjom i očajem Filford je izgubio kontrolu nad razumom, podigao cijev svoje muškete i ispalio jedini hitac u pravcu svog protivnika. Filford je istog trena ugledao veliki mlaz krvi iz Henryjeve glave.

Filford je mislio da ga je ubio i pobjegao. Shvatio je da je potpuno uništio svoju porodicu. U očaju Filford je napunio mušketu još jednim metkom i oduzeo sebi život.

Međutim, stvari nisu išle kako je mislio: metak je pogodio samo Henrijevu slepoočnicu i zabio se u deblo drveta iza njega. Henri je, uz sreću koja je često favorizovala zle, spašen zadobivši ranu od mesa koja je zacelila za kratko vreme.

Ne znamo da li se Henri u narednim godinama pokajao za sve zlo koje je proizašlo iz njegovog ponašanja, verovatno ne. Uspeo je svom poslu i oženio se bogatom udovicom sa kojom je dobio sina. Ovo je raslo i, u iščekivanju svog vjenčanja, Henry je odlučio proširiti kuću kako bi primio i zadržao novu porodicu u blizini, sagradivši novo krilo u pravcu drveta koje je dvadeset godina ranije pogođeno metkom. Kako bi dobio potreban prostor, Henry je odlučio posjeći drvo. Pratimo priču kako je objavljeno u novinama "Signal medenog gaja":

"Henry i njegov sin posjekli su drvo u koje je ušao metak Filforda Tinchora i pokušali ga raskomadati. Drvo je bilo toliko tvrdo da sjekire i klinovi nisu imali efekta, pa su odlučili da umetnu male punjenja dinamita u prirodne rupe na deblu. Eksplozija je razbila deblo drveta. Snaga dinamita izbacila je stari metak.

Sa izuzetnom snagom, metak je pogodio lijevu sljepoočnicu Henryja Zieglanda i izazvao njegovu trenutnu smrt."

Urednik koji je članak započeo riječima "Divan slučaj kazne na zemlji za grijehe tijela" zaključuje ovako: “U grobu braće Tinchor sada je samo prah i tišina. Međutim, metak, kojim je Filford želio da im se osveti, danas je odradio svoje

The editor who started the article with the words "A wonderful case of punishment on earth for the sins of the flesh" concludes: "In the tomb of the Tinchor brothers there is now only dust and silence. However, the bullet, with which Filford wanted to avenge their wrongs, did his job today”.

Postoji li božanska pravda?

Hronika "Signala medenog gaja" postavlja pitanje staro koliko i svet. Postoji li božanska retributivna pravda? Trebamo li vjerovati u "superiorni entitet" koji interveniše prema kriterijima pravičnosti kako bi izbalansirao sudbinu potlačenih?

Pitanje je vrlo diskutabilno. Zapravo, čak i kada bi takva institucija djelovala u ovom smislu, prvo bi trebalo utvrditi šta je bila ideja pravde ove institucije. Da li bi se njegovo mišljenje poklopilo sa našim?

Sa stanovišta filozofije nauke ova ideja je potpuno apsurdna. Događaji koji uključuju čovječanstvo moraju se ocijeniti determinističkim kriterijem.

Determinizam identifikuje fizičko objašnjenje za bilo koju pojavu, pod pretpostavkom da lanac uzrok-posledica mora uvek biti validan. Posljedica je da sve što se dešava nikada nije slučajno, već je određeno fizičkim zakonima koji dominiraju svemirom. Ovi zakoni su dobro poznati pod nazivom fundamentalne interakcije. Prirodne sile su te koje nam omogućavaju da opišemo fizičke pojave, a do danas su u osnovi identificirane četiri. To su sila gravitacije, elektromagnetna sila, slaba nuklearna sila i jaka nuklearna sila.

Božanska pravda se ne može svrstati ni u jednu od četiri fundamentalne sile, stoga je za determinizam, pravda kojom upravlja "superiorni entitet" koji interveniše da uzvrati dobra ili loša djela potpuno apsurdna hipoteza. Henry Ziegland je umro jednostavno zato što je imao nesretnu ideju da koristi dinamit, iz toga slijedi da uzrok svega leži u njegovoj nepromišljenosti. Poenta.

Štaviše, na osnovu determinističkog principa, da božanska pravda zaista postoji, morala bi da interveniše sve vreme, a ne samo s vremena na vreme.

Ova razmatranja nas vode do raskršća: ili božanska pravda ne postoji, ili je deterministički princip lažan.

Slučajni događaji i "natprirodni znakovi".

Možemo bolje istražiti koncept uzimajući u obzir fizička iscjeljenja koja se dešavaju na mjestima koja se smatraju "nosiocima čuda". Suprotno onome što mnogi vjeruju, ova mjesta nisu samo katolička.

Na primjer, džamija Jamkaran, sveta za šiite, nalazi se šest kilometara istočno od svetog grada Kuma, u Iranu. Čuvari džamije su od 1998. godine formirali komisiju za ispitivanje čudesnih iscjeljenja koja se dešavaju u toj svetinji i koja su upisana u poseban registar.

Treba spomenuti i mnoga "paganska" mjesta, kao što je na primjer velika količina izvora ili stijena sa taumaturškim svojstvima, kao što su mnogi dolmeni i menhiri kojima se i danas pripisuju pomirbene moći plodnosti.

U kulturi američkih Indijanaca postoje medicinski kotači koji evociraju ne toliko koncept iscjeljivanja tijela koliko duhovnog iscjeljenja i moći koja se dobija iz znanja o tajnama svemira.

Jedan od najstarijih medicinskih točkova nalazi se u planinama Big Horn u Wyomingu, a vjeruje se da je napravljen prije između 200 i 500 godina. Izrađena je od bijelog kamenja raspoređenog u krug prečnika 28 metara. Kružni oblik simbolizira kretanje, prolaznost vremena, život i godišnja doba. U središtu Točka je krst, simbol "Velikog Duha" i "Kosmičkog Drveta" koje ima svoje korijene na Zemlji, a njegove grane sežu do neba iu četiri pravca.

Zatim postoje čisto psihička mjesta iscjeljenja, kao što su fantastične teritorije odredišta šamanskih putovanja, gdje iscjelitelj odlazi u borbu protiv sila koje drže kao taoce zdravlje žrtava pogođenih najrazličitijim bolestima.

Naravno, postoji i mnogo hrišćanskih mesta, poznatih po čudesnim isceljenjima koja se tamo dešavaju. Najpoznatije je francusko svetište u Lurdu posvećeno Djevici Mariji. Ovo svetilište upućujem jer je ovdje dugo bila osnovana ljekarska komisija, takođe sastavljena od nevjerujućih naučnika, koja apsolutno štedljivo potvrđuje neobjašnjiva izlječenja.

Mnoga izlječenja ozbiljnih ili vrlo ozbiljnih patologija odvijaju se potapanjem u vodu Grotto of Massabielle, što izbliza podsjeća na kršćanski obred krštenja kojim se, kroz simboličnu smrt i vaskrsenje, pere od svakog grijeha i, šire, od svaku bolest jer je, kako kaže sv. Pavle, smrt ušla u svijet zbog grijeha.

Podsjećam da čak i jungovski arhetip vode, iako ima dvostruko značenje, u svojim pozitivnim aspektima može biti nosilac života u sušnim i pustim krajevima Zemlje, a samim tim i u situacijama fizičke i duhovne ljudske patnje.

Lurd se može definirati kao "čudesno mjesto" jer je broj potvrđenih izlječenja koji se tamo dešavaju statistički veći od onih koji se dešavaju na drugim mjestima. Sandro De Franciscis, predsjednik "Bureau des observations médicales" iz Lurda od 2009. godine, izjavio je da je u 150 godina dokumentirano oko 7.500 neobjašnjivih izlječenja, iako je samo 70 od njih Katolička crkva priznala kao čuda. Evidentna je vrlo osjetljiva statistička varijacija između broja iscjeljenja koja su se dogodila na ovom mjestu u odnosu na onog koji se odnosi na različita ili "obična" mjesta.

Problem je što se ne oporavljaju svi od svojih bolesti. Uprkos tome, neobjašnjiva izlečenja u Lurdu dovoljna su da ozbiljno potkopaju materijalističku dogmu determinizma: njihov izuzetan broj sugeriše da u toj teoriji možda postoji nedostatak. Mnogi naučnici su uložili prigovor. Prema ovoj tezi, čuda nisu takva, već su normalne posljedice fizičkih zakona koji još nisu dokazani. Ali ovaj prigovor nema osnova. Isto tako, vjernici mogu tvrditi da su čudesna iscjeljenja direktna posljedica božanske volje, čak i ako postojanje Boga još nije dokazano.

Naravno, moramo priznati da kada bi se svi ljudi koji se urone u lurdske kade izliječili od svojih bolesti, onda bismo upali u recipročan oblik determinizma, odnosno na kraju bismo potvrdili teoriju koju umjesto toga želimo opovrgnuti.

Objašnjenje koje se daje za ovu suprotnost pojmova je prilično jednostavno: čudesna iscjeljenja moraju se tumačiti kao znakovi, odnosno kao pokazatelji stvarnosti koja pobjeđuje determinizam, ali ga ne poriče. Ako je čovjek u svojoj svakodnevnoj stvarnosti podložan determinističkim pravilima koja čine da svijet funkcionira, to ne sprječava postojanje višeg nivoa sposobnog da nadiđe ta pravila. To je moć koja se ispoljava s vremena na vrijeme, taman toliko da svoje prisustvo signalizira svijesti čovječanstva.

Stoga, čudesna iscjeljenja ne bi bila posljedica još uvijek nepoznatih fizičkih zakona, niti puke slučajnosti, već bi to bili znaci prisustva "Univerzalne svijesti" sposobne da transcendira svoje vlastite zakone. Ovaj apsurdni koncept može nam postati poznatiji kada ispitamo ponašanje materije na subatomskom nivou, otkrivajući da se na tom nivou stvarnosti ignorišu svi fizički zakoni koji su u osnovi determinizma. Ista materija koja se na makroskopskom nivou, odnosno na našem nivou postojanja, pokorava fundamentalnim silama determinističke fizike, na svom najintimnijem nivou ih ignoriše, dezavuiše i iskrivljuje.

Stoga je moguće da se determinizam poštuje i krši u isto vrijeme. Moguće je da deterministički zakoni sa sigurnošću potvrđuju da određena neizlječiva bolest dovodi do smrti, au isto vrijeme, na drugom nivou, nedeterministička sila intervenira da se odrekne ovog principa tako što će izazvati iscjeljenje.

Pošto živimo na nivou determinističkih zakona, prirodno je da su oni, na našem nivou, na kraju jači.

Postoji deterministički zakon da čak ni čudesno izliječeni ljudi ne pobjegnu. Znamo vrlo dobro da će čak i ljudi koji su čudesno izliječeni na kraju umrijeti.

Gotovo sve religije i mnoge filozofije, međutim, osporavaju determinizam smrti tako što konfigurišu transcendentne realnosti, sposobne da život stave na drugačiji i vječni nivo. Najveći hrišćanski praznik je Uskrs, kojim se slavi smrt i vaskrsenje Isusa Hrista, zalog budućeg vaskrsenja i večnog života na koji su svi vernici predodređeni.

Druge religije vjeruju u reinkarnaciju, odnosno u ciklično uskrsnuće koje kulminira postizanjem savršenstva, stanje u kojem smrt prestaje da postoji. Prema koncepciji klasičnog budizma bitno je oslobađanje od bola postojanja. Sreća, odnosno nirvana, je kraj neprekidnih preporoda, ništavila.

U rabinskim tekstovima, raj je opisan kao vrt ruža i mirta, duhovno mjesto u čijem se središtu nalazi Drvo života. U Kuranu, pobožni muslimani oba pola ulaze u baštu zadovoljstava: klima je dobra, vode ima u izobilju, kao i voća, mesa i meda.

Možemo li vjerovati u vaskrsenje?

U koncepciji mnogih religija moguć je povratak u život nakon smrti i ta ideja nije toliko čudna kao što se čini. Ušlo je u modu, čak i među manje religioznim naučnicima, reći da smo "mi smo djeca zvijezda". Zaista, nema naučne sumnje u činjenicu da su naša tijela sastavljena od atoma koji se, nakon što su formirani u pećima prvih zvijezda, zatim šire po svemiru rekonfigurirajući se u beskonačne izraze kreacije. Atomi postaju dio drugih zvijezda, planeta ili minerala i povrća, a također i kao dio tijela živih bića.

Svaki atom našeg tijela bio je dio beskonačnih drugih izraza materije. Što se atoma tiče, dakle, možemo govoriti o "besmrtnosti" (barem dok postoji svemir) ili o reinkarnaciji. U širem smislu i vaskrsenje, ako uzmemo u obzir smrt organizma kojem pripadaju i "ponovno rođenje" kao dio drugog organizma.

Naravno, ovo nije vrsta uskrsnuća koju bismo očekivali: svi bismo željeli da vaskrsnemo u tijelu koje zadržava karakteristike i prije svega svijest o prethodno proživljenom životu. Odnosno, želimo da prenesemo svest prethodnog tela u novo telo.

Zavisi kako gledamo na svijest.

Prema materijalističkoj koncepciji, svijest je samo nusproizvod aktivnosti mozga, epifenomen proizveden elektrohemijskim interakcijama koje se odvijaju u moždanoj masi; shodno tome, kada mozak umre i propadne, čak i svijest, koja nikada ne bi postojala, "umre" s njim.

Međutim, prema mnogim filozofskim i religijskim tumačenjima, svijest je čista psiha koja nadilazi mozak. Ne samo da nije ograničena na moždano kućište, već se proteže kroz kosmos, slobodno i nezavisno sučeljujući se sa drugim svestima i sa "univerzalnom svešću". U tom smislu, svijest bi također mogla biti informativna veza koja ujedinjuje sve atome našeg tijela, odnosno projekt prema kojem im postaje moguće da se uređuju i preuzimaju funkcije koje kao rezultat dobiju naše tijelo kakvo jeste, sa dvije ruke umjesto četiri i sa otiscima prstiju za razliku od bilo kojeg drugog ljudskog bića.

Kada bi atomi našeg tijela zadržali sjećanje na svoju pripadnost ovom projektu, to bi sjećanje bilo besmrtno, naša savjest bi bila besmrtna i u određenom smislu naše tijelo bi bilo besmrtno.

Problem entropije.

Uostalom, zašto umiremo? Sve zavisi od zakona koji se zove entropija ili, tehnički rečeno, "drugi zakon termodinamike". Jednostavnije rečeno, entropija znači da ako razbijete čašu, onda možete razbiti svaki dio na daljnje poddijelove, a zatim svaki poddijel na sljedeće pod-dijelove, ali nikada ne možete vratiti staklo u prvobitno stanje integriteta . Isto tako, ako skuvate jaje, više nećete imati način da ponovo formirate sirovo jaje, posebno ako ste od njega napravili omlet.

Svi imamo vrlo jaku percepciju usmjerenosti vremena i prihvatamo da ono teče samo u jednom smjeru. Prihvatamo "naprijed" smjer vremena, ali nam je teško zamisliti obrnuti smjer. To svakako zavisi od činjenice da je pravi pravac onaj u kojem djeluje kauzalnost. Pretpostavljamo da uzroci prethode njihovim posledicama. Ne može se dogoditi događaj koji nije uzrokovan drugim, a koji se dogodio ranije. Nikada se neće desiti da neko može da ubere jabuke, a da neko prvo ne posadi drvo.

Entropija je povezana s protokom vremena i predviđa da sve ide ka pogoršanju, jer se vrijeme kreće samo u jednom smjeru i nije moguće "premotati film unazad" da se vrati na raniju situaciju. Postoji neumoljivo pravilo, upravo drugi zakon termodinamike, prema kojem se entropija zatvorenog sistema uvijek povećava. Naravno, univerzum je zatvoren sistem.

Povratak u život

"Povratak u život" se može odvijati na različite načine. U nekim slučajevima, kao u vaskrsenju tijela koje zagovara kršćanstvo, pokojnik se vraća u život u istom obličju kao u prethodnom životu. U drugim slučajevima se navodi da se povratak u život odvija u tijelu drugog živog bića, čak i druge vrste. Neke religije predviđaju kraj tjelesnosti, ali početak novog života u obliku čistog duha.

Za stare Egipćane, pravi život je bio ono što je usledilo nakon smrti; stoga je tijelo balzamovano kako bi se sačuvalo od kvarenja. Ova praksa sugerira da su vjerovali u uskrsnuće u istom tijelu, a ne u reinkarnaciju u drugom tijelu. Zaista, u

mitologiji starog Egipta, boga Ozirisa kojeg je ubio njegov brat Set uskrsnula je njegova žena Izida i postao kralj podzemlja i sudac mrtvih.
Zoroastrizam, koji je bio najrasprostranjenija religija u centralnoj Aziji između 6. veka pre nove ere. i 10. vek nove ere na osnovu učenja proroka Zaratustre, tvrdi da se tjelesno vaskrsenje mrtvih događa s obzirom na konačni Božji sud o dobru i zlu. Nakon smrti, pokojnikova duša prelazi preko mosta, a njegova djela, dobra i loša, stavljaju se na vagu. Kada prevladaju dobra djela, most se čini širokim, inače postaje tanak kao oštrica noža. Rezultat određuje odredište duše u Garotmanu ili Raju, ili na najgorem mjestu.
Grčka mitologija u nekoliko slučajeva govori o likovima koji ustaju iz mrtvih, ponekad stekavši besmrtnost.
Tantal je raskomadao Pelopsa, njegovog sina koji je još bio dijete, i postavio stol bogova da provjeri hoće li razumjeti da je to ljudsko meso. Kada je Demetra već pojela rame, Zevs je shvatio prevaru, rekomponovao Pelopsove udove i vaskrsao ga, zamenivši rame koje nedostaje rame od slonovače.
Hipolit, sin Tezeja i Hipolite, umro je dok je vozio svoja kola, ali ga je lekar Asklepije uskrsnuo uz pomoć Artemide.
Nakon što je Zevs izdao Heru sa Semelom, i nakon rođenja Dionisa, ploda izdaje, Hera se osvetila ubivši svoju suparnicu. Ali Dioniz, kada je odrastao, uspeo je da postane besmrtan, sišao je u Had i vaskrsao svoju majku.
Resoa, mladog kralja Trakije koji je bio Prijamov saveznik u Trojanskom ratu, Diomed je ubio u snu, ali je njegova majka, muza Euterpa, tražila od Hada i Perzefone da ga vaskrsnu i bila je zadovoljna.
Jedan od platonskih mitova govori o vojniku iz Pamfilije koji je pao u bitci, po imenu Er, koji je uskrsnuo božanskom voljom dok će njegovo tijelo biti spaljeno na lomači. Stoga je

Er ušao u Had iako još nije bio sahranjen, a zatim je vraćen u život zadržavajući sva sjećanja na prethodni život.
Platonizam je smatrao da su duše već postojale u nebeskom svijetu i da su postale zarobljene u ljudskom tijelu po njegovom rođenju. Da bi se oslobodila, duša je morala proći proces pročišćavanja koji se sastojao od uzastopnih reinkarnacija. Na ovu platonsku misao uticale su starije filozofske škole. Tek posle III veka p.n.e. neoplatoničari su usvojili hindu inspirisan pogled na reinkarnaciju.
Religije misterija slavile su ciklični ritam života, smrti i ponovnog rađanja vezan uglavnom za poljoprivredna godišnja doba i sile prirode. Ove religije nisu pretpostavljale oslobađanje od smrti, već neprestano ponovno rađanje u novi život nakon svake smrti.
Kinici su, prema tradiciji koja potiče od Diogena Sinopskog i u vezi sa Sokratom i polubog Herakleom, praktikovali misteriozne kultove koji su slavili smrt i uskrsnuće.
Mani, perzijski filozof koji je živio u 3. veku, osnovao je religiju zasnovanu na principima inspirisanim hrišćanstvom, budizmom, mazdaizmom i gnosticizmom. Ova religija je željela objasniti porijeklo, sastav i budućnost svemira. Što se tiče života nakon smrti, maniheizam je predviđao tri različite sudbine za savršene, one koji slušaju i grešnike. Duše Savršenih, nakon smrti, bi bile primljene od strane Isusa, a pročišćene od Sunca, Mjeseca i Zvijezde. Njihove "čestice svetlosti", oslobođene, bi se transformisale u božanstva da se uzdignu do Prvog čoveka i žive pored njega.

Katarizam je bio vjerski pokret koji se razvio između 12. i 14. stoljeća, posebno na jugu Francuske. Katarska teologija je bila dualistička: na svijet materije se gledalo kao na "Zlo", dok se "Dobro" moglo naći samo na nebu pored Boga.

Život Katara je stoga bio usmjeren na dovođenje duše, koja se smatra božanskom iskrom "Dobra", prema nebu.

Katari su prihvatili ideju reinkarnacije, prema tome oni koji nisu postigli oslobođenje u jednom životu vraćali bi se u novom životu da bi nastavili bitku ka Savršenju. Reinkarnacija nije uvijek bila neophodna, ali općenito da, s obzirom na to da nije svako mogao raskinuti veze sa Zlom u jednom životu. Ovo objašnjava zašto su se Katari, proganjani albižanskim krstaškim ratovima, spontano bacili u lomače i dali da budu spaljeni pjevajući.

Jehovini svjedoci vjeruju u uskrsnuće i buduću nagradu za pravednike, koji će biti podijeljeni u dvije kategorije:

- prvu kategoriju čini malo stado, sastavljeno od 144.000 izabranih koji će zajedno sa Hristom vladati na nebu bez tjelesnog tijela, ali sa duhovnim;
- druga kategorija uključuje sve ostale sluge Božije koji će zauvijek živjeti, sa novim tijelom, na Zemlji pretvorenoj u Raj.

Nepravedni će biti uskrsnuti u ovom raju, ali će uvijek biti podložni drugoj smrti.

Prema islamskoj vjeri, čovječanstvo je osuđeno na smrt i "Sudnji dan". Na ovaj dan Allah će narediti svojim melekima da zatrube u trube koje će, na prvi zvuk, uzrokovati uništenje svakog bića. Prilikom druge trube svi će ljudi, bez izuzetka, uskrsnuti tijelom, dušom i duhom, kako bi bili osuđeni i nagrađeni džennetom ili osuđeni na pakao. Sudnji dan se također naziva Yawm al-qiyāma (Dan uskrsnuća).

Reinkarnacija u istočnjačkim religijama.

U nekim istočnjačkim religijama, vaskrsenje često poprima oblik reinkarnacije, jer njihove dogme tvrde da je svako živo biće, od mrava do slona, da spomenemo samo neke, nosilac duha ili duše pokojnika.

Klasični oblik doktrine reinkarnacije dolazi iz Indije gdje je razrađen u bramanskim spisima u 9. vijeku prije nove ere.

Koncept reinkarnacije proširen je u Upanišadama nakon 7. stoljeća. Upanišade su indijski vjerski i filozofski tekstovi sastavljeni na sanskritskom jeziku. Upotreba ovog jezika omogućila je da tekstove koriste druge glavne istočnjačke religije kao što je budizam. Kasnije, reinkarnaciju je uveo kineski taoizam, u 3. veku.

Vaskrsenje u Novom zavjetu

Vjera u vaskrsenje navieštena je u Evanđelju i potvrđena u drugim biblijskim knjigama, posebno u Djelima apostolskim i Poslovima Svetog Pavla, gdje se kaže da je smrt "plata za grijeh".

Za kršćanstvo, Isusova smrt nije bila samo žrtva nevinog čovjeka, već jedinstven i temeljni događaj spasenja. Prema kršćanskoj vjeri, Isus će se uskoro vratiti i u njegovom uskrsnuću svi vjernici će uskrsnuti.

Slika 22 - Tao na kineskom znači "put". U istočnjačkim filozofijama simbol taoa, poznat i kao "jin i jang", predstavlja put, nastanak svih stvari, što se postiže pokretom koji oscilira između dva ekstrema.

Slika 23 – Lazarevo vaskrsenje na starogrčkoj ikoni.

Dualizam. Entropija i sinhronicitet.

Ako se hladnim okom pogleda katastrofa ljudske istorije, teško je izbjeći zaključak da je čovjek pogođen urođenim mentalnim poremećajem koji ga tjera na samouništenje. Ubijanje pripadnika iste vrste, na individualnom ili kolektivnom nivou, je pojava nepoznata u cijelom životinjskom carstvu, osim čovjeka i nekoliko vrsta mrava i miševa. (Artur Koestler, u časopisu The Observer)

Primjeri sinkroniciteta o kojima smo ranije govorili sadržavali su poruku koja se može dešifrirati u smislu "pomozi prijatelju". Filipo je doveden do spoznaje da je njegovom braku potrebna revizija, dok Matteo nesvjesno spašava Fulviov život. Moglo bi se reći da su dva sinkroniciteta intervenisala kao pozitivni rebalansi negativnih situacija, odnosno da su delovali kao "arbitri" u situaciji koja je predviđala dve mogućnosti koje se mogu identifikovati kao "dobro" i "zlo" prema raširenim ljudskim kriterijumima.

U stvari, uobičajena misao ljudskih bića, sa teorijske tačke gledišta, uvijek favorizira rješenja koja mogu izbjeći tugu i patnju za druge. Ovo je posebno tačno kada je "sljedeći" nepoznat. Umjesto toga, ponekad se ne ustručavamo poželjeti sve moguće zlo mnogima od onih koji su nam bliski. Dakle, dobro i zlo mogu istovremeno biti prisutni u presudama iste osobe, često u istoj prosudbi.

Sa generičke tačke gledišta, pojam "dobro" označava sve što se pojedincima čini poželjnim i takvim da se može smatrati krajnjim ciljem koji treba postići u svom postojanju. Koncept "zla" je tipično suprotan, ali nije odvojen, već koegzistirajući.

Dakle, dobro i zlo su dvije strane istog novčića, apsolutno neodvojive; oni nisu samo u ljudskim sudovima, već u svim kosmološkim vizijama i gotovo u svim filozofijama i religijama, sa manjim ili većim naglascima. Dobro i Zlo predstavljaju dualnost.

Dualizam.

Termin dualizam definiše svaku religijsku, filozofsku ili čak metodološku i naučnu doktrinu, koja predviđa postojanje dva suprotna ili nepomirljiva principa.

U ovoj knjizi već sam se osvrnuo na mnoge dualističke principe, poput onog tipičnog za filozofiju Francisa Herberta Bredlija, koji se odnosi na izgled i stvarnost. Bredli je engleski filozof koji je živio od 1846. do 1924. Prema njegovom mišljenju, istina leži u jedinstvu svega: nema odvojenosti ili mnoštva stvari. Cijeli svijet ljudskog iskustva je pojava; samo apsolutna svest je stvarna. Druga vrsta dualnosti koja se široko obrađuje u ovoj knjizi je ona koja se odnosi na religiju i nauku, temu koju je istraživao William James, američki psiholog i filozof irskog porijekla koji je živio od 1842. do 1910. godine.

Termin "dualizam" treba pripisati Thomasu Hideu, engleskom orijentalisti rođenom u Billingsleyu 1636. godine i koji je živio do 1703. godine.

U svom djelu "Historia religionis veterum persarum" (Istorija drevne perzijske religije), pozivajući se na zoroastrizam i maniheizam, Hide definira dualizam kao koncept stalne borbe između svjetla i tame, odnosno dobra i zla.

To su dva uslova koja su prisutna u isto vrijeme, neovisna i suprotstavljena. Svaki aspekt ljudskog postojanja zavisi od upotrebe dobra od zla.

Godine 1710. filozof Gottfried Wilhelm Leibniz objavio je u Amsterdamu svoje djelo "Teodiceja" o dobroti Boga, čovjekovoj slobodi i porijeklu zla. U djelu, Leibniz je analizirao dualizam Dobro-Zlo u svjetlu biblijske knjige o Jovu, prateći isto porijeklo svemira do principa Dobra i Zla. Kod Leibniza, svaki negativan događaj, kao što su kataklizme ili postojanje nemotivisanog zla koje pogađa nevine, ima svoje objašnjenje u superiornom zakonu harmonije koji nadzire božansku kreaciju i koji opravdava svaki događaj u svjetlu superiornog plana nepoznatog čovjeku. .

Čak i Pjer Bejl (1647-1706) u svom "Kritičkom istorijskom rečniku" ukazuje na prisustvo Dobra i Zla kao materijalnog porekla univerzuma, iako sa racionalističke tačke gledišta.

U novije vrijeme marksizam podsjeća na dualizam superstruktura-struktura, a u polju psihologije Jung predlaže dualizam svjesno-nesvjesno. Jedan od trenutno najistraženijih dualizama je dualizam um-mozak, koji sam već spomenuo u ovoj knjizi.

Oblik nefilozofskog, ali čisto fizičkog dualizma, koji poprima izrazito relevantan aspekt za potrebe ove knjige, rođen je iz eksperimenata kvantne fizike provedenih posljednjih godina. Ovo je dualitet talas-čestica, koji leži u osnovi neverovatne stvarnosti kvantne isprepletenosti.

Međutim, postoji još jedan oblik dualizma, koji mnogi znanstvenici aktivni u kvantnoj fizici ili filozofiji nagovještavaju ili stidljivo puštaju da se pojavi u svojim radovima, a to je dualnost između entropije čovjeka, tj. ljudske sklonosti samouništenju, i sinhronicitet koji, uprkos tome, vodi čovečanstvo ka progresivno višim evolucionim fazama.

The Entropic Man.

Entropija ili drugi zakon termodinamike, jedan od osnovnih zakona fizike, kaže da u normalnim uslovima sistemi prepušteni sami sebi imaju tendenciju da postanu neuređeni i korumpirani u direktnoj vezi sa protokom vremena. Sve živo i neživo se troši, propada i samouništava. Ovo je siguran cilj sa kojim će se, fizički govoreći, sva bića morati suočiti; to je neizbježan proces koji nema povratka.

Sa manje naučne tačnosti možemo zamisliti da, pored fizičke entropije koja se tiče sve materije, postoji i psihička entropija koja se tiče čovečanstva. Zapravo, svaki čovjek ima urođenu sklonost samouništenju, a sklonost pojedinaca raširenih po cijelom društvu može neumoljivo postati sklonost čitavih zajednica i naroda.

Čovjek teži samouništenju u mnogo većoj mjeri nego bilo koje drugo živo biće. Uništavanje ekosistema i nuklearni i bakteriološki ratovi danas predstavljaju ogromne opasnosti. To nije ništa novo: u prošlosti pamtimo ratove religije i osvajanja, ropstvo i svaku drugu tehniku ubijanja i ugnjetavanja. Možemo reći da je sve počelo kada je Kajin vjerovatno upotrijebio kamen da ubije svog brata Abela.

Neopravdana okrutnost potpomognuta utrkom u naoružanju uvijek je dominirala ljudskim ponašanjem, a da mi nismo svjesni kako je uništenje našeg susjeda uništenje nas samih: nebrojeno puta smo riskirali izumiranje, a još uvijek to riskiramo s većom sigurnošću zbog snage trenutnog oružja .

Mnogi restriktivni zakoni i vjerske zapovijedi imaju za cilj suzbijanje samopovređivanja ljudske vrste: ne ubij, ne kradi, ne čini drugima ono što ne bi želio da se tebi učini. Uprkos tome, čovjek u sebi nosi sjeme samouništenja, čini se da traži svoju i smrt drugih. Uprkos tome što je svjestan ovog rizika, čovjek nije u stanju da se popravi iz svoje psihičke entropije

Entropija nije ono što se čini.

U stvarnosti, čak i entropija ima aspekte prema kojima nije baš onakva kakva se čini na prvi pogled, odnosno ona „nepopravljiva nevolja“ koju je opisao Boris Yellnikovoff u filmu „Whatever Works“. Ključ leži u frazi: „To se zove entropija; To je kao kada pasta za zube izađe iz tube i ne može da se vrati unutra."

Uzimamo zdravo za gotovo da, na razini našeg osjetilnog iskustva, entropija funkcionira upravo kao dezintegrirajuća aktivnost koja djeluje u smjeru vremena. Međutim, ako napustimo svoj nivo da bismo ušli u nivoe prostora i vremena koji prevazilaze naše direktno iskustvo, entropiji možemo dati različita lica i značenja.

Uzmimo primjer sa našom planetom, Zemljom, upoređujući ono što je bila u povojima i ono što je sada.

Izgled primordijalne Zemlje, prije oko 4,5 milijardi godina, bio je apsolutno drugačiji od sadašnjeg; njegova površina je neprestano bila rastrgana moćnim vulkanskim erupcijama i bičevana upornim kišama koje će trajati milionima godina, sve dok se okeani nisu stvorili. Dakle, gotovo paklena panorama golih vulkanskih stijena obasjanih užarenom lavom novih erupcija. Sigurno, mjesto gdje bi bilo nemoguće živjeti.

Prvu Zemljinu atmosferu, sastavljenu uglavnom od vodonika, odnio je solarni vjetar. Međutim, bilo je obilnih i kontinuiranih erupcija koje su formirale drugu atmosferu sastavljenu, između ostalog, od ugljičnog dioksida, ugljičnog monoksida, amonijaka, vodene pare i metana. Ovo okruženje, uz pomoć munje i ultraljubičastog zračenja sa Sunca, bilo je idealna kolevka za formiranje organskih molekula spremnih da evoluiraju u sve složenije organizme. Tako se ubrzo pojavio život; Najstariji poznati tragovi datiraju prije 3,8 - 4 milijarde godina i preci su sadašnjih bakterija, vrlo jednostavnih i primitivnih jednoćelijskih organizama sposobnih, međutim, da obavljaju osnovne aktivnosti tipične za živa bića, kao što su hranjenje i razmnožavanje.

Ali kako je razvoj ovih primordijalnih bića bio moguć počevši od jednostavnih organskih molekula prisutnih u atmosferi prije četiri milijarde godina? Šta je entropija radila dok se ovo dešavalo? Jer, ako ćemo iskreno, moramo priznati da je to bio proces izgradnje, a ne uništavanja.

Istina, jalove i neplodne sivkaste vulkanske stijene podvrgnute zakonu entropije rušile su se milenijumima, a cijeli planinski lanci nestajali su kako su se izravnali. Svaki ljudski posmatrač mogao je po svom iskustvu potvrditi destruktivnu moć entropije. Ali da je taj posmatrač mogao da se oslobodi ograničenih vremenskih ograničenja svog posmatranja, produžavajući ga duže kroz milenijume, video bi kako se stena pretvara u sve manje i manje delove dok nije postala zemlja.

Tada bi vidio da zemlja pokriva ogromne ravnice i nudi okruženje pogodno za život. Isti posmatrač bi sigurno vidio kako vode erodiraju i izdubljuju stijene, stvarajući mu puteve i uništavajući okolinu koju je prešao. Ali tada bi video kako se rađaju rijeke, sposobne da nose oplodne elemente u zemljama koje su nastale raspadom stijena. Posmatrač bi bio svjedok rađanja bilja, biljaka, cvijeća, insekata i drugih živih bića svih vrsta, odnosno one prirode koju danas definiramo kao divnu i koja je osnova našeg ciklusa ishrane i našeg opstanka.

Da se razumijemo: bez entropije danas ne bismo bili ovdje. Stoga, izvan onoga što bi se moglo činiti povremenom promatranju ograničenom u vremenu, konačno djelovanje entropije nije destruktivno već kreativno.

Istorija evolucije radikalno je u suprotnosti sa principom entropije. Evolucionisti tvrde da bi se spontana kombinacija neorganskih atoma dogodila u ograničenom vremenu i po preciznom redoslijedu kako bi se formirali izuzetno složeni molekuli kao što su proteini, a zatim DNK. Iz ove povremene agregacije, milioni živih vrsta sa složenim biološkim strukturama nastali bi spontano.

Klasično tumačenje zakona entropije poriče da se ovaj proces može odvijati; ali, u stvari, desilo se. Naučnici evolucije pitaju se o ovom problemu, a da nisu u stanju da predlože rješenja. Evolucionista Roger Lewin navodi, u članku koji se pojavio u časopisu Science:

> "Prema drugom zakonu termodinamike, sistemi bi se trebali raspadati tokom vremena, pokazujući manji, a ne veći red."

Jesse Hackley Rush, ljekar i naučnik evolucije, piše ovo:

> „U složenom toku svoje evolucije, život otkriva upadljiv kontrast u odnosu na tendenciju izraženu u drugom zakonu termodinamike. Dok ovaj zakon govori o nepovratnom napretku prema rastućoj entropiji i neredu, život se neprestano razvija prema višim nivoima reda."

Sveska "The Evolution Deception" (Harun Yahya) prenosi mišljenje drugog naučnika evolucije, Georgea Stravropoulosa, objavljeno u poznatom naučnom časopisu American Scientist:

> „U normalnim uslovima, nijedan složeni organski molekul ne bi mogao da se formira spontano, već bi se trebao raspasti, prema drugom zakonu termodinamike.
> U stvarnosti, što je veća kompleksnost, to bi trebalo da bude veća nestabilnost i sigurnost zbog raspada."

Rješenje "apsurdnog" predlaže poznati evolucionista Jeremy Rifkin u svom eseju "Entropija", objavljenom 1980. godine, u kojem govori o "magičnoj moći" koja bi omogućila da evolucija ne bude nadvladana entropijom.

U stvari, "magična moć" sposobna da ukroti entropiju postoji, a to je sinhronicitet. U dualizmu Zlo-Dobro, dvije sile koegzistiraju i stvaraju kosmičku stvarnost predodređenu da vidi pobjedu Dobra. Slično, dualizam entropije-sinhroniciteta djeluje u kosmosu u izazovu koji će vidjeti pobjedu tog "entiteta" koji generiše sinhronicitete.

Sinhronicitet kao inteligentni evolutivni projekat.

Sinhronicitet je evolutivni projekat vođen inteligencijom, koju možemo definisati kao "Univerzalni um", sposoban da interveniše ne samo u živote samaca, kao u slučajevima Filipa i Mateja, već i u život grupa, naroda i nacija, i na putovanju cijelog čovječanstva. Ovo opravdava činjenicu da ni entropija ni ljudska sebičnost nisu spriječili fizički univerzum da evoluira ka sve većem savršenstvu, a ne ka propadanju. Istorija čovječanstva nije našla svoj kraj u kolektivnom samouništenju, već se razvijala prema trijumfu umjetnosti, kulture i, na kraju, svijesti o sudbini koja nadilazi fizičku smrt.

U svojoj prethodnoj knjizi "Zamršenost i sinhronicitet" fokusirao sam se na zaista zagonetnu okolnost zbog koje je ljudska vrsta, koja je nastala prije milionima godina s prvim hominidima, ostala u stanju kamene civilizacije dugo vremena. Prije samo dvanaest hiljada godina ljudska vrsta je započela vrlo brz kulturni skok koji nas je doveo do današnjeg putovanja u Sunčev sistem.

Sve ovo nije moguće u postepenom evolucijskom procesu. Nešto se dogodilo prije dvanaest hiljada godina, nešto što je, nakon miliona godina kulturnog sna, otključalo ljudsku svijest i omogućilo joj da dosegne sadašnje visine.

Često se dešava da do nekih otkrića istovremeno, na različitim mjestima u svijetu, dođe dva naučnika nesvjesna rada jednog drugog. U ovim slučajevima moramo zamisliti da je input dala kolektivna psiha, zajednička za oboje. Na primjer, to se dogodilo u izumu telefona Antonio Meucci u New Yorku i Alexander Bell u Bostonu.

22. aprila 1984. "Centri za kontrolu i prevenciju bolesti" javno su objavili da je francuski Lav virus definitivno identifikovan kao uzročnik AIDS-a od strane istraživača na Pasteur institutu.

Sljedećeg dana Margaret Heckler, sekretarica za zdravstvo i ljudske usluge, objavila je da je Robert Gallo, direktor laboratorije za biologiju tumorskih ćelija Nacionalnog instituta za rak, izolovao virus odgovoran za AIDS i nazvao ga HTLV-III. Tako je započela prava pravna bitka između dva prestižna istraživačka instituta, od kojih oba polažu pravo na očinstvo otkrića.

Neosporno je da su mnoga otkrića ili tehnologije poput luka pogodnog za gađanje strijelom, poljoprivrede, uzgoja životinja ili konstrukcija u obliku piramide napravili različiti i vrlo daleki narodi, praktično na suvremen način. U stvari, to su tehnološki događaji koji su se desili na svakom mestu u poslednjih dvanaest hiljada, u odnosu na istoriju dugu milione godina

Danas je glavna briga pojedinačnih naučnika i istraživačkih laboratorija da objave rezultate prije nego bilo ko drugi; u stvari, svi znaju, čak i ako nemaju precizno znanje o tome, da sigurno neko drugi, negde u svetu, radi isto istraživanje kao oni. Uzgred, ovo stvara pravu dramu u savjesti istraživača, rastrganih između hitnosti objavljivanja i straha da se ne uzme u obzir neki aspekt koji bi mogao poništiti rezultate.

Nadalje, ne možemo a da ne primijetimo vrlo brojna otkrića koja su se dogodila „slučajno“, kao da je tajanstveni sufler s vremena na vrijeme na njih htio ukazati. Riječ je o rendgenskim zrakama, super-ljepcima, anesteziji, penicilinu, mikrovalnim pećnicama, saharinu, tranzistorima, čičak trakama, teflonu, verdigrisu i mnogim drugim. Coca-Colu je "izumio" 8. maja 1886. godine u Atlanti, (Džordžija, SAD) farmaceut John Stith Pemberton koji apsolutno nije želio da izmisli piće, već lijek za glavobolju, dakle lijek. Prvo ime koje je piće dobilo bilo je "Pembertonova francuska vinska koka".

Kulturni sinkroniciteti.

Joseph Cambray u svojoj knjizi "Sinhronicitet. Priroda i psiha u međusobno povezanom univerzumu" govori o kulturnim sinkronicitetima navodeći događaje koji obuhvataju čitave civilizacije i milione ljudi, kao što je pojava demokratije u klasičnoj Grčkoj, događaj koji se razvio u vrlo kratkom vremenu. i to u veoma malom delu planete.

Vjerujem da trenutno doživljavamo još jedan veliki kulturni sinhronicitet potaknut razvojem kvantne fizike, grane nauke rođene prije nekoliko decenija. Kvantna fizika otkriva nevjerovatne mogućnosti, kao što je postojanje nefizičkih nivoa koji međusobno povezuju svu materiju u svemiru u jednu mrežu.

To su nivoi na kojima se čestice, bez mase i u obliku vibrirajuće energije i čiste informacije, mogu osloboditi ograničenja vremena i prostora kojima se materija mora podvrgnuti na našem nivou razumijevanja.

"Kvantni sinhronicitet" koji doživljavamo trebao bi dovesti do nezamislivog kulturnog skoka: prevladavanja materijalizma i rađanja ujedinjene nauke o prirodi i psihi, duhu i materiji. Samo kroz psihički nivo biće moguće savladati fizičke barijere i ući u Svest univerzuma, iskoristiti svu energiju i svu inteligenciju koja se u njoj nalazi. Biće to skok čiji potencijal ne možemo ni zamisliti i koji će čovečanstvu otvoriti vrata "neba" sa svim onim što nebo sadrži.

Antropski princip.

„Mi smo lokalno utjelovljenje kosmosa koji je narastao do samosvijesti. Počeli smo da shvatamo svoje poreklo: mi smo zvezdana materija koja meditira o zvezdama."
(Carl Sagan)

„O sjajno Sunce, šta bi ti bilo da nisam ovde dole da ti dozvolim da me obasjaš?"
(Friedrich Nietzsche, Tako je govorio Zaratustra)

Uloga čovjeka u svemiru.

Ideja koja proizlazi iz čitanja prethodnog poglavlja, prema kojoj bi "Univerzalni um" djelovao kroz pojedinačne ili kolektivne epizode sinhroniciteta za kulturni razvoj čovječanstva, pretpostavlja da se čovjeku koji živi na planeti Zemlji dodijeli centralna uloga. Da bi ispunio ovu ulogu, čovjek je predmet pažnje, zaštite i vodstva ovog "Uma".
Obrnuto, u naučnoj kosmologiji, čovjek ne predstavlja ništa drugo do proizvod evolucije materije, apsolutno irelevantan za razvoj planete Zemlje, a još manje za razvoj Univerzuma. Istina, sve do 16. veka kulturna vizija je čoveka stavljala u centar univerzuma. Teorija koju je kasnije razvio Kopernik, prema kojoj se planete okreću oko Sunca, dovela je do toga da Zemlja pređe iz centra svemira u samo malu planetu. Kao rezultat toga, i čovjek je postao samo jedno od mnogih nebitnih stvorenja smještenih u malenom dijelu svemira.

Antropski princip.

Godine 1973. naučnik Brandon Carter razradio je novu formulaciju odnosa koji ujedinjuje ljudsko biće i univerzum. Nazvao ga je "antropskim principom" i predstavio ga naučnoj zajednici tokom simpozijuma na temu "Poređenje kosmoloških teorija sa opservacionim podacima" koji je održan u Krakovu u okviru proslave 500. godišnjice rođenja Nikole Kopernika. Ovaj princip, koji se mnogo osporava u svojoj takozvanoj "jakoj" formulaciji, preokreće kopernikansku viziju odnosa između ljudskih bića i kosmosa i vraća čovjekovu centralnu ulogu.

Slika 24 – Prigodne marke koje je izdala Pošta Poljske povodom proslave 500. godišnjice rođenja Nikole Kopernika. Ovom prilikom Brandon Carter je skovao termin "antropski princip".

Slika 25 - Komemorativni izraz Stephena Hawkinga, nedavno preminulog, i njegove knjige "Univerzum ukratko". U knjizi on raspravlja o temama vezanim za M-teoriju multidimenzionalnog univerzuma i često se poziva na "Antropski princip" Brandona Cartera.

Čak i prije nego što je Carter to objavio u javnosti, ovu teoriju su već dijelili drugi naučnici kao što su Martin Rees, Freeman Dyson, John Wheeler i drugi.

Naučnik kalibra Stephena Hawkinga u početku je bio sumnjiv, ali nakon formulacije teorije M (teorije koja objedinjuje sve u višedimenzionalnom univerzumu) promijenio je mišljenje. Hawking je postao pristalica Antropskog principa, i uzeo ga je u obzir u svim svojim studijama i kasnijim publikacijama, poput knjige "Univerzum ukratko".

Brandon Carter.

Brandon Carter (sl. 26) je australijski fizičar, poznat po svojim studijama o svojstvima crnih rupa i po otkriću četvrte konstante kretanja, kršten, pod njegovim imenom, "Carterova konstanta". Stoga je on naučnik od kalibra, i to ga je učinilo posebno pouzdanim kada je formulisao teoriju koju je definisao kao !antropski princip".

U svojim općim crtama, ovaj princip tvrdi da ljudska svijest nije slučajni rezultat evolucije materije, već prije točka dolaska evolucije svemira koja je imala za cilj upravo rođenje svijesti. Princip kako ga je Carter izrazio u Krakovu ima dvije formulacije, nazvane "slab" i "jak".

Slika 26 - Iznad Džona Dejvida Baroua i Frenka Tiplera, autora knjige "Antropski princip". Dolje lijevo Brandon Carter, koji je formulirao teoriju.

"Slab" antropski princip.

Takozvani slab antropski princip tvrdi da je naš položaj u prostoru i vremenu svemira svakako privilegiran jer su sve konstante koje su u osnovi funkcioniranja svemira kalibrirane na najpogodnije vrijednosti za razvoj našeg tipa života. Nizom nevjerovatnih slučajnosti, zakoni koji upravljaju svemirom su u skladu s mogućnošću postojanja inteligentnog života. Na primjer, da je Sunce malo drugačije veličine ili da se Zemlja okreće oko Sunca na malo drugačijoj udaljenosti, mora bi postala kipuće posude ili planine leda. Zemlja rotira sa vrlo malim ekscentricitetom, jednakim 2%, a nagib ose rotacije je takav da precizno omogućava smjenu godišnjih doba.

Život na Zemlji zasniva se na ugljeniku, koji je bačen na našu planetu nakon eksplozije zvijezda u kojoj je nastao. Četiri fundamentalne sile koje upravljaju kosmosom ovise o nekim fizičkim konstantama kao što su, na primjer, Hubble konstanta, Planckova konstanta, univerzalna gravitacijska konstanta, električni naboj i masa elektrona.

Nevjerovatno je iznenađujuća činjenica da su sve ove konstante točno kalibrirane na vrijednostima koje mogu omogućiti razvoj života: bilo bi dovoljno da samo jedna ima minimalno drugačiju vrijednost da život učini nemogućim.

Moguće vrijednosti četiri fundamentalne interakcije (gravitacijske, elektromagnetne, slabe nuklearne i jake nuklearne) i subatomskih čestica (proton, neutron, elektron) bile bi potencijalno beskonačne. Međutim, vrijednosti koje zapravo mjerimo omogućavaju nam da stvorimo interaktivnu mrežu koja stvara svemir koji sadrži život. Među beskonačnim konfiguracijama postoji samo jedna konfiguracija, vrlo precizna. Stephen Hawking u svojoj knjizi "Od crnih rupa do univerzuma" piše:

> “Da je gustina Univerzuma jednu sekundu nakon Velikog praska bila veća od kritične gustine za jedan dio u sto milijardi, Univerzum bi kolabirao nakon 10 godina. Da je umjesto toga bila manja od iste vrijednosti, Univerzum bi već bio prazan nakon 10 godina postojanja."

"Jaki" antropski princip.

Snažni princip kaže da univerzum mora biti upravo takav kakav jeste da bi omogućio razvoj života, u određenom trenutku svoje istorije, koji se poklapa sa erom u kojoj živimo, odnosno oko 14 milijardi godina nakon njegovog formiranja. Među mnogim univerzumima koji su se mogli roditi iz Velikog praska, rođen je onaj koji nam omogućava da budemo ovdje. Vjerovatnoća da se to dogodi je jedan prema nekoliko milijardi. Da se ovo dogodilo slučajno, onda bi slučajnost dobila nemoguću lutriju.

To znači da je svemir dizajniran da nam omogući da danas budemo ovdje. Univerzum ima specifičnu svrhu: mora ugostiti čovjeka.

Dakle, čovjek nije gost koji je bizarnom nesrećom upao u svemir koji ga ignorira. Čovek je razlog zašto univerzum postoji. Ova teorija implicira da je svemir formiran s ciljem promoviranja života i razvoja svijesti; odnosno da je univerzum dizajniran kao čahura, posteljica u kojoj bi mogao nastati život uopšte i ljudska svest posebno.

Pretpostavka da je svemir stvoren za nas svakako daje svrhu. Kosmos nije haotična masa sirove materije, već odgovara projektu čovjekove realizacije. Periodijama kosmosa više se ne upravlja slučajno, već zahtijevaju prisustvo "inteligentnog dizajna", a samim tim i postojanje "dizajnera" ili "univerzalnog uma".

To bi moglo imati i vjerske implikacije o kojima, međutim, nema izjava, barem na katoličkoj strani. Otac Gabriel Funes, isusovac, bivši direktor „Vatikanske opservatorije", odnosno astronomske opservatorije Katoličke crkve, izjavio je u vezi s tim da „Crkva nema teoriju i nema stav o antropskom principu. Stoga, njegov sud ostaje otvoren o tome šta će nauka moći otkriti".

John David Barrow i Frank Tipler.

Fizičari J. Barrow i F. Triple objavili su 1986. godine u Sjedinjenim Državama svesku "The Anthropic Cosmological Principle" u kojoj ne samo da se opširno bave antropskom teorijom, već i predlažu značajnu studiju o njoj.

Dvojica autora opširno opisuju konceptualnu osnovu Antropskog principa: da se ne bi dogodio alarmantan broj izvanrednih podudarnosti u obliku fizičkih zakona i vrijednosti konstanti prirode, ne bi bilo biokemije, života i inteligentnog života. moguće. Univerzum stvoren slučajno ne bi dozvolio život, a ne bi bili mogući ni obični astronomski objekti i obična materija.

Polazeći od ovog zapažanja, oni dolaze do zaključka da projekat nužno postoji. U proučavanju dvojice naučnika, "slab antropski princip" evoluira u "jaki princip". Barrow ovako piše u knjizi:

> "Ako bismo pokušali zamisliti čitavu kolekciju hipotetičkih 'drugih svemira' u kojima sve količine koje definiraju strukturu našeg svemira preuzimaju sve moguće permutacije vrijednosti, otkrili bismo da bi gotovo svi ovi mogući svemiri bili mrtvorođeni. Niko ne bi bio u stanju da stvori onu vrstu hemijske složenosti koju zovemo "život".

Ovo otkriće navelo je Brandona Cartera da sugerira da bi neki spekulativniji metafizički aspekt mogao postojati u svemiru, koji je on nazvao "Jakim antropskim principom", kako bi ga razlikovao od kontroverznijeg slabog antropskog principa. Snažni princip kaže da, budući da izgleda da postoji tako veliki broj izuzetnih "slučajnosti" koje teže da omoguće mogući život u svemiru, u nekom evolucijskom trenutku ovaj princip MORA dovesti do postojanja "posmatrača".

"Definitivni antropski princip".

Barrow i Tipler pretpostavljaju treći oblik antropskog principa, "Ultimativni antropski princip", prema kojem se "inteligentna obrada informacija mora nužno razviti u svemiru i kada se jednom pojavi, nikada neće izumrijeti".

Prema dvojici naučnika, univerzum sa sposobnošću da proizvodi inteligentni život ne bi imao smisla da ovaj univerzum ne traje dovoljno dugo da može razviti inteligentnu vrstu.

"Participativni antropski princip"

Ovaj oblik Antropskog principa predlaže John Archibald Wheeler kao alternativu snažnom principu. Prema Vileru, posmatrači su neophodni za život univerzuma, kao što su neophodni za njegovo znanje; stoga čovjek, kao promatrač svemira, aktivno učestvuje u vlastitom postojanju.

"Misionari savesti"

Godine 2005. na web stranici SETI-ja (Search for Extra-Terrestrial Intelligence, program posvećen potrazi za vanzemaljskim inteligentnim životom) pojavio se članak pod nazivom "Drejkova jednačina" u kojem je princip participacije dodatno proširen. Pozivajući se na bilo kakve poruke između stanovnika kosmosa, u članku se navodi da se "Misija pošiljalaca sastoji u širenju Svijesti u Univerzumu". Jednostavno rečeno, ko god šalje poruke univerzumu postaje "misionar Svesti". On širi "Svest", u formi koju poznaje, prema entitetima koji od nje mogu imati koristi.

Antropski princip i vrijeme.

Objektivnija nauka ne odbacuje razumnost antropske teorije, jer bi bilo krajnje apsurdno da takva savršena kosmička konstrukcija proizlazi iz slučajnosti i nema svrhu. U tom slučaju, čest prigovor nalazi i odgovor: "Ako je kraj čovjek, koji živi samo na planeti Zemlji, zašto je svemiru potrebno toliko prostora i toliko materije?".

Odgovor je da je konstantama koje omogućavaju život bilo potrebno vrijeme i prostor da se materijalizuju. Bilo je neophodno da svemir stari i širi se kako bi se omogućilo zvijezdama da proizvode kemijske elemente koji su osnova života na Zemlji, kao što je ugljik. Štaviše, nije isključeno postojanje drugih planeta na kojima se razvio isti život, kao što nije isključeno ni da čovjek svoju civilizaciju može izvesti na druge planete i galaksije.

Prvi element koji se pojavio u svemiru bio je vodonik, čiji atom sadrži samo jedan proton. Otprilike tri minute nakon Velikog praska, fuzija dva ili tri atoma vodika omogućila je stvaranje helijuma i litijuma, koji imaju dva, odnosno tri protona.

U unutrašnjosti zvijezda, fuzijom dva atoma helija nastao je berilij. Od fuzije jednog atoma berilija i jednog helijuma, nastali su nestabilni atomi ugljika, koji su postali stabilni tek kada je temperatura u zvijezdi porasla na 100 miliona stepeni Kelvina. Konačno, kada je zvijezda, na kraju svog života, eksplodirala stvarajući supernovu, ugljik i drugi metali su izbačeni u svemir i otišli da formiraju druga nebeska tijela, uključujući planete.

U ovom trenutku smo utvrdili da je život neophodan za postojanje univerzuma. Kada bi svemir bio beskonačan u prostoru i vremenu, mogli bismo se zapitati da li sam život ne bi mogao biti beskonačan u vremenu i prostoru. I iznad svega, možemo se zapitati kako tu beskonačnost, ili besmrtnost, shvatiti. Može li se odnositi na život općenito, na očuvanje vrsta ili se može odnositi na svakog pojedinca?

Da li bi bilo moguće zamisliti besmrtna živa bića?

Već smo pripisali besmrtnost bitnim sastojcima materije, atomima. U biološkom polju, među živim bićima možemo se odnositi na bakterije, koje obično ne završavaju svoje postojanje smrću već cijepanjem. Bakterije imaju sposobnost podjele na dva dijela, od kojih svaki zadržava svo genetsko naslijeđe izvorne bakterije. Osim nezgoda, ovaj proces traje neograničeno i lako je izračunati da, ako se bakterija podijeli svakih pola sata, u jednom danu može proizvesti 250.000 milijardi sličnih bakterija.

Kada bi čak i superiorni organizmi, kao što je čovjek, dosegli sposobnost cijepanja uz zadržavanje neuronskog nasliјеđa, odnosno samosvijesti, oni bi praktično postali besmrtni. Ovo se u ovom trenutku može smatrati nemogućim: u stvari, bakterije se sastoje od jedne ćelije, dok ljudsko tijelo uključuje bezbroj stanica specijaliziranih na drugačiji način za svaki organ (kožu, jetru, itd.) koji bi se svi trebali podijeliti na isto vrijeme.

Omega Point Franka Tiplera,

Frank Jennings Tipler (slika 26) koautor sa Johnom Barrowom knjige "The Anthropic Principle", američki je profesor i pisac koji predaje matematičku fiziku na Univerzitetu Tulane u New Orleansu. Većina njegovih studija fokusirana je na fiziku putovanja kroz vrijeme.

Poznat je i po tome što je autor teorije "Omega tačke", koja zapravo preuzima istoimenu teoriju koju je prethodno razvio francuski jezuitski naučnik Pierre Teilhard de Chardin.

Tipler pokušava da proučava konačnu sudbinu svemira na sličan način kao što radi Isak Asimov u romanu 'Posljednje pitanje'. U svojoj tvrdnji, koju zasniva na razumnim hipotezama koje to mogu podržati, on polazi od koncepta "vječnog napretka" da bi pretpostavio buduće postojanje Boga. Taj "Bog" bi bio čovjek koji je postao besmrtan, kao što se dešava Nietzscheov superman. Tipler takođe postavlja hipotezu o uskrsnuću mrtvih pomoću kompjutera i "prebacivanja uma". "Miind uploading" bi bila tehnika koja bi omogućila oporavak i prijenos mentalnog naslijeđa pojedinca iz starog u novo tijelo, ili u tijelo koje je vaskrsnulo iz mrtvih.

Nadalje, Tipler pretpostavlja da bi, zahvaljujući superkompjuteru, univerzum mogao biti nagnut prema volji čovječanstva čak i djelovanjem na vrijeme koje je već prošlo. Na taj način bi bilo moguće rekonstruisati događaje, svjetove i ljude iz prošlosti, tehnikom "vječnog potpomognutog povratka".

Praktično Tipler predlaže perspektivu povezanu s transhumanizmom, kulturnim pokretom koji zagovara korištenje nauke i tehnologije za povećanje fizičkih i mentalnih sposobnosti i poboljšanje svih aspekata ljudskog stanja koji su nepoželjni ili štetni, kao što su bolesti i starenje. Ovo kretanje misli nada se mogućnosti transformacije koja bi išla dalje od ljudskog stanja.

Tiplerove teze su, očekivano, izazvale mnogo kontroverzi u naučnom svijetu. U recenziji Tiplerove knjige "Fizika besmrtnosti" južnoafrički fizičar George Ellis naziva teoriju Omega tačke "remek djelom pseudonauke".

Drugi naučnici, poput fizičara sa Oksfordskog univerziteta Davida Deutscha, smatraju da su Tiplerovi argumenti konzistentni. U svojoj knjizi "Tkanina stvarnosti" Dojč izlaže svoju teoriju svega tako što u svoje razmišljanje uključuje Tiplerovu Omega tačku.

U duhovnom centru univerzuma.

Sumirajući, možemo reći da smo mi ovdje zbog univerzuma i da je univerzum ovdje zbog nas. Antropski princip rekonfiguriše moderno naučno mišljenje. Moderno naučno razmišljanje počelo je sa Kopernikom i njegovim otkrićem da se Zemlja i planete okreću oko Sunca; time je srušio aristotelovsku misao koja je Zemlju i čovjeka postavila u geografsko središte svemira.

Razvoj moderne fizike pravi novi preokret. Ovog puta čovjek, iako više nije geografski centar kao što je Kopernik ispravno pokazao, čvrsto je uspostavljen kao duhovni ili psihički centar.

Drugi dio. Naučne potvrde.

Ali šta je materija?

„Moderna fizika, dakle, ne predstavlja materiju kao pasivnu i inertnu, već u neprekidnom plesu i stanju vibracije, čije ritmičke figure određuju molekularne, atomske i nuklearne strukture. Isto tako istočnjački mistici vide materijalni svijet. Svi oni naglašavaju da se univerzum mora uhvatiti u njegovu dinamičnost, dok se kreće, vibrira i pleše; da priroda nije u statičkoj već dinamičkoj ravnoteži."
(Fritjof Capra, fizičar i esejista)

Tražim dokaze.

U prvom dijelu knjige predstavio sam mnoge teorije koje su razvili i predložili naučnici, zasnovane na mišljenju, filozofiji i logičkoj dedukciji, ali nisu potkrijepljene bilo kakvim eksperimentalnim dokazom priznatim od strane akreditovane zajednice. Važan prvi korak za davanje naučnog dostojanstva svim hipotezama o kojima se raspravlja sastojao bi se od uspostavljanja provjerljive veze između fizičkog nivoa funkcionisanja materije i „duhovnog“, tj. nedeterminističkog nivoa.

Na nivou našeg iskustva, koje je apsolutno determinističko, teško je pronaći nematerijalne veze: sto ili stolica su komadi drveta ili metala i ne nadahnjuju, koliko se čini našim osjetilima, psihičke ili metafizičke implikacije.

Međutim, to više nije slučaj kada uđemo u nivo ekstremno malog, posmatrajući ponašanje elementarnih čestica. Kada je konačno, poslednjih decenija, čovek uspeo da pronikne u subatomsku stvarnost, priroda mu je podarila neverovatna iznenađenja iz kojih je moguće zaključiti postojanje isključivo psihičkog nivoa, sačinjenog ne od materije, već od energije i inteligentnih informacija.

Ovaj drugi dio knjige biće posvećen istraživanju čudesnog svijeta subatomskih čestica.

Albert Ajnštajn je u fiziku uveo koncept relativnosti. Mnoge sigurnosti, koje proizilaze iz našeg načina razumijevanja svijeta, srušile su se saznanjem da su vrijeme i prostor relativni koncepti i da mogu imati različite vrijednosti u zavisnosti od uslova. "Paradoks blizanaca" je paradigmatičan: jedan od njih dvojice ulazi u svemirski brod i putuje kroz svemir brzinom bliskom brzini svjetlosti. Kada se vrati kući, otkriva da je vrijeme za njega proteklo mnogo sporije nego za ljude koji su ostali na Zemlji i da su mnogi od njih, koji su bili njegovih godina, već umrli: njegov vlastiti blizanac je mnogo godina stariji.

Suočeni s ovim naučnim dokazima, ne bismo trebali biti iznenađeni kada otkrijemo da je materija također relativna. Na makroskopskom nivou ili području srednje veličine u kojem živimo, općenito se čini dobro definiranim: njegove granice se mogu odrediti, može se izmjeriti i izmjeriti, može se utvrditi njegov stepen tvrdoće ili savitljivosti. Da nije, svaki dan bismo bili u nevolji. Ova svojstva materije ostaju nepromijenjena čak i na astronomskom nivou, a fizički zakoni koji vrijede za naš kuhinjski stol vrijede i za posljednju planetu u dalekoj galaksiji.

Međutim, na subatomskom nivou, odnosno u ekstremno malom, stvari se mijenjaju i materija postaje nešto vrlo nejasno s obzirom na svoju pravu suštinu. Subatomski nivo je nivo elementarnih čestica, koje su unutrašnje komponente atoma.

Filozofija i misticizam fizike.

Filozofija fizike proučava logičke i metafizičke aspekte pojmova kao što su energija, vrijeme, prostor i materija. Posebno je zainteresovana za pitanja kauzalnosti i determinizma.

Naravno, filozofija je bila zainteresovana za kvantnu fiziku od kada je nastala, zbog svoje sposobnosti da podriva fundamentalne aspekte naučne tradicije, kao što je na primer koncept merenja, koji je naglo zamenjen konceptom neizvesnosti.

Operacija mjerenja na subatomskom nivou postaje nemoguća, jer se izvodi na elementima toliko malim da ih samo mjerenje poremeti. Posljedično, atomi se ne mogu direktno promatrati čak ni najmoćnijim mikroskopom, već se samo "teoretizirati".

Ovo sankcioniše neuspjeh determinizma, koji se Pierre Simon Laplace toliko dopao, i najavljuje rođenje novih vrijednosti kao što su probabilizam i indeterminizam.

Indeterminizam je filozofski stav, na čijem je čelu engleski astronom Arthur Eddington, koji priznaje radnju slučajnosti u ocrtavanju volje ili stvarnosti. Odnosno, indeterminizam priznaje da se stvari mogu dogoditi i slučajno, bez vidljivog razloga. Činjenice nisu uvijek proizvod uzročno-posledičnog djelovanja. Pojam indeterminizma ima jasnu definiciju:

> "Sadašnje stanje fizičkog sistema nije u potpunosti definirano. Ili, možemo reći da iz istog potpuno definiranog sadašnjeg stanja mogu potencijalno nastati mnoga buduća stanja, ali će se samo jedno od njih dogoditi.

Među pristalicama indeterminizma su najveći fizičari našeg vremena: Werner Karl Heisenberg, Niels Bohr, Arthur Compton, Pascual Jordan, Hans Reichenbach, Robert Millikan, Georges Lemaître i drugi.

Kvantna fizika zanemaruje determinističku strogost i vodi nas do suštinski mistične koncepcije kosmosa, zasnovane na elementima koji podsećaju na moguću duhovnu komponentu pored materijalne.

Ova misao o stvarnosti stvari vraća nas u prošlost više od dva milenijuma, na intuiciju prvih grčkih filozofa. Međutim, suprotno onome što se dešavalo u to vrijeme, vizija kosmosa koja se danas pojavljuje nije zasnovana na intuiciji već na eksperimentima koji se s velikom preciznošću izvode u najboljim fizičkim laboratorijima.

Koreni sve zapadne nauke, a posebno fizike, nalaze se u šestom veku pre nove ere, u periodu u kojem nije postojala podela između religije, filozofije i nauke, među mudracima iz miletske škole. Njihove studije su bile usmjerene na otkrivanje pravog sastava materije, koji su identificirali u terminu "physiká", koji se danas prevodi kao "fizika". "Fizika" je predstavljala napor da se otkrije suština stvari. Na osnovu svojih pretpostavki, filozofi iz Mileta su definisani kao "hilozoisti", što znači "oni koji misle da je materija živa". U stvari, nisu pravili razliku između duha i fizičke materije; zaista, nisu imali čak ni termin za fizičku materiju, jer su za njih svi oblici postojanja bili obdareni životom i duhovnošću. Tales je posebno tvrdio da je božanstvo prisutno u svim stvarima, a Anaksimandar je opisao Kosmos kao jedinstveni organizam koji se hrani "pneumom".

Potom je Heraklit iz Efeza opisao svijet u stalnoj promjeni, vječnom "postajanju". Smatrao je da sve transformacije svijeta proizlaze iz djelovanja suprotnosti, te da svaki par suprotnosti treba posmatrati kao cjelinu, kojoj je dao ime Logos. Od suprotnosti Heraklita potekle su misaone struje koje su dovele do razdvajanja duha i materije.

Parmenid iz Eleje, u odlučnoj suprotnosti sa vječnim nastankom Heraklita, nazvao je svoj temeljni princip "Nepromjenjivo biće" i tvrdio da je svaka promjena čista iluzija osjetila. Iz njegovog razmišljanja rodila se ideja o neuništivoj supstanci postavljenoj u osnovu svojstava promjene stvari.

Iz kontrasta između "vječnog postajanja" i "nepromjenjivog Bića" razvila se misao koja je razmatrala "Bitak" kao prisutan u određenim nepromjenjivim supstancama koje su, međutim, miješajući se i razdvajajući, dovele do promjena i različitih oblika. Otuda je rođen koncept atoma, kao najmanjeg nedjeljivog dijela materije. Atom leži u osnovi svega uprkos svoj prividnoj raznolikosti stvari. Zaista danas znamo da su sve stvari napravljene od atoma.

Atomisti, uključujući i Demokrita, definisali su jasnu razliku između duha i materije, a fizičku materiju su zamišljali kao sastavljenu od "temeljnih građevnih blokova", odnosno potpuno pasivnih i inertnih čestica koje se kreću u vakuumu, a čije kretanje može biti uzrokovano vanjskim silama. Ove sile su duhovnog porekla, a ne materijalne.

Ova slika je tada postala dominantna u zapadnoj misli, što je dovelo do dualizma između tijela i duše.

Aristotel je, u svom uvjerenju da su problemi koji se tiču duše važniji od onih koji se tiču materijalnog svijeta, stvorio obrazac mišljenja koji će poduprijeti koncepciju univerzuma širom Zapada skoro dvije hiljade godina. Kršćanstvo je također podržavalo aristotelovske doktrine kroz srednji vijek.

U renesansi se prvi put bavilo proučavanjem prirode korištenjem naučnih metodologija, odnosno primjenom eksperimenata kontroliranih teorijskim hipotezama. Galileo Galilei je bio prvi koji je krenuo ovim putem i stoga se smatra ocem moderne nauke.

Rađanju moderne nauke pogodovao je razvoj filozofske misli, koja je naglašavala dualizam "duh-materija". U osmom veku René Descartes je opisao prirodu zasnovanu na fundamentalnom razdvajanju između dve različite i nezavisne stvarnosti, uma (res cogitans) i materije (res extensa). Kartezijansko odvajanje omogućilo je naučnom svijetu da razmatra fizičku materiju sastavljenu od inertnih objekata i potpuno različite jedan od drugog. Rezultat je bio prikaz svijeta sličan gomilanju različitih objekata, objekata koji zajedno čine ogromnu beživotnu mašinu.

Kočija kralja Milinda.

Milindapañha je budistički tekst sastavljen u obliku filozofskog dijaloga, smješten u gradu Sāgalā, današnjem Siyālkoṭu. Dijalog se odvija između monaha Nagasene i Milinda, koji se istorijski može poistovjetiti sa indo-grčkim vladarom Menandrom I koji je vladao u Pendžabu između 155. i 130. godine prije Krista.

> „Kralj Milinda je otišao tamo gde je bio monah Nagasena i, pošto ga je ljubazno i prijateljski pozdravio, upitao ga:
> “Kako ste poznati i kako se zovete?”
> Nagasena je odgovorio: "Poznat sam kao Nagasena, o kralju, i tim imenom mi se obraćaju moja braća i roditelji."
> "Rekli ste mi da su vaša braća navikla da vas oslovljavaju sa Nagasena. Šta je tačno Nagasena? Mislite da je kosa Nagasena?"
> “Ne kažem to, veliki kralju.”
> "Ili dlake na tijelu?"
> "Sigurno ne."
> „Možda su Nagasena nokti, zubi, koža, meso, nervi, kosti, srž? Jesu li neke ili sve ove stvari Nagasena?”
> Na svako od ovih pitanja monah je odgovorio ne.

„Onda je spoljašnji oblik Nagasena? Da li su senzacije ili percepcije ili svijest Nagasena?"

Na svaku od ovih hipoteza monah je odgovorio ne.

„Onda, Nagasena je prazan i uzaludan zvuk. Ko je Nagasena kojeg vidim ovdje ispred sebe? Nagasena je laž, obmana!"

Tada je monah Nagasena rekao kralju Milindi:

„Veličanstvo, odrasli ste u luksuzu. Ako hodate po kamenitom tlu vaša stopala osjećaju bol. Pa te pitam: kako si došao ovdje? Jeste li došli ovamo pješice ili u kolima?"

"Nisam došao pješice. Došao sam u kočijama."

„Dakle, ako si došao u kočiji, objasni mi šta je to kočija. Jesu li konji kola?"

"Nisam ovo rekao."

"Da li je kočija osovina točkova?"

"Naravno da ne."

"Možda su kočija točkovi ili užad ili okvir ili jaram ili žbice točkova?"

Na sva ova pitanja Milinda je odgovorila ne.

„Ali možda su kola nešto drugačije od onih koje sam spomenuo? "

Milinda je ponovo odgovorila ne.

"Onda je riječ kočija prazan i tašt zvuk. Sa kojom kočijom bi stigao? To što si rekao je laž! Zašto govoriš lažne stvari?

Tada je Nagasena pozvao Grke i monahe kao svedoke, rekavši:

"Kralj Milinda je rekao da je došao u kočijama. Ali kada sam ga zamolio da objasni šta je to kočija, on to nije mogao da uradi."

Grci i monasi su aplaudirali i rekli kralju:

"Sada, Vaše Veličanstvo, odgovorite ako ste u mogućnosti!"

Kralj Milinda je odgovorio Nagaseni, rekavši:

„Nisam rekao neistinu, poštovani gospodine. Komplet sastavljen od konja, osovine, točkova, okvira, užadi, jarma, žbica i kočije, označava zajedničku oznaku kočije."

"Veoma dobro! - Rekao je Nagasena. Tačno si shvatio značenje kočije. Slično, to je skup kose, noktiju, zuba, percepcija, osjećaja i svijesti, što ukazuje na Nagasenu."

Dakle, šta su zapravo Milindina kočija? Materijalisti bi rekli da nema vagona bez pojedinačnih dijelova. Dijelovi su cjelina, a kočija postoji samo kao sporedna činjenica, epifenomen čije prisustvo ili odsustvo ne utiče na postojanje dijelova. Činjenica da dijelovi, kao cjelina, formiraju kočiju je potpuno nasumična.

U duhovnijoj viziji rekli bismo da pojedinačni delovi dobijaju značenje tek kada, inteligentno agregirani, daju oblik kočiji, samom monahu Nagaseni i svemu ostalom što postoji u univerzumu. Međutim, svaki skup logično sastavljenih dijelova zahtijeva inteligentan dizajn koji nadilazi inerciju materijala koji ga čine.

Descartesovo razdvajanje.

Mehaničku viziju svijeta usvojio je Isaac Newton, koji ju je koristio da izgradi svoju mehaničku nauku postavljajući temelje klasične fizike. Njutnov pogled dominirao je svijetom od sredine 17. do kraja 19. vijeka.

Descartesova filozofija nije bila važna samo za razvoj klasične fizike, već je imala ogroman utjecaj na zapadnjačku misao.

Njegova čuvena fraza "Cogito ergo sum" (mislim, dakle jesam) natjerala je čovjeka da se identificira više sa svojim umom nego sa svojim tijelom. Kao posljedica toga, čovjek je svjestan sebe kao "drugog" koji živi u vlastitom tijelu. Um, odvojen od tela, dobija zadatak da ga kontroliše; ovo uzrokuje sukob između volje i instinkta.

Ovo odvajanje od nečijeg tela proširuje se na spoljašnji svet, posmatrano kao skup odvojenih objekata i događaja. Prirodno okruženje se sastoji od delova koji se mogu grupirati u grupe od interesa (drveće, zvezde, minerali ili, zaista, kočija kralja Milinda).

Društvo je također podijeljeno na rase, nacije, narode, religije i političke grupe, a naš uži krug je podijeljen između "moje etažno vlasništvo, moje rodbine, mojih prijatelja, mojih kolega, onih koji imaju isti hobi kao ja, posjetitelja mog supermarketa ".

Ove podjele su u korijenu svih društvenih i kulturnih kriza i dovele su do tog nereda i nepravedne raspodjele resursa koji često dovode do nasilja i rata.

Kartezijansko razmišljanje je donelo koristi i štetu; zaslužan je što je uveo razdvajanje na naučnom nivou, dok je za društvena zla evidentno da su postojala i prije Descartesa. Stoga ne treba kriviti filozofa, naprotiv, treba prepoznati njegovu sposobnost da istakne razdvajanje duha i materije kao porijeklo ovih problema.

Zanimljivo je primijetiti kako moderna nauka, rođena iz kartezijanskog odvajanja i Newtonove mehaničke koncepcije, preispituje ove koncepte. U stvari, nauka ovog veka se vraća ideji koju su izrazile prve grčke filozofije. Bila je to ideja kosmosa zasnovanog na saradnji duha i materije.

Zašto postoji nešto umjesto ničega?

Nauka se često pita "kako" se stvari dešavaju. On također pita "zašto" se dešavaju, ali mnogo manje učestalosti. U stvari, deterministička vjerovanja pretpostavljaju da je "zašto" očigledno i da se logično može pronaći u nizu uzroka i posljedica. „Nešto“ izaziva „nešto drugo“, a dovoljno je rekonstruisati sve korake da bi se razumelo poreklo fenomena. Dakle, "zašto" je implicitno u "kako". Odnosno, nema zašto.

Ovaj diskurs postaje neizvodljiv kada govorimo o prvom rođenju univerzuma jer, ako uzmemo u obzir trenutak koji je prethodio njegovom postojanju, u tom trenutku nije delovao nikakav uzrok koji bi pokrenuo lanac efekata. Dakle, na ovom nivou oba pitanja, kako i zašto, ostaju bez odgovora.

Nauke koje pokušavaju riješiti ovaj problem su kosmologija i fizika. Proučavanje kosmosa pokazalo je da je on u fazi širenja, zbog činjenice da se nastavlja širiti u svemir. Polazeći od trenutnih uslova i simulirajući povratnu putanju, odnosno kontrakciju, dolazimo do tačke u kojoj gustoća materije i njena temperatura postaju beskonačne, nemoguća situacija. Stoga se može pretpostaviti da je svemir nastao u određeno vrijeme, smješteno između sadašnjeg trenutka i trenutka u prošlosti koji je vremenski smješten prije nego što su uslovi postali nemogući.

Postojao bi precizan trenutak kada bi ekspanzija počela i svemir bi se "rodio". To nam, međutim, može dati elemente o tome kako, ali ne objašnjava zašto.

Postoji mnogo kulturnih i religijskih tradicija koje pokušavaju dati odgovore. Biblijski učenjaci dugo su raspravljali o tome da li je stvaranje koristilo već postojeću inertnu materiju ili je nastalo ni iz čega. I drevna jevrejska egzegeza i Filon, u helenističkoj tradiciji, slažu se u podržavanju "creatio ex-nihilo" (stvaranje ni iz čega), hipotezu koju i danas podržava kršćanstvo.

U mnogim drugim slučajevima predlaže se univerzum koji se remodelira počevši od početne situacije haosa, ili iz nestrukturirane praznine.

Prema nekim tradicijama, svemir može nastati iz primordijalne majčinske utrobe. Prema drugim mitologijama, svemir se može roditi iz već postojećeg jajeta.

Postoje i tradicije prema kojima je svemir oduvijek postojao, prema koncepciji vremena inspirisanom poljoprivrednim civilizacijama, pri čemu je sve podložno stalnom ciklusu smrti i ponovnog rađanja.

U većini razmatranih hipoteza, isključujući onu biblijsku, prethodno postojanje materije uzima se zdravo za gotovo, iako u obliku haosa, materice ili jajeta. Često se ne objašnjava odakle dolazi ovo postojeće porijeklo. Međutim, sve tradicije ne objašnjavaju kako se proces prelaska iz ničega u nešto mogao odvijati, osim božanskim stvaralačkim činom.

Sve počinje Velikim praskom.

Veliki prasak je kosmološki model zasnovan na ideji da se svemir počeo širiti vrlo velikom brzinom u precizno definiranom vremenu u prošlosti i da se taj proces još uvijek nastavlja.

To je dominantna ideja u trenutnoj naučnoj zajednici, jer ima potvrde zasnovane na astronomskim opservacijama i dokazima.

Konkretno, igra u teoriji Velikog praska da su laki elementi kao što su vodonik i helijum posebno obilni u skladu sa predviđenim vrijednostima; još jedna potvrda dolazi iz postojanja kosmičkog pozadinskog zračenja, sa spektrom koji je u skladu sa očekivanjima. Ova i druga eksperimentalna otkrića uvjerila su većinu naučnika da se događaj sličan Velikom prasku zaista dogodio prije oko 14 milijardi godina.

Kada je predložena, prihvatanje ideje nije bilo ni očigledno ni mirno. Veliki prasak je pretpostavio stvaranje sve energije i sve materije (koja je, uostalom, drugačiji oblik energije) u početnom činu, manje-više kako su tvrdili Descartes i Newton. Ali drugi su vidjeli kreativnu Božju intervenciju na početku svemira.

Ova okolnost je dovela do toga da je naučna zajednica bila veoma suzdržana u prihvatanju teorije. Umjesto toga, Katolička crkva, sa papom Pijem XII, to je u potpunosti prihvatila u govoru koji je održao u četvrtak 22. novembra 1951. na Papinskoj akademiji nauka:

> "„Dva pitanja tako spontano padaju na pamet: da li je nauka u stanju da kaže kada se ovaj moćni princip kosmosa odigrao? A koje je bilo početno, primitivno stanje univerzuma? Najizvrsniji stručnjaci za atomsku

> fiziku, u saradnji sa astronomima i astrofizičarima, nastojali su da rasvetle ova dva teška, ali izuzetno zanimljiva problema. (...)
>
> Nesporno je da je um prosvijetljen i obogaćen modernim naučnim saznanjima, koji spokojno procjenjuje ovaj problem, naveden da prekine krug potpuno nezavisne materije, bilo zato što je nestvorena ili zato što je stvorena sama od sebe. Prosvijetljeni um će shvatiti prisustvo Duha stvoritelja. Istim jasnim i kritičkim pogledom, kojim ispituje i prosuđuje činjenice, prosvijećeni um nazire i prepoznaje djelo stvaralačke svemoći, čiju je vrlinu uzburkao moćni "Fiat" koji je prije milijardi godina izrekao Duh stvoritelj. Gestom ljubavi stvoren je materijal koji je pun energije. Zaista se čini da je današnja nauka, iznenada vraćajući se milionima vekova unazad, uspela da svedoči o biblijskom "Fiat luxu", kada je niotkuda izbilo more svetlosti i radijacije. U isto vrijeme, čestice hemijskih elemenata su se razdvojile i ponovo ujedinile u milione galaksija." (Pije XII)

Teorija Velikog praska sadržavala je teološke implikacije zbog kojih je bila odbačena i suprotstavljena, ponekad samo zato što ju je Crkva podržavala. Neki poznati fizičari izneli su hipotezu da je ova teorija deo zavere koju je skovala sama Crkva. Astronom Fred Hoyle osudio je Veliki prasak nazivajući ga modelom izgrađenim na judeo-kršćanskim temeljima i formulisao alternativnu hipotezu o stacionarnom univerzumu, gdje se stvaranje nove materije događa kontinuirano; ova teorija je, međutim, već neko vrijeme napuštena jer bi predviđala rađanje pokretnih galaksija među već postojećim, što nije potvrđeno. Zaista, nema mladih galaksija pozicioniranih između starih. Najmlađe galaksije, odnosno rođene ranije, najudaljenije su u skladu sa širenjem svemira koje se nastavlja nakon početnog stvaralačkog čina.

Danas teoriju Velikog praska prihvata apsolutna većina naučne zajednice, a da ona, očigledno, ne prihvata ideju da je početni kreativni trenutak nastao iz božanske volje.

Atom i njegova klasična reprezentacija.

Atom (od grčkog àtomos, nedjeljiv) je osnovna struktura materije; sva materija je sastavljena od elementarnih jedinica koje se nazivaju atomi. Ovo se odnosi na materiju u čvrstom, tečnom i gasovitom stanju. Treba napomenuti da je ovu tvrdnju teško povezati sa stanjem plazme, gdje posebno visoke vrijednosti tlaka i temperature sprječavaju stvaranje atoma. Atom se smatrao najmanjom i nedjeljivom jedinicom materije sve dok 1897. Joseph Thompson nije objavio otkriće elektrona, demonstrirajući da je atom zapravo djeljiv.

Danas znamo da, u površnoj podjeli, atome formiraju subatomski elementi kao što su protoni (s pozitivnim nabojem), neutroni (bez naboja) i elektroni (s negativnim nabojem). Atomi formiraju molekule agregacijom na višim nivoima.

Posljednji klasični model strukture atoma je onaj koji je 1913. razradio Niels Bohr, koji još uvijek vrijedi bez bitnih varijacija.

Prema ovom modelu, atom se sastoji od jezgra oko kojeg se rotiraju elektroni. Jezgro se sastoji od dvije vrste čestica, protona i neutrona. Protoni imaju pozitivan električni naboj, dok neutroni imaju neutralni električni naboj.

Slika 27- Niels Bohr, danski fizičar inicijator Kopenhaške škole. U godinama nakon 1920. usavršio je klasični model atoma i dobio je Nobelovu nagradu 1922.

Elektroni, s druge strane, imaju negativan električni naboj i kreću se u vanjskom prostoru koji okružuje jezgro balansirajući njegovu privlačnost sa rotacijskom energijom, baš kao što rotacija Mjeseca uravnotežuje privlačenje Zemlje. Sve u svemu, atom je električno neutralan jer je broj protona (atomski broj) i broj elektrona isti. U prirodi se atomi međusobno razlikuju po broju protona prisutnih u jezgru: zbir protona i neutrona naziva se maseni broj.

Trenutno je proučavanje atomskog jezgra i njegovih komponenti povezano s razvojem fizike čestica. Poslednjih godina bilo je moguće preciznije definisati strukturu atomskog jezgra, posebno eksperimentima u akceleratorima čestica. Prema Standardnom modelu čestica, protoni i neutroni se sami sastoje od kvarkova.

Da biste dobili ideju o veličini atoma, ova poređenja mogu biti od pomoći:

- prečnik ljudske kose odgovara oko milion atoma ugljenika raspoređenih u nizu;
- kada bi narandža postala veličine planete Zemlje (oko 12.700 km u prečniku) njeni atomi bi bili približno veličine originalne narandže (oko 10 cm u prečniku).

Takođe je važno napomenuti da je atom u suštini prazan. U stvari, kada bi jezgro atoma imalo prečnik 3-4 milimetra, njegov najudaljeniji elektron bi se rotirao na udaljenosti od oko sto metara.

Statički prikaz atoma koji je upravo izložen je valjana radna hipoteza, ali kvantna fizika pokazuje da na subatomskom nivou postoji više vjerovatnoća nego sigurnosti. Sigurnost koja je svakako opovrgnuta je ona prema kojoj su čestice "komadići čvrste materije", čak i ako su vrlo mali.

Kvantna fizika.

Kvantna fizika je teorija koja opisuje ponašanje materije i zračenja, kao i njihove međusobne interakcije, u vrlo malim dužinama ili energetskim skalama atoma.

Krajem 1800-ih klasična fizika se pokazala nesposobnom da opiše ponašanje materije i elektromagnetnog zračenja na mikroskopskom nivou, to jest na dimenzijama jednakim ili manjim od atoma. Slično, klasična fizika nije uspjela opisati ponašanje energija povezanih s unutrašnjim vezama atoma. Stoga je početkom 1900-ih postalo evidentno da je potrebno rođenje nove fizike, potpuno drugačije od one klasične koja je do tada razvijena.

Tako je rođena kvantna teorija, koja se naziva i kvantna fizika ili kvantna mehanika. Ovu granu fizike je prvobitno uveo Max Planck i zasniva se na činjenici da neke veličine na mikroskopskom nivou, kao što su energija ili "kutni moment", ne mogu varirati linearno, već samo po diskretnim vrijednostima, nazvanim "kvantima".

Pored čestica koje čine glavne komponente atoma, to su protoni, neutroni i elektroni, postoje mnoge druge, a gotovo bi se moglo reći da se svaki dan otkrivaju nove. Čestica koja nas posebno zanima je foton, odnosno "kvant svjetlosti". Foton je čestica koja čini zvijezde sjajnim i sunce sija.

Koncept "koliko" je prilično čudan i jedva da je prihvaćen od strane naučnika iz 19. i 20. veka.

Na našem makroskopskom nivou smatramo prirodnim koncept da sve veličine mogu preuzeti kontinuirani skup vrijednosti. Na primjer, pored kilograma uzimamo u obzir i kvintalu i tonu, kao i hektogram, gram, miligram i tako dalje, pa postaje prirodno da predmet može težiti, na primjer, 7 kilograma i 356 grama. , odnosno 7365 grama.

Kvantna mehanika, s druge strane, predviđa da različite količine mogu poprimiti samo određeni skup vrijednosti, višestruke fundamentalne vrijednosti koje se ne mogu razbiti. Ova vrijednost se naziva "kvant materije ili energije".

Zamislite supermarket u kojem možete kupiti voće u prahu ili "pakovanja" putera od sto grama. Lako ćete staviti 1.365 kilograma jabuka u kolica, dok umjesto toga, u slučaju maslaca, možete kupiti samo 100 ili 200 ili 300 grama, ovisno o broju pakovanja koje stavite u košaricu. Svijet čestica predviđa da energija i materija nisu dostupne u rasutom stanju, već samo u obliku paketa. Ovi paketi se nazivaju "kvanta".

Stoga se u svijetu čestica energija i materija ne mogu svesti na vrijednosti niže od "kvantnih". To znači da su dostupni samo u osnovnoj vrijednosti ili kao višekratnici osnovne vrijednosti. Kao što je lako razumljivo, kvant ima izuzetno nisku vrijednost.

Sve u svemiru je sastavljeno od kvanta, čak i knjiga koju čitate. Razlog zašto ne osjećate njegovu "granularnost" na dodir je taj što su kvanti toliko mali da ih naša osjetila ne mogu percipirati, kao što ne percipiramo pojedinačne atome ili čak pojedinačne molekule jasno.

Jedan od prvih proučavanih slučajeva je kvantizacija energije: na primjer, elektroni atoma mogu imati samo određene energetske vrijednosti, stoga mogu rotirati oko jezgra samo u određenim orbitama. Slično fotoni su kvanti elektromagnetnog polja: oni su nedjeljivi paketi svjetlosti.

Slika 28 - Albert Ajnštajn, verovatno najpoznatiji fizičar i matematičar našeg vremena. Osporavao je kvantne teorije Nielsa Bohra i Kopenhaške škole tako što je dizajnirao EPR eksperiment kako bi pokazao njihove nedosljednosti. Naknadne evolucije istraživanja dovele su do njihove potvrde.

Kvantovani atom.

Koncept "kvanta" je veoma važan za funkcionisanje materije u ekstremno malom, odnosno u atomima, ali samim tim i u čitavom svemiru. Da bih to bolje razumio, mogu predložiti sličnost s nekim uređajima koji se obično koriste u svakodnevnom životu. Na primjer, zamislimo tradicionalno plinsko kuhalo, opremljeno gorionicima raspoređenim na gornjoj površini za kuhanje i ugrađenom pećnicom. Kuhinjske kontrole su poređane na prednjoj ploči i sastoje se od podesivih dugmića koji vam omogućavaju slanje plina do odgovarajućih gorionika.

Većina dugmadi se može rotirati linearno s lijeva na desno. Dugme zatvara dovod gasa kada je potpuno okrenuto ulevo. Okretanjem dugmeta udesno gas se šalje u gorionik u sve većim količinama, sve dok ne dostigne „limit“, odnosno maksimalno dozvoljeni. Zaključujemo da dugme omogućava linearno (ili kontinuirano) povećanje količine gasa.

Međutim, jedno od dugmića, posebno dugme pećnice, radi drugačije. Ovo dugme ne može da se okreće neprekidno, samo u trzajima. Na taj način omogućava protok gasa u određenim količinama, pogodnim za dobijanje toplote koja se signalizira pri svakom kliku dugmeta sa vrednostima izraženim u stepenima Celzijusa: 120 °C, 180 °C, 270 °C ili sličnim vrednostima. U tom slučaju plin se ne može povećavati kontinuirano, već na "diskretni" način, odnosno samo za fiksne i određene količine.

Ako ćemo biti precizni, moramo priznati da i ostala dugmad rade u "diskretnom" načinu rada, a ne kontinuirano. Problem je u tome što su varijacije između jedne i druge tačke toliko male da za nas ostavljaju utisak linearnog povećanja ili smanjenja. Jednostavnije rečeno, naša čula ne uspijevaju uhvatiti klikove varijacije, jer su premala.

Na srednjem nivou dimenzija materije, odnosno nivou na kojem funkcionišu naša čula, sve nam se čini da se povećava (ili smanjuje) na linearni način. Difuzija svjetlosti u zoru ili sumrak, zvuk automobila koji se približava ili udaljava, muva zuji oko nas. O toj muši bismo rekli sve, ali sigurno ne bismo rekli da leti trzavo.

Ovo nam još jednom daje mjeru koliko su naša osjetila varljiva jer se, u stvarnosti, ništa ne kreće linearno, već sve to radi na diskretan način, to jest, količinama energije, ili "kvantima".

Razlika između našeg makroskopskog nivoa i mikroskopskog nivoa čestica je u tome što aproksimiramo kretanja i energije smatrajući ih linearnim.

U osnovi, prema konvenciji koja se koristi u fizici, materijalno tijelo na makroskopskom nivou može se proučavati kao kontinuirano tijelo, budući da vrlo veliki broj, kohezija i međuzavisnost između čestica čine da svaka granularnost nestane.

Umjesto toga, u beskonačno malom više nije moguće zanemariti ovu karakteristiku jer su dimenzije subatomskih tijela osjetljive na kvantnu granularnost.

U zaključku, u kvantnoj mehanici kvant (od latinskog quantum što znači količina) je diskretna i nedjeljiva veličina. U proširenju, termin se ponekad koristi kao sinonim za "česticu".

Kvantnu mehaniku su uglavnom inicirali Niels Bohr, Louis-Victor de Broglie, Paul Dirac, Albert Einstein, Enrico Fermi, Wolfgang Pauli, Erwin Schrödinger, Richard Feynman i Werner Heisenberg.

Intuicija kvantizacije materije rođena je 1900. godine iz rada Maxa Plancka, koji je usvojio ovu konvenciju da potvrdi svoju teoriju o elektromagnetnoj emisiji crnog tijela. U praksi, Planck je primijetio da bi njegova hipoteza o crnom tijelu funkcionirala samo u prisustvu kvantizirane energije. Međutim, Planck nije bio voljan da ovu mogućnost smatra stvarnom. Iako je prvo teoretizirao ovu stvarnost, uvijek je oklijevao da je smatra validnom.

Ovu fizičku stvarnost su tek kasnije potvrdili drugi naučnici, koji su odredili vrijednost kvanta energije. Ova vrijednost je dobila ime Planckove konstante, jer je naučna zajednica iskreno željela da prepozna rad onoga ko ga je prvi intuitirao i koristio.

Plankova konstanta, odnosno veličina "kvanta", označena je slovom h i iznosi $6{,}6 \times 10^{-34}$Js, odnosno nezamislivo mala vrijednost.

Hipoteza o granularnoj strukturi mehaničke energije našla je punu i konačnu potvrdu u teoriji specifične toplote čvrstih tela koju je 1907. godine formulisao Ajnštajn

"Kvantni skok".

Pozivajući se ponovo na tradicionalnu reprezentaciju atoma, tj. jezgra okruženog elektronima koji rotiraju oko njega, možemo otići korak dalje da bismo razumjeli aspekt vezan za njegovo funkcioniranje koji se naziva "kvantni skok".

Prije svega, treba napomenuti da se elektroni ne mogu rotirati u anarhičnom režimu, već se moraju pridržavati određenih pravila. Prvo pravilo je Paulijev princip isključenja, koji se primjenjuje na "fermione", klasu čestica koja uključuje protone, neutrone i elektrone.

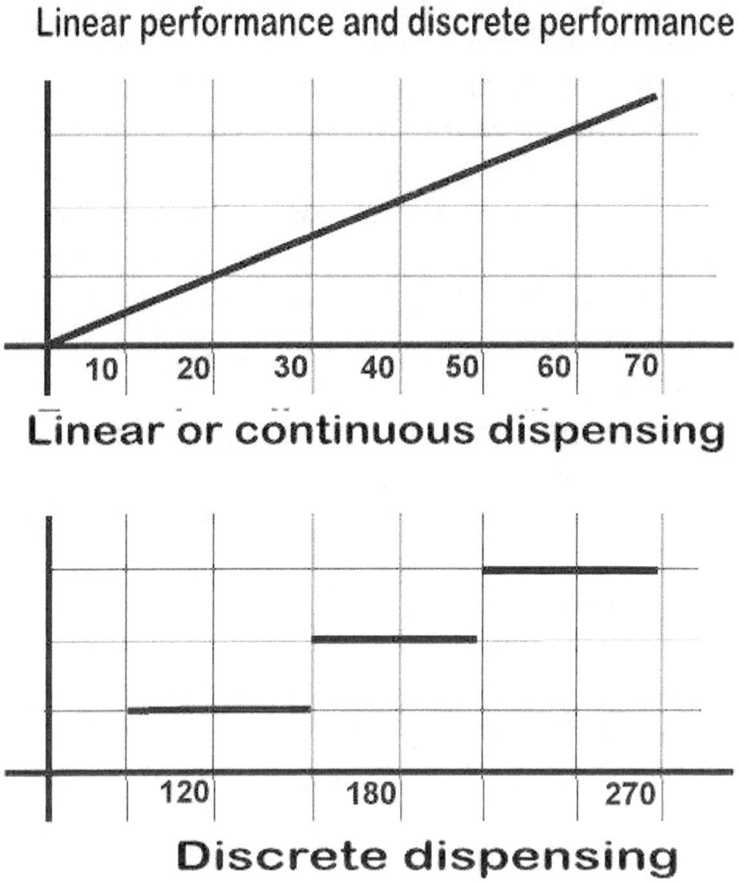

Slika 29
Linearni trend i diskretni trend.
1 Linearna ili kontinuirana isporuka.
2 Isporuka sa diskretnim vrijednostima
- Linearni trend pretpostavlja (skoro) beskonačan broj srednjih nivoa. Diskretni trend, s druge strane, predviđa samo nekoliko planiranih povećanja.

Ovaj princip polazi od koncepta da oko atoma postoji samo nekoliko "dozvoljenih zona" i da dva identična fermiona ne mogu istovremeno zauzimati istu zonu (ili kvantno stanje).

Dakle, orbitu mogu zauzeti najviše dva elektrona, pod uslovom da imaju suprotne "spinove".

Drugi uslov je da svaka orbita ne može biti nasumično udaljena od jezgra.

Prema atomskom modelu koji je predložio Niels Bohr, elektron rotira oko jezgra po kružnoj orbiti; svaki elektron, koji ima negativan naboj, odgovara vrlo preciznoj orbiti, jer se mora kretati brzinom dovoljnom da se suprotstavi privlačnoj električnoj sili koju jezgro, pozitivno nabijeno, djeluje na njega. Rotacija sprečava da se elektroni usišu u jezgro, ali se mora dogoditi s energijom proporcionalnom njihovoj udaljenosti.

Što je elektron udaljeniji od svog jezgra, potrebno mu je više energije. Ali to mora biti dobro izbalansirana energija. Prava količina energije mora spriječiti da elektron padne u jezgro ili, obrnuto, da bude izbačen izvan zone utjecaja atoma.

Pošto znamo da se energija na nivou elektrona mjeri u kvantima, onda orbite mogu biti samo na udaljenosti od kvanta, ili višestruke od kvanta.

Nijedan elektron se nikada neće rotirati u orbiti za koju je potrebna energetska vrijednost koja nije kvantna ili višestruka.

Stoga, između elektrona koji rotira na unutrašnjoj orbiti (nazovimo je E-Unutrašnjom) i drugog koji rotira na više eksternoj orbiti (nazovimo ga E-Spoljašnji) postoji energetska razlika: E-External treba više energije nego E -interni.

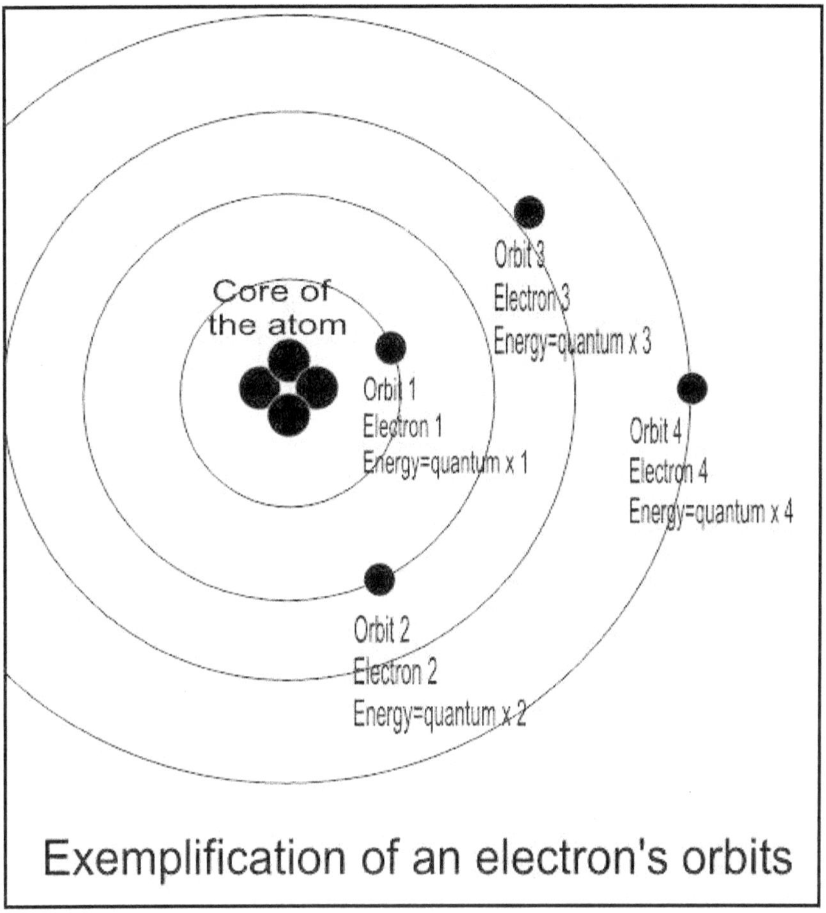

Slika 30 - Primjer ilustracije atoma sa četiri elektrona i četiri protona. Svaki elektron rotira u različitoj orbiti i ima količinu energije koja se može izmjeriti u kvantima.
1 Elektron na orbiti 1 ima 1 kvant energije.
2 Elektron na orbiti 2 ima 2 kvanta energije.
3 Elektron na orbiti 3 ima 3 kvanta energije.
4 Elektron na orbiti 4 ima 4 kvanta energije.
5 Jezgro atoma.

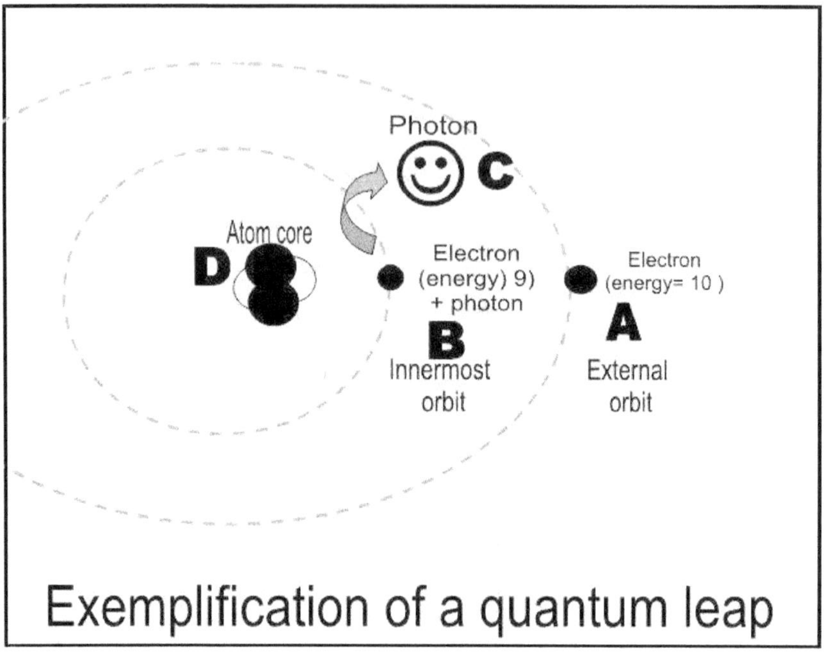

Slika 31 - Primjer kvantnog skoka.

A. Elektron A postavljen na vanjsku orbitu ima energiju od deset kvantnih.

B. Elektron skače na unutrašnju orbitu. Ovdje mu treba manje energije (9 kvanta) pa oslobađa kvant.

C. Oslobođeni kvant postaje foton.

D. Nukleus atoma.

Kao primjer, možemo reći da ako je unutrašnjem elektronu potreban jedan kvant energije, vanjskom elektronu su potrebna dva da bi ostao na svojoj orbiti. Ne mogu postojati orbite koje zahtijevaju kvant i po, jer je kvant najmanja moguća veličina.

Usred tolikog reda moramo uzeti u obzir da su elektroni prilično neposlušni i ponekad, iz samo njima poznatih razloga, vole da skoče sa vanjske na unutrašnju orbitu. Dakle, ako bi elektron koji posjeduje dva kvanta energije želio skočiti na unutrašnju orbitu (koja bi zahtijevala samo jedan kvant energije), morao bi odustati od jednog od svojih kvanta. Šta se dešava sa ovom oslobođenom energijom? On poprima oblik fotona dok elektron izvodi ono što se zove "kvantni skok".

Slika 31 predstavlja "kvantni skok". U tački A elektron, postavljen na bilo koju orbitu, ima energiju jednaku deset kvanta (primjer vrijednosti). U tački B elektron je skočio na unutrašnju orbitu. Sada je potrebna energija jednaka devet kvanta. Kvant koji više nije potreban prebačen je u obliku fotona: to jest, postao je kvant svjetlosti.

Kao što ćemo kasnije vidjeti, fizičari su iskoristili ovo svojstvo stimulirajući elektrone da naprave kvantni dvostruki skok kako bi proizveli fotone blizance, ili korelirane fotone; proučavanje njihovog ponašanja dovelo je do otkrića fenomena zvanog kvantna zapetljanost.

Dualizam "talas-čestica".

Osnovna karakteristika kvantne fizike je da je u stanju da predstavi zračenje ili materiju iu obliku talasnog fenomena iu obliku entiteta čestice. Ovo je suprotno klasičnoj fizici gdje se, na primjer, svjetlost opisuje isključivo kao val, a elektron isključivo kao čestica.

Ovo potpuno neočekivano svojstvo naziva se "dualizam val-čestica". Činjenica da je ovo svojstvo bilo nepoznato je razlog neuspjeha svih klasičnih teorija o funkcionisanju atoma koje su ranije bile razvijene. Odlučujuća karakteristika kvantne fizike je princip komplementarnost, prema kojoj se dva aspekta, talas i čestica, ne mogu posmatrati istovremeno tokom istog eksperimenta. Ovaj koncept je formalizovan u Hajzenbergovom principu nesigurnosti. Heisenberg utvrđuje da nije moguće meriti svojstva istovremeno i sa izuzetnom preciznošću koja definišu stanje elementarne čestice. Ako bismo, na primjer, mogli odrediti njen položaj s apsolutnom preciznošću, imali bismo maksimalnu nesigurnost u pogledu njene brzine.

Pojava kvantne fizike izazvala je zbunjenost i previranja u naučnoj zajednici koja je dovela u pitanje i revolucionirala temelje svoje koncepcije svijeta.

Sam Einstein, kada je postao svjestan nove stvarnosti kvantne fizike, nazvao ju je "zlokobnom akcijom na daljinu".

Kako je objavljeno u knjizi "Albert Ajnštajn naučnik i filozof", Ajnštajn je u svom dnevniku napisao sledeće:

> “Svi moji pokušaji da teorijske osnove fizike uklopim u ove pretpostavke su propali. Kao da smo izgubili tlo pod nogama, a nigdje se nije nazirala čvrsta tačka na kojoj bismo mogli graditi”.

Otkrića kvantne fizike zahtijevala su reviziju fundamentalnih koncepata kao što su materija, vrijeme, prostor i uzročnoposledični odnosi, što je sve bitno za razumijevanje svijeta kakvog ga percipiramo. Zasigurno je potreba da se oni modificiraju proizvela duboke kulturne krize u naučnoj zajednici. Čak ni danas nije moguće u potpunosti definisati šta je tačna vizija fizičke stvarnosti, ako ne ispitujući je odvojeno na različitim nivoima: onom srednjih dimenzija, odnosno našeg osetljivog nivoa, i onom subatomskih dimenzija.

Eksperiment sa dvostrukim prorezom.

Dostignuća moderne fizike su izazvala značajna promjena u našoj naučnoj slici svijeta: uzdrmali su apsolutnu valjanost prirodnih zakona i transformisali je u relativnu valjanost. Prirodni zakoni su statističke istine, odnosno oni, da tako kažem, u potpunosti vrijede samo kada se radi o makrofizičkim veličinama. U sferi minimalnih količina, s druge strane, predviđanje šta će se dogoditi postaje neizvjesno i nemoguće, budući da se vrlo male količine više ne ponašaju u skladu sa poznatim prirodnim zakonima.

(Carl Gustav Jung)

Jedan od najpoznatijih eksperimenata u kvantnoj fizici (vjerovatno najpoznatiji ikada) pomoći će nam da bolje razumijemo prirodu elementarnih čestica. Eksperiment zasniva svoju važnost na njegovom drevnom porijeklu: prvu verziju je prije više od dva stoljeća, 1801. godine, napravio Thomas Young. Nakon toga, eksperiment je zadržao svoje dostojanstvo što ga je učinilo aktuelnim u mnogim kasnijim repropozicijama. Naravno, eksperiment je ažuriran kako je tehnologija omogućila novije verzije. Trenutno predstavlja jedan od glavnih ključeva za razumijevanje kvantne fizike i srodnih fenomena, uključujući isprepletenost. Stoga ću pokušati da ilustrujem ovaj eksperiment kako bih ga učinio lakšim asimilobilnim za čitaoca koji nije specijalista; u tom pogledu ću izbjegavati matematičke formule.

Eksperiment nije konceptualno komplikovan i ja ću predložiti primjer koji, vjerujem, može razumjeti svako ko je, kao dječak, uživao u bacanju kamenja na mete svih vrsta, ili u bacanju u vodu da bi vidio tipične koncentrične krugove.

Podigni ruku ko nikad nije bacio kamen. Svako ko je bacio kamenje, čak i ako više nije mlad, treba da se pripremi da baci još.

Igra se sastoji u postavljanju čvrste barijere ispred nas u kojoj ćemo napraviti rupu ili prorez. Pukotina je dovoljno velika da kroz nju prođe kamen bačen u njenom pravcu. Odmah iza barijere postavljamo vrlo tanak lim. U ovom primjeru, kada kamen prođe kroz rupu, on udari u lim i udubi ga, ostavljajući trag udarca.

Slika 32 Thomas Young (Milverton, 13. jun 1773. - London, 10. maj 1829.) je bio britanski naučnik, poznat po svojim istraživanjima svjetlosti i mehanike čvrstih tijela, te po doprinosu fiziologiji i egiptologiji.

Slika 33. Werner Karl Heisenberg (Würzburg, 5. decembar 1901. - Minhen, 1. februar 1976.) je bio njemački fizičar. Bio je jedan od glavnih arhitekata kvantne mehanike, poznat po tome što je izložio princip nesigurnosti 1927. Dobio je Nobelovu nagradu za fiziku 1932. godine.

U ovom trenutku eksperiment se može izvesti, kao što je prikazano na slici 34. Stanimo nekoliko metara dalje i bacimo onoliko kamenja koliko želimo pokušavajući da ih natjeramo da prođu kroz prorez. Mi ćemo uzeti u obzir samo kamenje koje prođe kroz pukotinu i udari u prijemni ekran, a zanemarićemo one koje promaše i koje barijera odbija.

Svaki kamen koji udari u ekran prijemnika proizvodi jedno udubljenje (sl. 34-1).

Ako otvorimo drugi prorez u barijeri (sl. 34-2), uspješna lansiranja će proći kroz jedan ili drugi prorez i proizvesti udubljenja na ekranu prijemnika u skladu sa ukrštenim prorezom.

Ukratko, u ovom dijelu eksperimenta možemo razumjeti da su barijeru prešli pojedinačni čvrsti projektili jednostavnim posmatranjem udubljenja na ekranu prijemnika. Sada možemo prijeći na drugi dio našeg eksperimenta. Uređaj, odnosno barijeru sa prorezom i ekranom prijemnika, potopićemo u posudu sa vodom, tako da prorez bude polupotopljen, kao na slici 35.

Ovaj put nećemo baciti kamen direktno na pukotinu, već u vodu na nekoj udaljenosti ispred barijere. Kamen će proizvesti tipične krugove vode koje svi poznajemo. Ovi krugovi će se širiti prema barijeri, proći kroz prorez i ponovo izaći na suprotnu stranu formirajući nove propagacijske valove koji će biti blokirani prijemnim ekranom

Sada zamislimo da otvorimo drugi prorez i bacimo još jedan kamen, kao na slici 35.

Krugovi vode stvoreni jednim kamenom, koji se širi ispred barijere, preći će obje pukotine. Izbijanje na poleđini barijere s dvije rupe će proizvesti dva nova kruga vode. Ovi krugovi, koji se i dalje šire, ometat će jedni druge i zbrajati se.

Iz do sada rečenog možemo izvući nekoliko jednostavnih zaključaka:

- Ako bacamo projektile prema barijeri sa dva proreza, projektili prolaze kroz jedan ili drugi prorez. To možemo provjeriti gledajući udubljenja na ekranu prijemnika.
- Ako bacimo kamen u vodu prema barijeri sa dva proreza, proizvodimo grupu krugova vode. Ovi krugovi prolaze kroz obje pukotine i proizvode dva nova seta vodenih krugova na stražnjoj strani barijere. Ove dvije grupe će se spojiti i proizvesti uzorak interferencije.

Tako smo vidjeli razliku između bacanja kamena i bacanja vala: stvaraju se udubljenja pri bacanju kamena, dok umjesto toga talasi širenja bacanja proizvode interferenčne obrasce.

Kada je nauka htela da shvati da li je svetlost napravljena od čestica ili talasa, neko je zamislio da baca "bleskove svetlosti" prema uređaju kao što je upravo opisana. Eksperiment je imao tendenciju da provjeri kakvi će se efekti proizvoditi na ekranu prijemnika, "udubljenja" ili "smetnje".

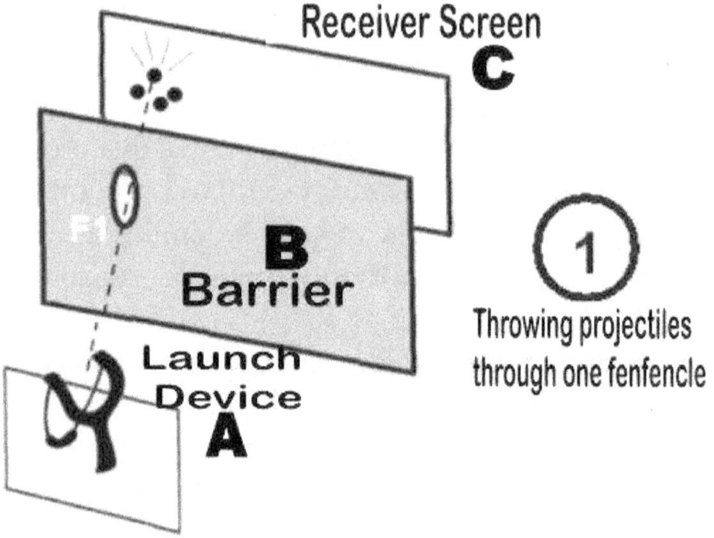
Receiver Screen
C
F1
B
Barrier
1
Throwing projectiles
through one fenfencle
Launch
Device
A

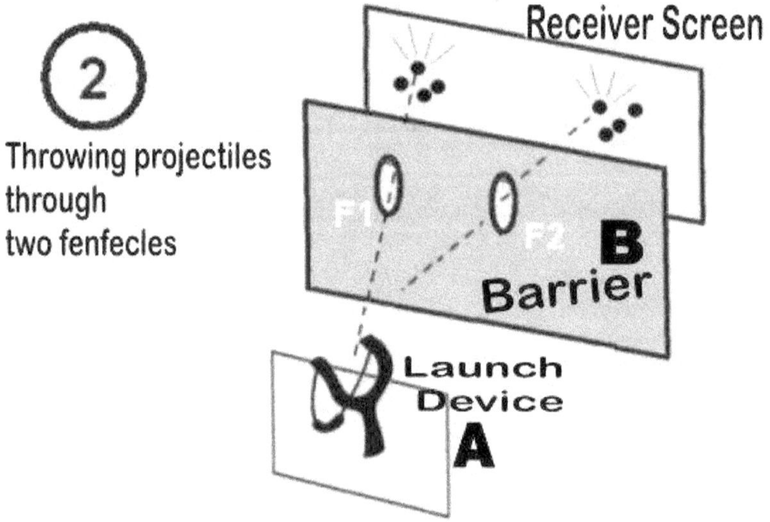
2
Throwing projectiles
through
two fenfecles
Receiver Screen
F1
F2
B
Barrier
Launch
Device
A

Slika 34 - Simulacija eksperimenta sa dvostrukim prorezom. 1) Bacanje projektila kroz pukotinu. 2) Bacanje projektila kroz dva proreza.

1) Bacanje je kroz barijeru sa procjepom.

A. Launcher

B. barijera

C. Ekran prijemnika

2) Bacanje je kroz barijeru sa dva proreza.

A. Launcher

B. Barijera

C. Ekran prijemnika.

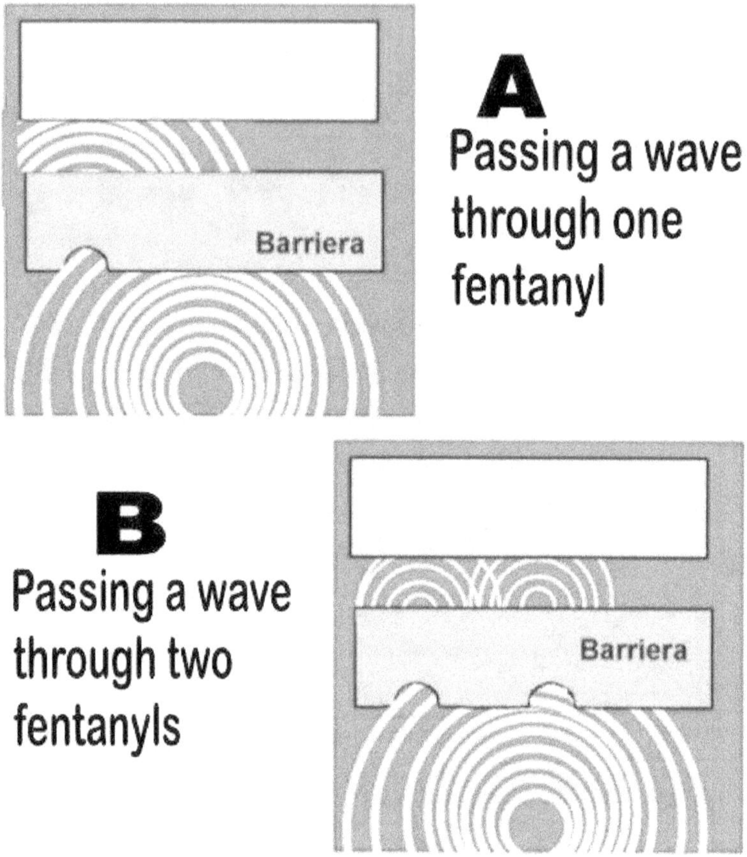

Slika 35 – Prolazeći kroz dva proreza, val proizvodi dva poluvala koji se, kako se ukrštaju, sabiraju.

A) Prolazak vodenog talasa kroz jedan otvor.

B) Efekat superpozicije koji se javlja kada talas pređe dva proreza.

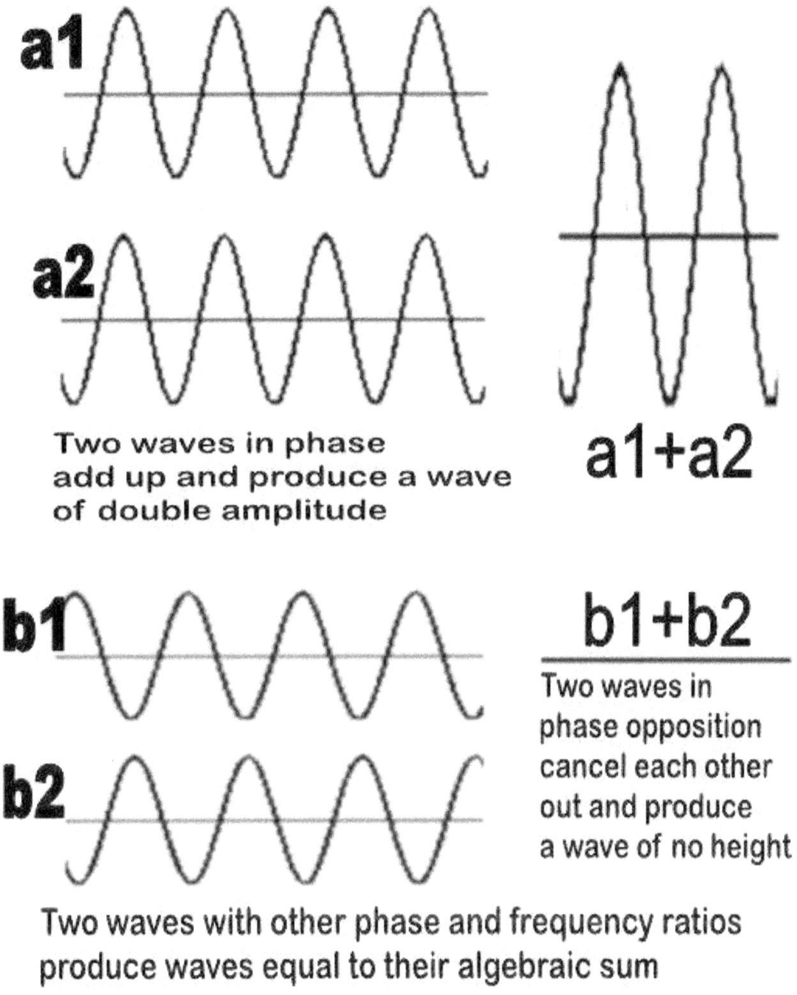
a1
a2
a1+a2
Two waves in phase
add up and produce a wave
of double amplitude
b1
b2
b1+b2
Two waves in
phase opposition
cancel each other
out and produce
a wave of no height
Two waves with other phase and frequency ratios
produce waves equal to their algebraic sum

Slika 36 - Zbir talasa različitih amplituda, frekvencija i faza

A) Dva talasa a1-a2 su u fazi. Njihove amplitude se zbrajaju i proizvode talas a1+a2 dvostruke amplitude.

B) Dva talasa b1-b2 su u faznoj opoziciji. Njihove amplitude se zbrajaju i daju negativan rezultat, b1+b2 val nulte amplitude.

Ako dva talasa nisu baš u fazi ili u faznoj opoziciji, oni proizvode talas jednak njihovom algebarskom sumi.

Thomas Young

Thomas Young je bio britanski naučnik, poznat po svojim istraživanjima svjetlosti i mehanike čvrstih tijela, ali i po doprinosu egiptologiji. Rođen je u Milvertonu 13. juna 1773. i umro u Londonu 1829. godine.

Bio je prvi od desetoro braće i sestara u porodici kvekera. Opisuju ga kao čudo od djeteta, a on je to svakako bio. Zaista, sa dvije godine već je znao čitati. Sa šest godina već je savladao latinski i dvaput je pročitao cijelu Bibliju. Ubrzo je naučio i druge jezike i sa četrnaest godina znao je, pored grčkog, francuskog, italijanskog i hebrejskog, i mnoge orijentalne jezike kao što su kaldejski, sirijski, samaritanski, arapski, perzijski i turski.

Young je diplomirao fiziku 1796. u Getingenu, a 1799. je počeo da radi kao lekar u ordinaciji u ulici Welbeck u Londonu. Ploča na vratima i danas obilježava tu saradnju. U međuvremenu je anonimno objavljivao svoje naučne radove jer se plašio reperkusija na njegovu reputaciju kao doktora.

Godine 1802. Young se pridružio Vijeću Kraljevskog društva, čiji je član bio od 1794. godine.

U fizici Young je poznat po svojim radovima iz oblasti optike, jer je bio autor istraživanja o dualizmu talas-čestica. Youngu treba pripisati i otkriće fenomena interferencije u svjetlosti. U stvari, 1801. godine osmislio je eksperiment sa dvostrukim prorezom.

Dijatribu o prirodi svjetlosti započeo je Newton koji je vjerovao da je ona korpuskularne prirode.Kasnije je ova hipoteza osporena, pa je Young 1801. osmislio i izveo svoj čuveni eksperiment.

Young je poslao snopove svjetlosti prema barijeri u kojoj su bile izbušene dvije rupe. Na ekranu prijemnika koji je postavljen iza barijere, dobio je uzorak interferencije. Tako je Young zaključio da su barijeru prešli talasi, a ne čestice, i potvrdio talasnu prirodu svetlosti. Ali da li je svetlost zaista talas?

Evolucija eksperimenta s dvostrukim prorezom.

Početkom dvadesetog veka počele su da se rađaju sumnje koje su unele Plankove studije o crnim tijelima i nekim aspektima koje je Ajnštajn istakao u vezi sa ponašanjem fotona, koji je veoma ličio na česticu ako se proučava u fotoelektričnom efektu. .

Godine 1916. Amerikanac Robert Millikan je postavio hipotezu o postojanju fotona kao čestice, što je kasnije potvrđeno otkrićem Comptonovog efekta 1922. godine.

To je stvorilo veliki problem u fizici, jer se činilo da svjetlost posjeduje tajanstvenu dualnost zbog koje se pojavljuje kao val ili kao čestica u raznim eksperimentima različitih vrsta.

Godine 1924. francuski fizičar i matematičar Louis de Broglie formulirao je hipotezu da ne samo fotoni, već sva materijalna tijela, a posebno sve čestice, također posjeduju tipična fizička svojstva valova. Ova hipoteza ubrzo je našla eksperimentalnu potvrdu i dala osnovni impuls razvoju kvantne mehanike. Eksperimentalni dokaz dualnosti talas-čestica dobili su 1927. Clinton Davisson i Lester Germer, u Bell Laboratories u Murray Hillu, u državi New Jersey u Sjedinjenim Američkim Državama. Ovi naučnici su ispalili snop elektrona na kristal nikla i posmatrali uzorke difrakcije. Ovo je omogućilo korištenje snopa čestica za izvođenje eksperimenata interferencije s dva proreza, baš kao što je to učinio Young.

Moderna verzija eksperimenta s dvostrukim prorezom

Eksperiment sa dvostrukim prorezom je prvi put izveden u modernom obliku koristeći elektrone 1961. godine, od strane Clausa Jönssona na Univerzitetu u Tübingenu, Baden-Württemberg u Njemačkoj. Zatim su ga 1974. godine na Institutu LAMEL CNR-a u Bolonji ponovili Pier Giorgio Merli iz LAMEL-a i Gian Franco Missiroli i Giulio Pozzi, obojica sa Odsjeka za fiziku Univerziteta u Bologni.

Institut LAMEL je imao najsavremeniji mikroskop, Siemens Eliskop 101, koji je kalibrisan i prilagođen za rad u režimu interferentne elektronske mikroskopije.

Mikroskop se koristio i kao interferometar i kao izvor elektrona koji su jedan po jedan prolazili kroz dvostruku elektronsku prizmu, a zatim slali prema fotografskoj ploči.

Opis eksperimenta zasnovanog na lansiranju jednog fotona

Sada želimo detaljno razmotriti eksperiment u njegovoj klasičnoj modernoj verziji, zasnovanoj na korištenju pojedinačnih fotona ili kvanta svjetlosti. Zamislimo stoga uređaj sposoban da lansira pojedinačne fotone jedan po jedan, barijeru sa jednim ili dva proreza i ekranom iza nje. Stražnji ekran se sastoji od mračne sobe u kojoj se nalazi fotografski film. Film će biti "obilježen" fotonima koji ga udare, budući da su fotoni elementi koji nose svjetlost.

Uređaj u konfiguraciji sa jednim prorezom prikazan je na slici 37. Fotoni koje barijera odbacuje ne uzimaju se u obzir. Fotoni koji prolaze kroz prorez označavaju tačku na fotografskom filmu, što je jasan znak da su se ponašali kao čestice. Za sada ništa izvanredno; fotoni se ponašaju kao naše kamenje, a eksperiment sugerira da su fotoni čestice.

Slika 38 ilustruje lansiranje jednog fotona prema barijeri sa dva proreza. Znak pitanja simbolizira pitanje: kroz koji prorez će foton proći?

Odgovor je jasno očigledan na slici 39: jedan foton je prošao kroz oba proreza.

Zaista, ispred jednog proreza foton se ponaša kao čestica, dok se ispred dva proreza ponaša kao talas i prelazi oba.

U prvom slučaju povratnu informaciju daju pojedinačne svijetle tačke koje se pojavljuju na fotografskom filmu. U drugom slučaju na ovome se pojavljuju tamne i svijetle trake, odnosno interferencijska figura koju daje val koji je prešao oba proreza stvarajući dva izlazna vala. Iza barijere dva talasa interferiraju i algebarski se zbrajaju. Tamne ili svijetle trake predstavljaju rezultat (sl. 39).

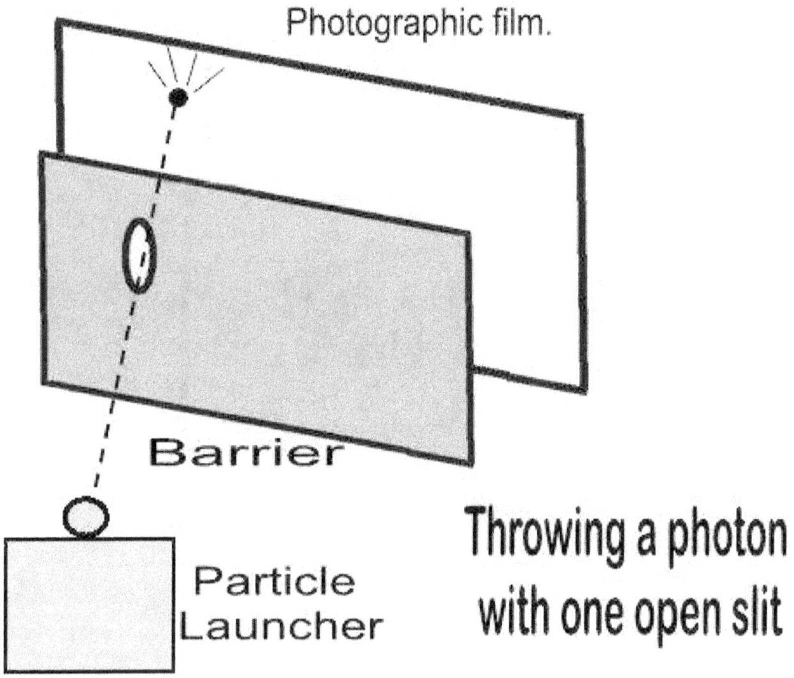

Slika 37 - Lansiranje jednog fotona prema barijeri sa prorezom. Foton prolazi kroz prorez i utiče na tačku na zadnjoj fotografskoj ploči. Dakle, foton se ponaša kao čestica.

A) Uređaj za bacanje.

B) Pregrada sa fisurom.

C) fotografski film.

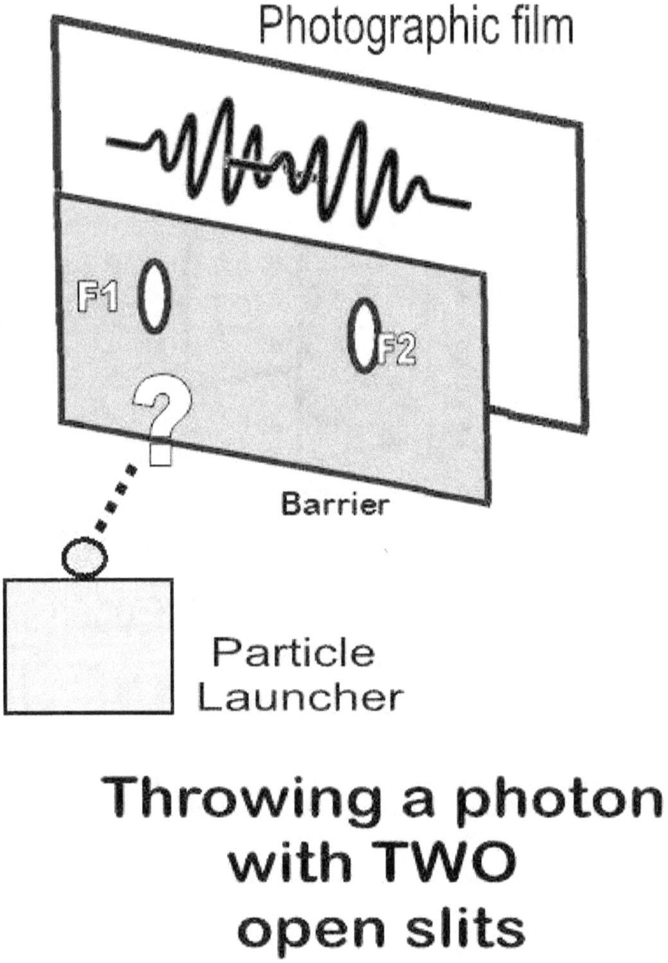

Slika 38 – Kada bismo jedan foton lansirali prema barijeri sa dva proreza, ovaj bi, kao čestica, prošao samo jedan, dok bi umjesto toga, kao talas, prošao kroz oba.
A) Uređaj za bacanje.
B) Pregrada sa dva otvora.
C) fotografski film.

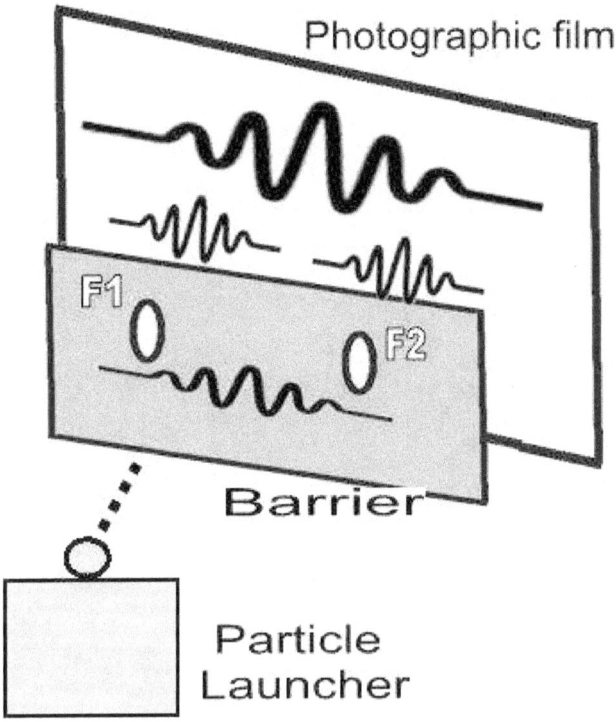

Throwing a photon
with two open slits.
The photon behaves like a wave

Slika 39 – U stvari, jedan foton, ako je suočen sa samo jednim prorezom, ponaša se kao čestica; ako ima dva ispred sebe, ponaša se kao talas.

A) Launcher .

B) Pregrada sa jednim otvorom.

C) fotografski film.

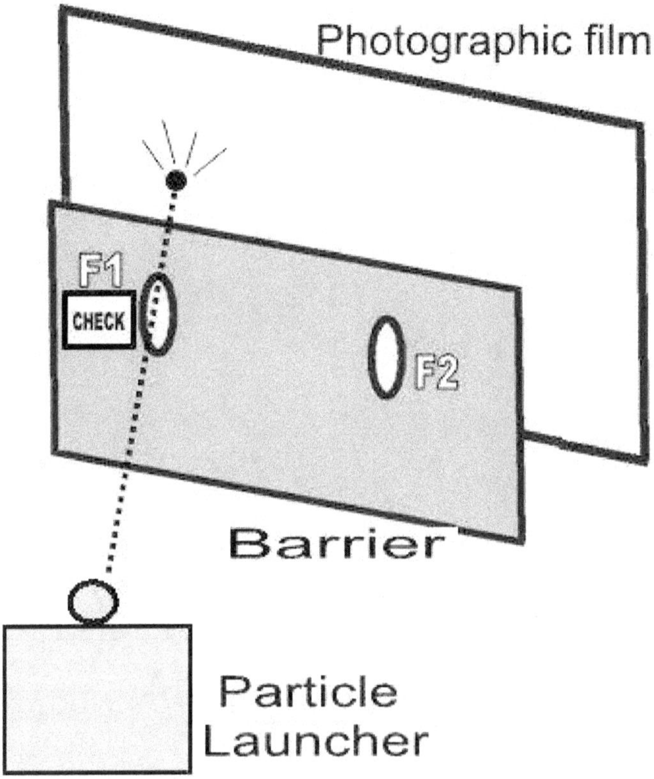

Launch of a photon with
CONTROL DEVICE.
The photon behaves like a particle

Slika 40 – Ako bacimo foton na barijeru sa dva proreza, od kojih je jedan opremljen kontrolnim uređajem za provjeru prolaska fotona, tada naš foton bira kontrolirani prorez i ponaša se kao čestica.

A) Uređaj za bacanje.

B) Pregrada sa jednim otvorom.

C) fotografski film.

CHECK) Provjera uređaja.

Prvo razmatranje koje se može uzeti je da se fotoni (ali ne samo, svojstvo je zajedničko svim elementarnim česticama) ponašaju, ovisno o slučaju, poput čestica ili poput valova. Ovo se čini našim alatima. Očigledno, čestice su i čestice i valovi u isto vrijeme.

Ovo omogućava da jedan foton prođe kroz oba proreza istovremeno.

Ali iznenađenjima još nije kraj. Zamislimo da eksperimentator odluči provjeriti kako foton prolazi kroz prorez, polazeći od principa da je foton čestica i negdje mora proći.

Stoga, eksperimentator postavlja instrument odmah iza jednog od dva proreza. (slika 40).

Pa, u ovom slučaju, kada je prolazak fotona kontrolisan instrumentom, dešava se nešto neverovatno, skoro kao da je foton odbio da sarađuje. Iako postoje dva otvorena proreza, foton prolazi samo kroz onaj koji je opremljen instrumentom i ostavlja tačku na zadnjem ekranu. Ako se prate oba proreza, on prolazi samo kroz jedan dok se i dalje ponaša kao čestica. Ali ako izvadite alate, vraća se na ponašanje kao talas.

U praksi, foton izaziva eksperimentatora dokazujući mu da je to za njega nerešiva misterija.

Leon Max Lederman, američki fizičar, piše u svojoj knjizi "Kvantna fizika za pjesnike" sljedeće:

> “Čini se da jedan elektron, kao magijom, prolazi kroz dva proreza u isto vrijeme ako ga niko ne opazi, pri čemu bira mogući put ako ga neko ili nešto pogleda! To je moguće jer elektroni nisu ni čestice ni valovi: oni su nešto drugo, potpuno novo. Čestice su "kvantna stanja".

Mora se reći da su eksperimenti, u početku ograničeni na elementarne čestice, zatim izvedeni i na složenim tijelima. Na Univerzitetu u Beču, Anton Zeilinger i njegove kolege koristili su "bucky balls" u eksperimentiranju. To su molekuli sastavljeni od šezdeset ili više atoma ugljika koji su sastavljeni da formiraju strukturu koja liči na geodetsku kupolu; ovaj aranžman je proslavio američki arhitekta Richard Buckminster i dobio je ime po njemu. Očigledno, molekul koji se sastoji od šezdeset atoma postaje gigantska struktura u poređenju sa jednim fotonom. Ipak, u eksperimentu sa dvostrukim prorezom, koristeći "bucky balls" umjesto fotona, dobijeni su isti rezultati.

Time je dokazano da molekul materije može proizvesti talasne fenomene poput čestice energije. Takođe, ovi molekuli materije stoga imaju dar dvostrukog prisustva, to jest, prolazeći kroz oba proreza, imaju sposobnost da se nađu istovremeno na dva različita mjesta.

Da li je moguće prisustvo na dva različita mjesta?

Hoće li u budućnosti biti moguće izvesti eksperiment na složenijim tijelima, sastavljenim od milijardi molekula, kakvo bi moglo biti ljudsko tijelo? U ovom slučaju, postojala bi naučna potvrda kontroverznih fenomena kao što su udvostručenje, astralna projekcija, putovanje izvan tijela ili bilokacija, odnosno sva izvantjelesna iskustva, poznata i pod akronimom OBE.

Potonji fenomen je poznat pod engleskim izrazom "vantjelesno iskustvo".

Sve su to iskustva, čije je tumačenje i dalje kontroverzno, u kojima osoba opaža da "izađe" iz svog fizičkog tijela, odnosno da projektuje vlastitu svijest izvan granica tijela. Ova iskustva pripadaju području parapsiholoških disciplina, koje nisu priznate u naučnom i akademskom svijetu, ali su prisutne u mnogim kulturama, kako zapadnim tako i istočnim.

Fenomen bilokacije je dio vedske i budističke tradicije dugi niz stoljeća. Očigledno, ova kultura bi mogla prenijeti, subjektima s određenim sklonostima, temelje filozofskog i duhovnog znanja kako bi im omogućila da kroz dugu obuku steknu sposobnost bilokacije.

Poznati indijski filozof Paramahansa Yogananda svedoči u svojim knjigama, veoma detaljno, o epizodama koje se tiču i sebe.

Robert Allan Monroe je američki pisac, osnivač 1978. istoimenog instituta "za istraživanje ljudske svijesti". U svojoj knjizi "Moja putovanja izvan tijela" opisuje orijentalne discipline i preporučuje korisne tehnike za olakšavanje ove sposobnosti. .

U kršćanstvu postoje mnoga hagiografska svjedočanstva o bilokaciji koja se tiču, između ostalih, svetog Antuna Padovanskog, svetog Franju Asiškog, svetog Alphonsusa Mariju de' Liguorija, svetog Josipa od Kupertina, svetog Franju od Paole i svetog Ivana Bosca.

Prekognitivne sposobnosti subatomskih čestica.

Iz eksperimenta sa dvostrukim prorezom možemo izvući zaključke koji začuđuju i najiskusnije fizičare, a koji se vjerovatno više odnose na filozofiju fizike nego na samu fiziku.

Zamislimo na trenutak da foton ima sopstvenu savest i da je u stanju da "odluči" o svom ponašanju u različitim situacijama u kojima se nalazi.

U praksi se pitamo: kada se foton lansira prema barijeri, kako on zna da li će barijera imati jedan ili dva otvorena proreza?

Jer, u stvari, foton bi trebao znati koliko proreza ima ispred sebe tek nakon što pređe barijeru, međutim, očigledno, foton to prvi zna. Zaista, foton odlučuje da se suoči sa barijerom u obliku čestice ili u obliku talasa, pre nego što je pređe.

Ne samo; foton zna, prije nego što prođe kroz rupu, da li je ova rupa praćena instrumentom koji može provjeriti njen prolazak. Foton zna koju od dve rupe prati instrument, pre nego što prođe kroz nju. U vrlo kratkim trenucima svog postojanja između trenutka kada je lansiran i trenutka kada naiđe na barijeru, foton stiče znanje o tome šta ga čeka. On zna da li će pronaći pukotinu ili dvije i da li se prate ili ne.

Budući da foton nema ni um ni svijest, moramo se zapitati odakle dolazi njegova sposobnost da "zna unaprijed" šta ga čeka u njegovoj neposrednoj budućnosti. Provokativan naslov ovog poglavlja, o predkognitivnim sposobnostima fotona, sugerirao bi da one zaista postoje.

Vjerovatno da. Foton "zna" jer prima znanje, zaista, dio je univerzalne mudrosti. Foton je dio znanja koje povezuje cijeli kosmos. Foton zna jer cijeli kosmos zna, a ovo znanje nema ograničenja u vremenu, prostoru ili veličini.

Čestica ne "zna prije", ona zna jer je dio znanja.

Foton "zna" jer je dio univerzalne kosmičke mudrosti postavljene izvan svih granica i izvan svake obaveze određene materijom. Njegovo znanje je informacija i inteligencija na čistom psihičkom ili duhovnom nivou. Taj pojedinačni foton, kao i svaka druga čestica u svemiru, ne "predviđa budućnost", već je dio nje.

Onda se postavlja još jedno pitanje: zašto mi ljudi, koji smo u osnovi sazdani od čestica, ne posjedujemo isto znanje?

Naravno, sve čestice koje čine naše tijelo posjeduju ovo znanje, svaka pojedinačno; mi, smatrani zbirom beskonačnog broja čestica, treba da posedujemo agregatno znanje, zbir znanja svih naših čestica.

Postoji velika razlika između jedne čestice i skupa čestica kakav jesmo. Prvo, čestice su članovi univerzalnog znanja bez ikakvog posredovanja. Čestice su direktno dio toga. Umjesto toga, na naše tijelo, kao agregat čestica, djeluju moćni posrednici koji, u stvari, postaju separatori.

Ovi negativni posrednici zajedno imaju ime 'ja'. Naša svijest i naša ličnost vrše funkciju separatora ka kosmičkom znanju. Zaista, dok su čestice skromni članovi koji se pokorno pridržavaju ovog znanja, mi sebe stavljamo u centar svemira. Sve što nas okružuje, ono što se dešava oko nas, sećanja na prošlost i očekivanja od budućnosti apsolutno su usredsređeni na naš lični kosmos.

To nas čini odlučno neposlušnim i nedovoljno propusnim u odnosu na znanje koje uopće nije usredotočeno na nas same.

Razmišljanja slična ovim instinktivno prizivaju užasan krik Lucifera izbačenog iz prisustva Boga: "Neću ti služiti!". Možda smo mi sami pali anđeli, jer zaista ne želimo da služimo ničemu drugom osim svom egu i to nas uranja u egzistencijalnu samoću sačinjenu od sebičnosti i samoreferentnosti.

Slično, biblijski mit o Adamu i Evi govori o protjerivanju iz Edena zbog neposlušnosti. Bog je zasadio voćnjak od kojeg je par mogao imati punu korist, s jednim izuzetkom:

> «Sa svakog drveta u bašti moći ćete jesti; ali sa Drveta poznanja dobra i zla nećete jesti; jer onog dana kada ga pojedete sigurno ćete umrijeti."

Znanje o dobru i zlu pretvara Adama i Evu u subjekte sposobne da formulišu sudove, ali je ta sposobnost, nažalost, ukaljana ambicijom želje da budemo slični Bogu.

Uprkos tome, postoje mnogi aspekti koji nas drže povezanim, iako slabo, sa "kosmičkim znanjem". Iako nam je ovo znanje uskraćeno, mi posjedujemo mrvice svijesti o njegovom postojanju. Prije svega, naslućujemo prisutnost superiornije od nas samih, koju intuitivno slutimo i ponekad osjećamo potrebu, kao što bi to moglo biti zbog sjećanja na daleke ili nestale roditelje. U našim mislima mistično lebdi sjenka nepoznatog roditelja od kojeg se osjećamo zagrljeni. Ova senka nas fascinira.

To je osjećaj koji mnogi nazivaju "čežnjom za Bogom". To je nostalgija koja dolazi izdaleka, izazvana događajima koji često nisu dio našeg životnog iskustva; to je nostalgija koja se povlači iz sjećanja prije našeg fizičkog postojanja.

Zatim tu su ekstrasenzorne percepcije, odnosno ti bljeskovi svjetlosti koji povremeno obasjavaju i čine put koji nas spaja sa kosmičkim znanjem izvodljivim. Naše nesvesno uspeva da se poveže sa kolektivnim nesvesnim i, iako mukotrpno, bljeskovi znanja teku iz univerzalne svesti u našu individualnu svest. Kada se to dogodi, mi "znamo i vidimo", na nekoliko kratkih trenutaka, stvari koje, zbog našeg stanja robova vezanih za materiju, inače ne vidimo. .

Ali najkonkretniju vezu s mudrošću kosmosa nalazimo u sinkronicitetima. Sinkroniciteti se manifestiraju u našem postojanju, ali su često praćeni našom ravnodušnošću. Uprkos tome što smo potonuli u naš ponor palih anđela, ruka se pruža prema nama da nas podigne iz jame i vodi prema duhovnom i kulturnom evolucijskom iskupljenju. Sinkroniciteti su dokaz da nas "Znanje" ne smatra vječno prokletima i u nama vidi onog evanđeoskog rasipnog sina kojeg po povratku otac ne odbacuje, već ga radosno dočekuje.

Atomi i njihov najnoviji prikaz.

U klasičnom prikazu atoma, elektron ima dobro definiranu količinu energije, sposobnu da je zadrži u određenoj orbiti. Ova energija se naziva "energetski nivo orbite". Posljedično, orbita predstavlja putanju kojom se elektron kreće oko jezgra, dok nivo energije predstavlja količinu energije dovoljnu da ga zadrži u toj orbiti.

Kao što smo videli, kvantna mehanika je u stanju da opiše ponašanje veoma malih čestica, kao što su elektroni, a takođe smo videli da se pravila klasične fizike ne primenjuju na te čestice. U kvantnu viziju uveden je novi, složeniji atomski model, u kojem više ne govorimo o "Orbiti" već o "Orbitalnom oblaku".

"Orbita" i "Orbitalni oblak"

Kvantna mehanika je opširno pokazala da nije moguće definirati putanju elektrona, stoga termin "Orbita" nije prikladan. Neophodno je napustiti koncept orbite koju putuje elektron i zamijeniti ga konceptom "Orbitalnog oblaka", također definiranog kao "oblak vjerovatnoće". To se događa zato što ne možemo sa sigurnošću utvrditi koji je položaj elektrona unutar atoma u datom ili sljedećem trenutku. Putem komplikovanih matematičkih funkcija moguće je dobiti informaciju o položaju elektrona, ali samo u smislu vjerovatnoće njegovog prisustva u određenom prostoru oko jezgra (sl. 41).

Drugim riječima, dok je "Orbita" definirana putanja, "Orbitalni oblak" je matematička funkcija koja nam omogućava da ustanovimo gdje je najvjerovatnije pronaći elektron u prostoru oko atoma.

Sve je to direktna posljedica fundamentalnog principa kvantne mehanike koji je otkrio njemački fizičar Werner Heisenberg „Princip nesigurnosti“ ili „Hajzenbergov princip“, prema kojem nije moguće istovremeno znati položaj i brzinu elektrona. Ovo potvrđuje posebnost ponašanja elementarnih čestica u poređenju sa ponašanjem tijela na makroskopskom nivou, odnosno na nivou naših dimenzija i našeg iskustva.

Na našem nivou, zapravo, moguće je izračunati putanju i brzinu kamena s izuzetnom preciznošću čak i prije nego što ga bacite, baš kao što se izračunava putanja nebeskih tijela ili itinerar putovanja svemirskih satelita. Na subatomskom nivou, međutim, ova sposobnost postaje nemoguća. Hajzenbergov princip još jednom uspostavlja misterioznu raznolikost ponašanja čestica.

Što se tiče ne samo elektrona već i bilo koje druge elementarne čestice, možemo definirati samo određeni prostor prostora u kojem bi se čestica mogla naći; upravo se ovo područje prostora naziva "Orbitalni oblak", a određeno je energijom koju čestica posjeduje.

Možemo zamisliti "Orbitalni oblak" kao kompromis između odbijanja različitih elektrona između njih i privlačnosti koju vrši jezgro. Stoga, što atom ima više protona i elektrona, situacija unutrašnjih odnosa privlačenja i odbijanja postaje složenija; atom postaje stršljenovo gnijezdo u kojem se ose kreću nezamislivom brzinom duž vjerojatnosnih orbitala.

Pod ovim uslovima, jedini način da se vrlo približno zna gde se elektron nalazi i koliko se brzo kreće jeste da ga tretiramo kao talas; elektron će biti u bilo kojoj tački X talasa koji ga opisuje. Ovaj princip je definiran matematičkom funkcijom, "talasnom funkcijom", konceptom koji je razvio austrijski fizičar i matematičar Erwin Schrödinger.

Ova funkcija, zapravo, ne definira precizne koordinate elektrona, već ograničava volumen prostora unutar kojeg se on može naći s većom vjerovatnoćom.

Danas znamo da se kvantni zakoni mogu primijeniti ne samo na elektron, već i na čestice prisutne u jezgri atoma, protona i neutrona.

Dinamička interpretacija atoma.

Ono što je do sada rečeno pruža mnogo dinamičniji pogled na atom od klasičnog. Zaista, posmatrajući elektron kao česticu, ne možemo tačno znati gde se nalazi, osim da se nalazi u bilo kojoj tački talasne funkcije koja ga opisuje (slika 41A).

Moderna fizika je zamišljala svemir kao neraskidivu mrežu, unutar koje su odnosi apsolutno dinamični, a ne statični. U kvantnoj mehanici ovaj dinamički aspekt je, ako je moguće, poboljšan i direktna je posljedica valne prirode čestica. Posljedično, svojstva subatomskih čestica mogu se razumjeti samo u kontekstu njihove dinamike.

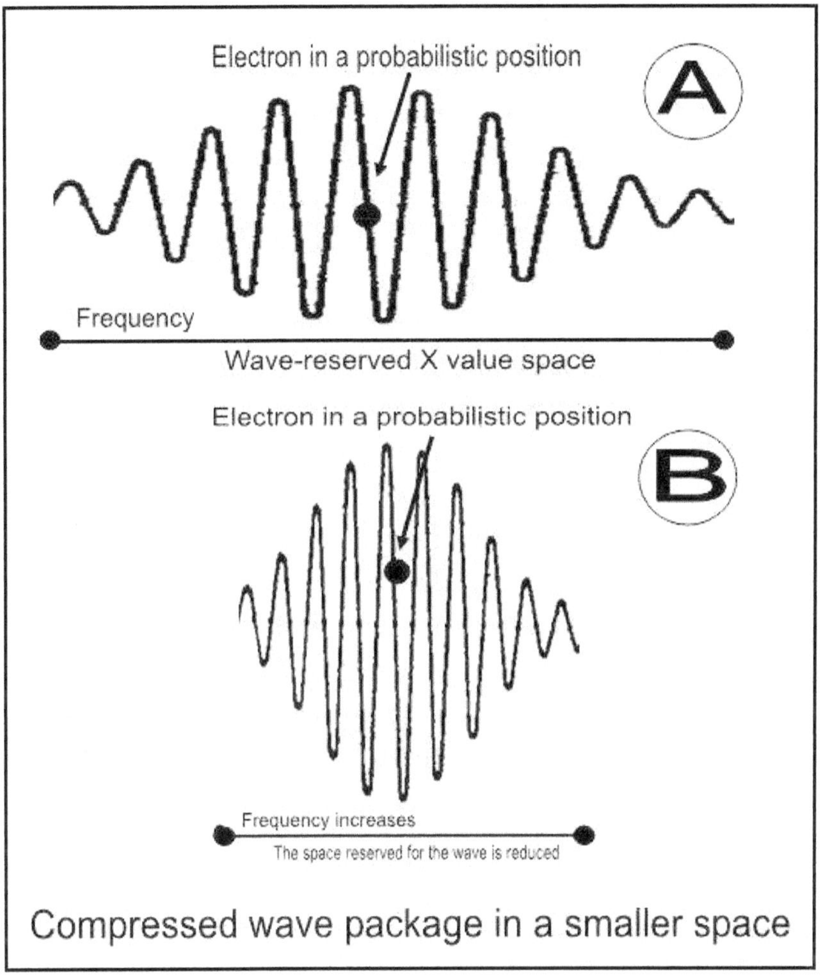

Slika 41 – Sažimanjem prostornog područja talasa povećava se njegova frekvencija, a time i brzina rotacije čestice.
A. U prostoru vrednosti "X" frekvencija talasa ima vrednost "a".
B. U užem prostoru frekvencija talasa ima vrijednost "b", veću od "a "

Činjenica da su čestice i valovi uzrokuje naizgled bizarno ponašanje koje se mora uzeti u obzir. Ako uguramo česticu u dati prostor, ona reagira tako što se kreće u tom prostoru. Protresanje je brže kada je prostor manji.

Ovo svojstvo postaje razumljivo proučavanjem slike 41.

U gornjem delu prikazana je talasna funkcija elektrona, zatvorena u oblast prostora vrednosti X sa elektronom postavljenim u verovatnoj poziciji.

U donjem dijelu slike 41B, ograničavanjem raspoloživog prostora, val vibrira na višoj frekvenciji i to uzrokuje povećanje brzine elektrona. Što je granično područje manje, to će se više povećati kretanje elektrona.

Tendencija čestica da na svako sužavanje prostora reaguju povećanjem svoje brzine stvara stanje uznemirenosti materije, tipično za subatomski svijet.

Uostalom, čak ni u jezgru nema nepokretnosti, zaista, ako je moguće, uznemirenost poprima oblike paroksizmalne egzaltacije. To možemo razumjeti ako uzmemo u obzir da je volumen jezgra trilion puta manji od ukupnog volumena atoma. Zapravo, kao što smo već spomenuli, kada bi jezgro imalo dimenzije od 3-4 milimetra, najudaljeniji elektron bi se rotirao u sfernom volumenu prečnika oko 100 metara. U volumenu prostora tako nevjerovatno malog jezgra nastupaju dvije sile: s jedne strane, odbijanje između protona, koji svi imaju pozitivan električni naboj, teži da "eksplodira" jezgro u svemiru. S druge strane, međutim, dolazi do snažne nuklearne interakcije koja vrši privlačnost između svih čestica sastavljenih od kvarkova. Stoga, jezgro vibrira, u vječnom sukobu sačinjenom od odbijanja i privlačenja, brzinom eksponencijalno uzdignutom njegovim vrlo malim dimenzijama.

Postoje li "stvari" ili postoje događaji?

Budući da su čestice dio većih struktura kao što su molekule i veće nakupine materije, čak i ove veće strukture imaju tendenciju da se kreću u vječnom plesu, tj. prirodno su uzburkane. Kvantna mehanika pokazuje da materija nikada nije inertna, već da je stalno u pokretu. Iako nam se na makroskopskom nivou objekti čine nepokretni i čvrsti, u svojoj intimnoj kompoziciji kipte od frenetičke aktivnosti.

Predmeti naše svakodnevne stvarnosti sastavljeni su od atoma koji se međusobno povezuju kako bi formirali sve molekularne strukture koje poznajemo. Oni vibriraju u skladu sa temperaturom okoline. Elektroni su vezani za atome električnim silama privlačenja i odbijanja koje ih potiskuju prema jezgru uzrokujući vrlo veliku brzinu rotacije. U istoj jezgri protoni i neutroni su svedeni na tako male zapremine da izazivaju njihovo uzbuđenje teško zamislivim brzinama.

Što se dalje ide u proučavanje atoma, to postaje očiglednije da on nije krajnja komponenta materije, čvrsta i kompaktna, kao što je sugerirao Newton, već skup aktivnosti, tj. vibracija zbog čestica. Ali ove čestice su istovremeno valovi u vječnom frenetičnom kretanju u uglavnom praznom prostoru.

Karl Raimund Popper, austrijski filozof i proučavalac metoda pomoću kojih se dolazi do određenih i naučnih saznanja o stvarima, pripisuje metafizici, ako je ispravno shvaćena, funkciju stimulisanja napretka. Popper snažno osporava fizički determinizam, kako sa naučne tačke gledišta, tako i kao pretpostavku totalitarizma. U svom svesku "Ego i njegov mozak" Popper izražava svoja razmišljanja o materijalnom univerzumu na sljedeći način:

"Čvrsta materija se ispostavlja kao visoko koncentrirana energija, koja se može transformirati u druge oblike energije i stoga nešto procesne prirode, budući da se može pretvoriti u druge procese kao što su svjetlost i, naravno, kretanje i toplina. Tada možemo reći da rezultati moderne fizike sugeriraju potrebu da se napusti ideja o supstanciji ili suštini.

Sada (kao što je A. N. Whitehead posebno naglasio) svemir se ne pojavljuje kao skup stvari, već kao skup događaja i procesa u interakciji.

Stoga, moderni fizičar može vrlo dobro reći da fizičke stvari - tijela, materija - imaju atomsku strukturu. Ali atomi zauzvrat imaju strukturu koja se teško može definirati kao "materijalna", a svakako ne "supstancijalna":(...)

U istoriji materijalizma, a posebno atomizma, idealistički filozofi kao što su Berkli i Hjum su sa sumnjom posmatrali stvarnost materije. Ali na materiju su na ovaj način gledali i fizičari kao što je Mach, baš kada se pojavila kvantna teorija.

.

U svojoj teoriji kvantne elektrodinamike, fizičar Richard Feynman citira Heisenbergov princip nesigurnosti. On to tvrdi na osnovu ovog principa. kvantni vakuum, koji se naziva i "polje nulte tačke", prožet je morem fluktuacija. Ove fluktuacije stvaraju parove virtuelnih čestica i antičestica, koje se međusobno anihiliraju u vremenu obrnuto proporcionalnom njihovoj energiji.

Einsteinova poznata formula E=mc2 kaže da su materija i energija konvertibilne jedna u drugu. Stoga energija može imati mnogo oblika: može biti klasično mehanička u dva modaliteta, kinetička ili potencijalna. Takođe, energija može biti hemijska, elektromagnetna, gravitaciona, termička, nuklearna. Svi ovi izrazi energije su komponente iste globalne energije, koja može promijeniti oblik, ali ne može zaobići pravilo da količina uvijek ostaje ista. U svojoj nepromjenjivosti i konvertibilnosti, energija ima ulogu povezivanja svih fizičkih pojava u mrežu transformacija, ali svaka fizička transformacija mora nužno osigurati da količina energije, prije i poslije, ostane ista. Dakle, energija se ne može uništiti već može imati različite oblike. Još bolje, u stalnoj je transformaciji.

Lokalitet i nelokalitet.

Lokalitet definira područje u kojem postoje manifestacije energija i događaja ograničenih zakonima klasične fizike. U lokalnoj stvarnosti postoji "uzročnost" ili "determinizam" (svaki događaj je određen prethodnim događajem); štaviše, sva stvarnost je podložna streli vremena koja se kreće samo napred. U svakom slučaju, nije moguće prekoračiti brzinu svjetlosti. Ovo ograničenje sprječava trenutni prijenos informacija na velike udaljenosti. Treba imati na umu da svaka energija, dok nosi informaciju, trpi smanjenje snage što se dalje udaljava od izvora. Kao primjer možemo navesti šta se dešava sa svjetlom ili zvukom koji postaje sve slabiji kako se udaljenost povećava.

S druge strane, u „nelokalnom“ domenu postoje događaji i manifestacije koje ne podležu tipičnim ograničenjima lokalnog domena: nisu ograničeni ni vremenom ni daljinom. Na nelokalnom nivou ne postoji juče i danas, prije i poslije, već samo "sada i uvijek". Slično u nelokalitetu nema visokog i niskog, bliskog i dalekog, već samo "ovdje i svuda”.

Kvantna zapetljanost.

Entiteti uključeni u "prepletenost", čestice ili fotoni, povezani su jedni s drugima jer su proizvedeni procesom koji ih je povezao na poseban način. Na primjer, dva fotona koje emituje isti atom. Takvi fotoni ili čestice će zauvijek ostati "upleteni", tj. spregnuti. Ako se na jedan od njih nekako djeluje, njegov "blizanac", gdje god da se nalazi u svemiru, također će reagovati trenutno.
(Amir Dan Aczel, izraelski matematičar i fizičar)

Ponašanje materije nalik talasu leži u osnovi još jednog iznenađujućeg kvantnog fenomena poznatog kao "kvantna zapetljanost". Zapetljanost predstavlja jednu od najmisterioznijih i još uvijek u suštini neobjašnjivih pojava u cijeloj modernoj fizici. Prema Erwinu Schrödingeru, jednom od osnivača kvantne mehanike, to je nesumnjivo karakterističan element cijele teorije.

Zapetljanost ima tako nevjerovatna svojstva da je navela Einsteina da posumnja u stvarnost fenomena. Godine 1935., zajedno sa Borisom Podolskim i Nathanom Rosenom, formulirao je čuveni "EPR paradoks" (tako nazvan od inicijala prezimena trojice naučnika) koji je imao tendenciju da istakne fenomen zapetljanosti kao paradoksalan.

Iskreno, EPR paradoks, koji se u početku smatrao valjanim pobijanjem zapetljanosti, sadržavao je fundamentalnu grešku, koju je 1964. godine istakao John Stewart Bell, a 1982. potvrdili eksperimenti Alaina Aspecta. Kasnije, 1998. godine, Anton Zeilinger i drugi su poboljšali Aspectove eksperimente i potvrdili njegove rezultate.

Danas možemo zaključiti da se u nebrojenim studijama kvantna fizika pokazala sposobnom da proizvede ispravna eksperimentalna predviđanja do preciznosti koja nikada ranije nije bila postignuta, a korelacijski fenomeni između čestica, tipični za kvantnu isprepletenost, zapravo su uočeni. Trenutno je ova teorija osnova novih tehnologija kao što su kvantni kompjuteri i kvantna kriptografija i omogućila je izvođenje eksperimenata koji se odnose na teleportaciju, na koju su koncentrisana očekivanja tehnološkog svijeta.

Princip kvantne superpozicije.

U ispitivanju eksperimenta sa dvostrukim prorezom koji je proveden slanjem samo jedne čestice u isto vrijeme, vidjeli smo da čestica prolazi kroz oba proreza i stvara fenomen interferencije. Očigledno je da čestica, kao jedina prisutna, interferira sama sa sobom. Ovo je zapanjujuća, ali stvarna pojava, koja je dobila naziv "Kvantni princip superpozicije država".

Princip superpozicije potvrđuje da se dva ili više kvantnih stanja mogu "superiponirati jedno na drugo", odnosno zbrajati. Zbir superponiranih stanja je još jedno važeće kvantno stanje.

Događa se nešto slično preklapanju talasa u vodi.

Prema tome, stanje sistema može biti sastavljeno od dva ili više stanja, tako da dijele neka svojstva svakog od stanja koja ga čine.

Ako označimo sa A i B dva različita svojstva iste čestice, kao što su:

stanje A: čestica je na lokaciji F1

stanje B: čestica je na mjestu F2

onda se superpozicija stanja te čestice može zapisati kao A+B jer ima nešto zajedničko i sa stanjem A i sa stanjem B (sl. 42)

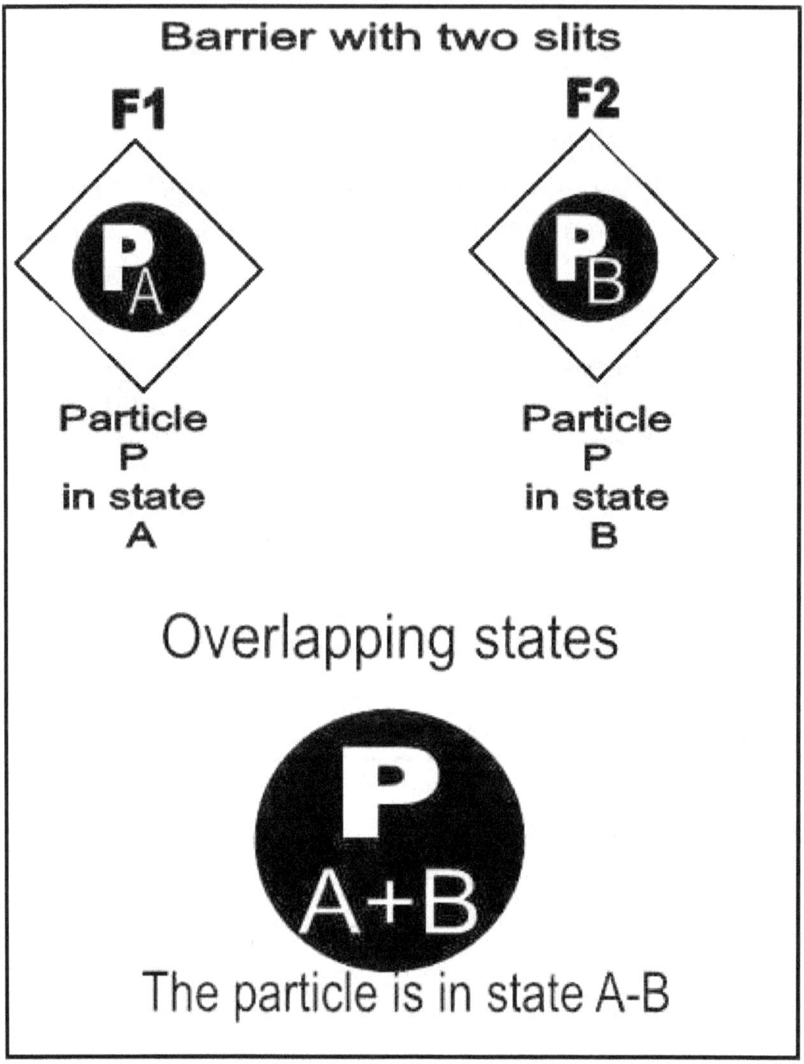

Slika 42 - P čestica koja prolazi kroz oba proreza je u stanju "kvantne superpozicije".
F1 Čestica P prolazi kroz prorez F1 i ima stanje Pa
F2 Ista čestica P takođe prolazi kroz prorez F2 i ima stanje Pb
Čestica P je u "superpoziciji stanja". Njegovo stanje je P(a+b)

Čestica je u stanju A kada prođe kroz prorez F1, a u stanju B kada prođe kroz prorez F2. Pošto čestica prolazi kroz oba proreza istovremeno, ona je istovremeno u oba stanja, odnosno u stanju superpozicije, koje se piše A+B i predstavlja kombinaciju dva stanja

"Čestica je u stanju A"

"Čestica je u stanju B".

Ako bismo posmatrali česticu dok prelazi barijeru, vidjeli bismo je kako prolazi samo kroz jedan od dva proreza i ne bismo dobili fenomen interferencije; ako ga, s druge strane, ne posmatramo, on prolazi kroz oba proreza, generiše stanje superponiranja i signalizira ga stvaranjem interferentnih figura na zadnjem ekranu.

Princip superpozicije je jedna od najvećih misterija kvantne fizike i nezamjenjiv je ključ za razumijevanje fenomena isprepletenosti.

Korelacija subatomskih čestica.

Korelacija se može smatrati rezultatom isprepletenosti. Kaže se da su dvije čestice koje su napravljene "upletene" jedna u drugu "korelirane". To znači da su čestice povezane da formiraju isprepleteni sistem i da reaguju unisono, svaka na događaje koji utiču na drugu. Ponašaju se baš kao blizanci, poput onih čije sam priče iznio na početku ove knjige.

Stoga se dvije povezane čestice mogu smatrati blizancima. Baš kao što su ljudski blizanci uključeni u isto rođenje, elementarne čestice se zapetljaju kada se na netrivijalan način uključe u fenomen koji ih zanima.

Slučajevi braće McWhirter i sestara Furness mogu se smatrati izvanrednim jer su protagonisti reagirali na događaje koji su utjecali na njihovog blizanca bez ikakvog očiglednog uzroka, čime su poremetili princip uzročnosti prema kojem svaki događaj koji se dogodi u svemiru mora biti uzrok. drugog događaja koji se dogodio ranije. U stvari, čak i korelirane čestice svaka reagira na događaje koji utječu na drugu (ili druge) bez ikakve uzročne veze. Zapravo, reakcija jednog od blizanaca nastaje kada on nije potpuno svjestan šta se događa s drugim blizancima.

Ista stvar se dešava iu slučaju upletenih čestica: varijacije stanja nisu jedna za drugom, već se dešavaju istovremeno, u istom trenutku; i ovo, imajte na umu, na kojoj god udaljenosti da su čestice.

Ova okolnost je prava zagonetka za fizičare jer može značiti samo dvije stvari:

- čestice međusobno komuniciraju prenoseći signale praktično beskonačnom brzinom, iu svakom slučaju većom od brzine svjetlosti,
- postoji još jedan oblik komunikacije koji zanemaruje prostor i vrijeme. Dakle, to je čisto psihička forma, slična misli. sposoban da se trenutno kreće na svakom mjestu svemira, u prošlosti u budućnosti, bez ikakvih fizičkih ograničenja.

Međutim, čak je i ovaj primjer nesavršen jer bi predvidio da će jedna od dvije čestice pokrenuti "poziv" na drugu, u svakom slučaju, iako brzinom misli.

Umjesto toga, dvije čestice istovremeno odlučuju o svojoj varijaciji; nijedna čestica ne odlučuje prva. Ako bi se to dogodilo, uzročnost bi se vratila u igru: iako ekstremnom brzinom. To nije slučaj: čestice se ponašaju kao da su jedna čestica.

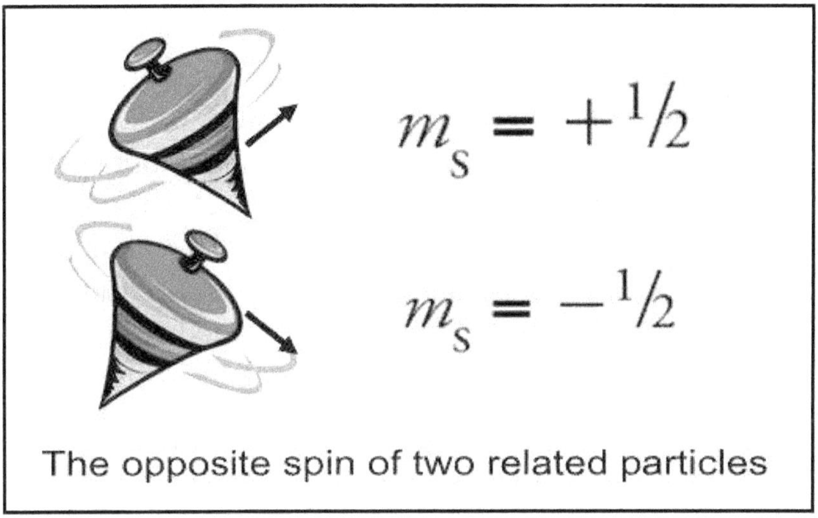

Slika 43 – Spin (rotacija) je prvobitno uveden u odnosu na „unutarnji magnetni moment“ elektrona.

Zapetljanost je "ograničenje konzistentnosti". Na primjer, ako su dva fotona sa suprotnim spinovima u korelaciji formirajući zamršeni sistem, varijacija spina (sl. 43) jednog se javlja istovremeno sa varijacijom spina drugog. Ne postoji način da se provjeri koja je varijacija prva.

Slika 31 ilustruje metodu koja se koristi u laboratorijama za dobijanje koreliranih čestica. U tački A, elektron postavljen u bilo koju orbitu ima energiju 10 (primjerna vrijednost). U tački B elektron je skočio na unutrašnju orbitu; sada je potrebna energija niža i možemo je smatrati jednakom 9. Nepotrebna količina (kvant) je korištena za generiranje fotona. Da bi se dobila dva korelirana fotona, elektron će preskočiti dvostruko.

Zamislimo da smo na ovaj način dobili dva korelirana fotona i ispitajmo odnose između njih.

Superpozicija dviju čestica.

Pretpostavljamo da svaka od dvije čestice (P1 i P2) može biti na dva mjesta u isto vrijeme i stoga ima dva stanja. Čestica P1 će imati stanja P1A i P1B, dok će čestica P2 imati stanja P2Y i P2Z. Podsjetimo da stanja A, B, Y i Z predstavljaju različita mjesta na kojima se čestice mogu nalaziti (Slika 44).

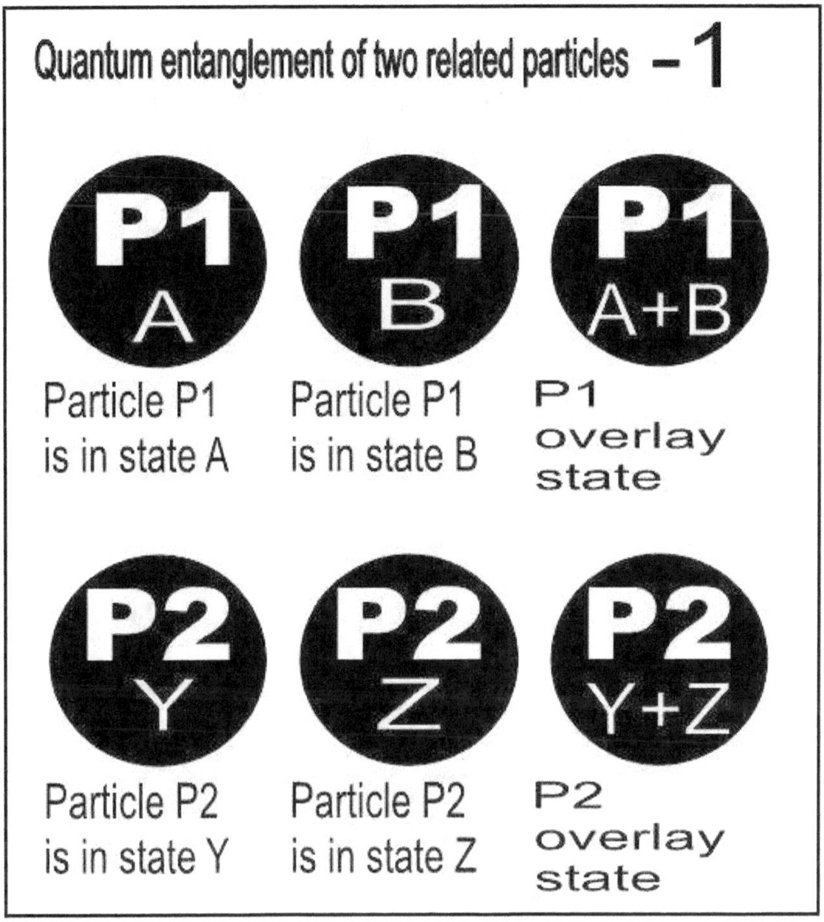

Slika 44 -
"Kvantno zapletanje" dvije povezane čestice. (prva faza)
Dvije čestice P1 i P2 imaju dva stanja.
Čestica P1 je u superpoziciji (P1(a+b)
Čestica P2 je u superpoziciji (P2(a+b).

Dvije povezane čestice imaju svojstvo posjedovanja dva stanja. Zamislimo sada da je čestica P1 u stanju A, a čestica P2 u stanju Y. Rezultat je sistem od dvije čestice sa stanjem AY, koje se naziva "stanje proizvoda". Ako, s druge strane, zamislimo da je čestica P1 u stanju B, a čestica P2 u stanju Z, rezultat je stanje proizvoda BZ (slika 45).

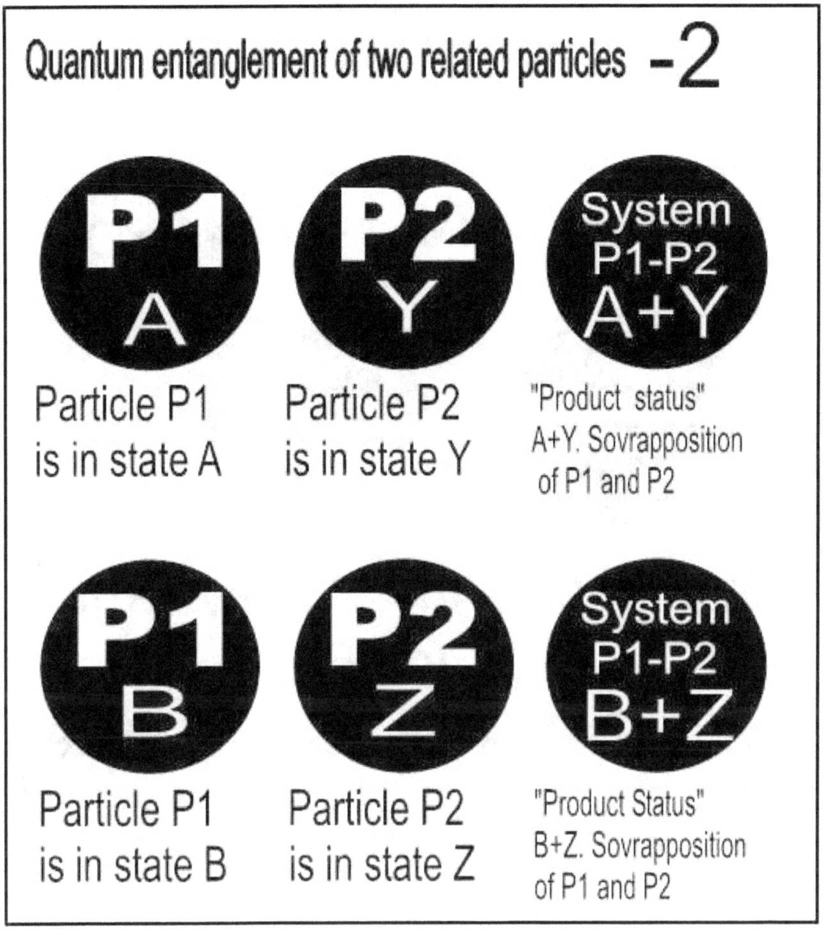

Slika 45 -
"Kvantno zapletanje" dvije povezane čestice. (Druga faza)
"Stanje proizvoda" srodnih čestica P1 i P2
Dvije čestice P1a i P2y proizvode stanje superpozicije P1-P2(a+y)
Dvije čestice P1b i P2z proizvode stanje superpozicije P1-P2(b+z)

.

U ovom trenutku, s daljnjim korakom, možemo primijeniti princip superpozicije na skup dva sistema AY + BZ.
Ovo stanje se naziva "zamršeno stanje" (slika 46).

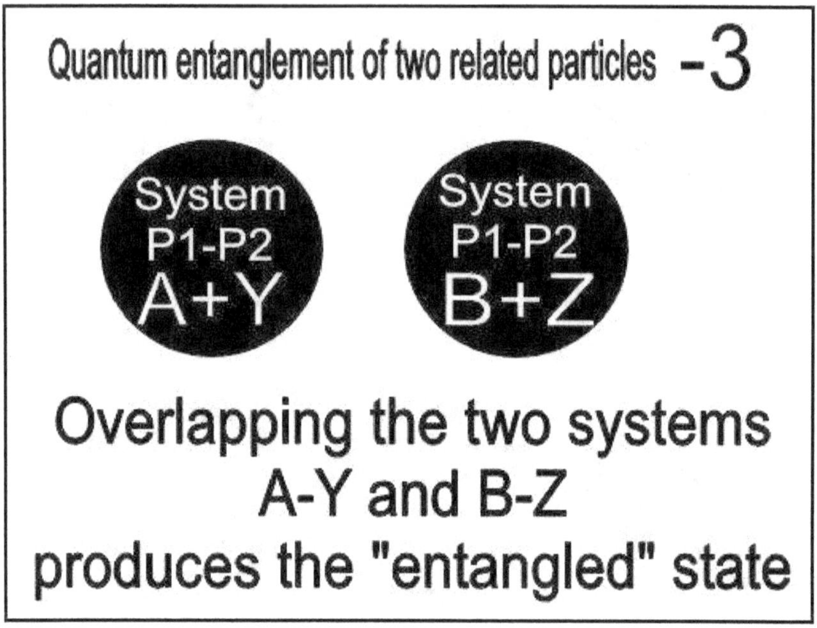

Slika 46 – „Kvantno isprepletanje" dvije povezane čestice. (Treća faza). Superponiranje dva sistema AY i BZ proizvodi "upleteno" stanje.

Preklapanje dva sistema naziva se "preplitanje". "Stanje proizvoda" AY označava da je čestica P1 u stanju A, a čestica P2 u stanju Y.

Slično, stanje proizvoda BZ ukazuje da je čestica P1 u stanju B, a čestica P2 u stanju Z.

Zamršeno stanje AY + BZ, koje predstavlja superpoziciju stanja, ukazuje da postoje obavezni zaključci u vezi s dvije čestice.

Zaista, ako se izvrši mjerenje koje pokazuje da je čestica P1 u stanju A, onda čestica P2 mora nužno biti u stanju Y, i obrnuto.

Isto tako, ako se mjerenjem utvrdi da je čestica P1 u stanju B, onda čestica P2 nužno mora biti u stanju Z.

Drugim riječima, kada su dvije čestice u zapletenom stanju, nije moguće razmatrati jednu pojedinačno bez obzira na drugu. Konačno, zapleteno stanje je rezultat superpozicije dvaju "stanja proizvoda".

Jednom kada su dvije čestice u korelaciji, između njih nastaje zapetljano stanje koje ne uzima u obzir vrijeme ili prostor. Svaka intervencija na jednoj od dvije čestice istovremeno proizvodi recipročnu promjenu u drugoj, gdje god se ona nalazila u svemiru.

Danski fizičar Niels Bohr, osnivač vrlo poznate Kopenhagenske škole, dao je fundamentalne doprinose razumijevanju strukture atoma i kvantne mehanike, i za to je dobio Nobelovu nagradu za fiziku 1922. godine. Što se tiče korelacije čestica on je rekao:

> "Čak i da su dva korelirana fotona na dvije različite galaksije, uvijek bi i dalje ostali jedan entitet, a radnja

koju izvrši jedan od dva fotona također bi utjecala na drugu".

Ovim, isprepletenost svečano objavljuje da svemir nije sav podložan zakonima klasične fizike, ali, barem na subatomskom nivou, ti zakoni više ne vrijede.

Činjenica da se dvije "zamršene" čestice nastavljaju ponašati unisono bez obzira na udaljenost između njih predstavlja naizgled nerješiv problem.

Kako te dvije čestice komuniciraju jedna s drugom? Sigurno ne sa signalima poslanim klasičnim metodama; oni bi, u stvari, izblijedjeli kako se udaljenost povećava i u svakom slučaju ne bi mogli premašiti brzinu svjetlosti. Svakako mora postojati mogućnost nefizičke komunikacije.

Nelokalnost i ekstrasenzorni fenomeni.

Najiznenađujuća i najintrigantnija karakteristika koja proizlazi iz onoga što je do sada rečeno je da su subatomske čestice u stanju da trenutno razmjenjuju informacije, tj. da su povezane na nelokalni način; jednostavnije rečeno, informacija ne prolazi ni kroz jedno fizičko mesto da bi povezala dve čestice; nelokalni nivo je čisto psihički nivo (da se izbegne upotreba termina duhovni), to jest, sastavljen od čiste informacije, ili inteligencije.

Moglo bi se takođe tvrditi da su te dvije čestice samo prividno odvojene, dok u stvari ostaju jedna, jer se upravo tako ponašaju. Ovo ne rješava problem. Međutim, kada bi dvije čestice bile jedno, onda bi cijeli svemir trebao biti jedan, tj.

ne bi bio sačinjen od odvojenih objekata (osim na makrofizičkom nivou), dok bi na subatomskom nivou bio jedinstvena stvarnost.

Možda govorimo o "Unus Mundus", konceptu koji je nastao u saradnji Junga i Paulija, ili možda govorimo o implicitnom univerzumu koji teoretizira David Bohm. Čak iu ovom slučaju, međutim, bila bi potrebna jedna univerzalna inteligencija da bi upravljala Kosmosom.

Albert Ajnštajn se snažno suprotstavljao principu nelokalnosti jer je kršio fizičke zakone koje je on sam formulisao, a sve zasnovane na lokalnosti. U svom životu je stalno pokušavao da razvije teoriju sposobnu da ujedini koncepte klasične fizike sa konceptima kvantne; nažalost, nije uspeo.

Godine 1982, nakon eksperimenata koje je sproveo Alain Aspect, teorija isprepletenosti, a sa njom i koncept ne-lokalnosti, je definitivno potvrđena. Od tada znamo da "lokalni realizam" koji opažamo u našoj dimenziji nije apsolutni zakon prirode.

U ovom trenutku postaje moguće zamisliti da su prostor i vrijeme nekonzistentni i da postoje samo na perceptivnom nivou. Aspectov eksperiment nam je pokazao da postoji veza između čestica koja nadilazi prostor-vrijeme. Štoviše, budući da je cijeli univerzum sastavljen od čestica, možemo se zapitati treba li fenomen nelokalnosti biti ograničen samo na subatomsku stvarnost ili se može manifestirati i među većim objektima, ili čak među živim bićima.

Da li je moguće da biološki organizmi, kao što su ljudi, pristupe ne-lokalnom nivou? Ako je odgovor potvrdan, onda bismo mogli zamisliti razmjenu informacija između različitih organizama nekonvencionalnim sredstvima, kroz tu tajanstvenu dimenziju koja je ne-lokalnost.

Zapravo, tu mogućnost ne treba isključiti, naprotiv, postoji i veoma je raširena i poznata. To se zove telepatija.

Karakteristika telepatije je da bolje funkcionira između ljudi povezanih posebnim vezama naklonosti ili srodstva, kao što su majke i djeca, odnosno emocionalno "zapetljani" između njih.

Naš mozak je svakako sposoban da obradi želje za povezivanjem s nama najbližima. Možda nelokalnost predstavlja dosad nepoznato sredstvo kojim se takve komunikacije zapravo mogu odvijati. Čak i ako ljudska bića ne znaju kako da koriste telepatiju u potpunosti, ona i dalje imaju sredstva za to, naime um sposoban da obrađuje misli i želi ih prenijeti. Ponekad se to dešava spontano, odnosno dešava se čak i ako ne možemo objasniti kako se to dešava.

Telepatija se vjerovatno sastoji od fenomena korelacije između umova. Svijest, u praksi svoje sposobnosti da razvija namjere, može povezati dva mozga stavljajući ih u zapetljano stanje.

Drugi aspekt koji bi se mogao povezati sa nelokalnošću je onaj koji se odnosi na fenomen predviđanja i slutnje.

Zaista, na ne-lokalnom nivou moglo bi se prepoznati velika korespondencija sa kolektivnim nesvesnim, kosmičkom nivou koji je teoretisao Jung i koji sadrži svu istoriju i mudrost čovečanstva u svojoj evoluciji. Mogućnost „prepletenosti“ koja se razvija na ne-lokalnom nivou poklapa se sa mogućnošću kolektivnog nivoa svesti i čini verovatnim da individualne savesti mogu da pristupe njenim prošlim, sadašnjim i budućim sadržajima.

U tom smislu, eksperimenti Alaina Aspecta i njegovih saradnika takođe bi se mogli smatrati eksperimentima u kvantnoj metafizici. Demonstrirajući nelokalnost, oni su takođe demonstrirali postojanje nivoa koji nadilazi realnost prostor-vremena i opovrgli hipotezu o čisto materijalnom univerzumu.

Brian Josephson je velški fizičar, rođen u Cardiffu 1940. godine. Sa samo 22 godine otkrio je Josephsonov efekat i kao rezultat toga 1973. godine dobio je Nobelovu nagradu za fiziku.

Josephson je jedan od najpoznatijih naučnika među onima koji podržavaju mogućnost da su parapsihološki fenomeni stvarni. Posebno se upustio u proučavanje istočnjačkog misticizma i mogućih implikacija koje bi on mogao predstaviti u odnosu na tumačenje naučnih fenomena u mističnom ili metafizičkom ključu.

Josephson posebno navodi da je jedna od njegovih metoda vođenja: "nullius in verba" (Ne vjerujte ničijim riječima) s obzirom na činjenicu da:

> „...ako svi naučnici odbace ideju, to ne treba nužno smatrati dokazom da je pomenuta ideja apsurdna; naprotiv, potrebno je pažljivo ispitati motivaciju ovih mišljenja, proceniti da li ona podržavaju ispitivanje pažljivog pregled."

Isprepleteni univerzum.

Brian Greene je američki fizičar, jedan od najvažnijih učenjaka teorije struna. Objavio je knjigu "Tkivo kosmosa. Prostor, vrijeme, stvarnost".

U ovoj knjizi, fokusirajući se na zagonetku vremena, Greenc utvrđuje da nijedno fizičko pravilo ne potvrđuje ideju da vrijeme teče u bilo kojem određenom smjeru. Nadalje, među temama ove knjige, pored osnovnog izlaganja "teorije struna", možete pronaći i tretman kvantne isprepletenosti. To je u suštini analiza prirode stvarnosti s izletima na teme kao što su prostor-vrijeme, kosmologija i porijeklo svemira (tzv. teorija svega).

Greene vjeruje, zapravo, da je svemir cjelina intrinzično zapletena i koherentna sama sa sobom.

Još jedna autoritativna potvrda dolazi iz knjige "Nelokalni univerzum: nova fizika i materije uma", teksta dvojice fizičara, Roberta Nadeaua i Menasa Kafatosa. Evo citata koji se često uzima iz ovog teksta:

> „Sve čestice u istoriji kosmosa bile su u interakciji sa drugim česticama na način koji su detektovali Aspektovi eksperimenti. Praktično sve u našem neposrednom fizičkom okruženju je sastavljeno od kvanta koji su na ovaj način stupili u interakciju s drugim kvantima od Velikog praska do sadašnjeg trenutka. (...) Također treba uzeti u obzir da kvantna isprepletenost raste eksponencijalno s brojem čestica uključenih u prvobitno kvantno stanje i da ne postoji teorijska granica za broj ovih isprepletenih čestica.
>
> Ako je to slučaj, univerzum bi na vrlo osnovnom nivou mogao biti ogromna mreža čestica, koje ostaju u kontaktu jedna s drugom na svim udaljenostima iu nultom vremenu i bez prijenosa energije ili informacija. Ovo sugerira, koliko god to izgledalo čudno ili bizarno, da je sva fizička stvarnost Jedinstveni kvantni sistem koji jednoglasno reagira na daljnje interakcije."

U stvari, ako uzmemo u obzir teoriju Velikog praska koju sam ranije opisao, ispostavlja se da je njena osnovna pretpostavka vrlo snažna eksplozija, koja se dogodila prije oko 15 milijardi godina, tačkaste energetske "singularnosti". Iz ove "singularnosti" bi se, zahvaljujući ekspanziji koja je još u toku, rodio čitav univerzum. To znači da je cijeli svemir u početku bio komprimiran u stvarnost gotovo beskonačne gustine. Činjenica da su sve čestice bile tako blisko povezane i da su sve rođene iz istog eksplozivnog događaja čini legitimnim misliti da su sve čestice u svemiru zapravo isprepletene jedna s drugom

I ne samo to, moguće je pretpostaviti da sve čestice svemira čuvaju uspomenu na svoje bratimljenje sa svakom drugom česticom. To znači da je stvarnost fragmentirana na "različite stvari" samo iluzija. Razdvajanje je zbog načina na koji percipiramo makroskopski nivo univerzuma. U stvarnosti, svemir, iako je proširen u milijarde galaksija udaljenih milijardama godina jedna od druge, ipak je jedno, jer je u svojim dubinama sjedinjen ne-lokalnim vezama, izvan svakog prostora i svih vremena. Kada bi se ova intuicija mogla naučno dokazati, pokazalo bi se da svi živimo u ogromnoj holističkoj stvarnosti u kojoj je svaki pojedinačni dio vrijedan cjeline jer uključuje cjelinu.

Sigurno ima još mnogo stvari koje ne znamo i koje čak mogu nadmašiti našu maštu.

Eksperimentalne potvrde zapletanja.

Ajnštajn je pogrešio kada je rekao: "Bog ne igra kockice." Zapravo, proučavanje crnih rupa sugerira da nas Bog, osim što igra kockice, ponekad zbuni bacajući ih tamo gdje ih ne možemo vidjeti.
(Stephen Hawking)

Vjerovatno će se neko sjetiti "Noeina". Riječ je o naučno-fantastičnoj animiranoj seriji iz 2005. u produkciji studija Satelight, koja se sastoji od 24 epizode, koju je osmislio i režirao Kazuki Akane.

Noein, lik po kojem je serija dobila ime, je prolazna figura, koju karakterizira zlatna maska s jednim okom. On je taj koji plete zaplet događaja od samog početka. Noein je duboko prožet teorijama kvantne mehanike.

Noein koncept vremena tretira kao dimenziju koja rezonira s drugim vremenskim linijama. Konkretno, on vidi da se univerzum grana na beskonačan broj vjerovatnoća, favorizirajući Hugh Everettovu interpretaciju "mnogih svjetova". Međutim, Noein također uključuje mnoge aspekte interpretacije Bohra i Kopenhaške škole, prema kojima je prisustvo promatrača bitno za određivanje kolapsa vala vjerovatnoće u mjerljivoj situaciji.

Haruka, ženski lik, ima moć "posmatrača" unutar multiverzuma, moć koja joj omogućava da odredi ishod akcije jednostavnim "promatranjem".

U epizodi "Overlays", Uchida objašnjava paradoks Schrödingerove mačke svom tjelohranitelju Koriyami. Ovaj paradoks je primjer idealne situacije u kojoj samo posmatrač može potvrditi smrt mačke kada otvori kutiju. U istoj epizodi spominje se i fraza "Bog ne igra kockice", poznati citat Alberta Ajnštajna.

> „Bog ne igra kockice, da li si to znao? Recimo da bacite kockicu, a to bacanje dolazi sa brojem šest."
> “Više bih volio broj jedan, jer je prvi.”

„U redu, jedan ili šest je svejedno. Dakle, recimo da je izašao broj jedan. Može izaći i broj pet, ili broj četiri. Imaju istu vjerovatnoću, zar ne?

"Zapravo, da."

“Možete li zamisliti svijet u kojem je izašao broj pet i drugi svijet u kojem je izašao broj četiri? Da li je moguće da postoji bezbroj svjetova u kojima nebrojene kopije vas bacaju beskonačan broj kockica?”

"Bog ne igra kockice"

Ovaj citat je jedna od najpoznatijih Ajnštajnovih maksima. Ponovio je to nekoliko puta u raznim prilikama. Naučnik je koristio ovu metaforu u suprotnosti s nedeterminističkim implikacijama kvantne mehanike, koje zastupaju Niels Bohr i njegova Kopenhaška škola.

Činjenica da se položaj i brzina elektrona ne mogu sa sigurnošću utvrditi i da se ovi podaci mogu izraziti samo u terminima vjerovatnoće, uvelike je vrijeđala Ajnštajnov rigorozno naučni smisao, čvrsto zasnovan na sigurnosti lokalnosti i determinizma.

Prema Borovoj teoriji, ako se elektron "promatra" nekoliko puta, pod istim eksperimentalnim uvjetima, ne dobija se uvijek isti rezultat. To zavisi od činjenice da je njegova putanja uvijek podložna "nestabilnom oblaku" vjerovatnoće.

Zamislite da bacite kocku na sto mnogo puta, sa istim mehaničkim uređajem. Mislite da ćete uvijek dobiti isti broj? Očigledno se to ne dešava, zbog bezbroj varijacija koje utiču na bacanje kockica. Na primjer, grubost uređaja, temperatura okoline i vlažnost.

Svojim aforizmom Ajnštajn je hteo da kaže da se kvantna mehanika ne može smatrati sličnom bacanju kocke, ali je nužno morala da pruži veoma precizne rezultate u svojim proračunima.

Mnogo je citata u kojima Einstein snažno izražava svoje sumnje. On je 4. decembra 1926. godine u svoj dnevnik zapisao ove riječi:

> "Kvantna mehanika je vrijedna svakog poštovanja, ali mi unutrašnji glas govori da to još nije pravo rješenje. To je teorija koja nam govori mnogo stvari, ali nam ne dozvoljava da proniknemo dublje u tajnu "Boga". U svakom slučaju, uvjeren sam da "Veliki starac" ne igra kockice sa svijetom."

Godine 1942, pišući Kornelijusu Lančosu, mađarskom matematičaru i fizičaru i njegovom velikom prijatelju, Ajnštajn je rekao:

> "Kako je teško moći pogledati u Božje karte. Ali ne vjerujem ni u jednom trenutku da On igra kockice ili koristi "telepatske" metode kako to kaže trenutna kvantna teorija."

Posebno su poznate brojne razmjene mišljenja između Einsteina i Nielsa Bohra, pristalica dviju suprotstavljenih teza. Mnogi svjedoci i sam Bohr prisjećaju se verbalnog sukoba koji se dogodio povodom Solvejskog kongresa 1927. Bohr piše sljedeće:

"Sa svoje strane, Ajnštajn nas je u šali pitao možemo li zaista vjerovati da je božansko Providenje "igralo kockice". Odgovorio sam da su nas drevni mislioci upozorili da budemo vrlo oprezni u definiranju atributa Providenja običnim jezikom."

Tom prilikom je bio prisutan i Werner Heisenberg koji se prisjeća Ajnštajnijeve šale na koju je Bohr odgovorio:

"Ali nije na nama da kažemo Bogu kako da učini da svijet krene!".

Godine 1944, 7. septembra, Ajnštajn je napisao Boru sledeće:

"Naše naučne perspektive su sada razdvojene. Vi vjerujete da Bog igra kockice sa svijetom; umjesto toga vjerujem da je sve pokorno zakonu. Vjerujem u svijet objektivne stvarnosti i pokušavam da ih shvatim na bijesno spekulativan način. Nadam se da će neko otkriti realističniji način od mog. Čak ni veliki početni uspeh kvantne teorije ne uspeva da me ubedi da je slučajnost osnova svega.

Međutim, znam da mlađe kolege ovaj stav smatraju efektom moje skleroze. Jednog dana će se znati koji je od ova dva instinktivna stava bio ispravan."

Ajnštajnova teza bila je zasnovana na konceptu skrivenih varijabli. Prema njegovim riječima, ako je verzija kvantne mehanike Kopenhaške škole dala nedeterminističke rezultate, to je svakako ovisilo o činjenici da je neki važan parametar zanemaren.

EPR paradoks.

Kvantna isprepletenost, koja proizlazi iz Kopenhagenske interpretacije, smatrana je paradoksalnom jer se smatrala nekompatibilnom sa specijalnom relativnošću koja smatra brzinu svjetlosti maksimumom kojim bilo koja vrsta informacije može putovati. Nadalje, kvantna isprepletenost bila je nekompatibilna s principom lokalnosti. Otuda Einsteinovo uvjerenje da je kvantna teorija nepotpuna. Prema njegovim riječima, teorija je bila nepotpuna zbog "skrivenih varijabli", odnosno parametara koji nisu uzeti u obzir u proračunima.

Godine 1935, zajedno s Borisom Podolskym i Nathanom Rosenom, Ajnštajn je predložio misaoni eksperiment u eseju "Može li se kvantno-mehanički opis fizičke stvarnosti smatrati potpunim?"

Esej je objavljen u "Fizičkom pregledu" XLVII, 1935, str. 777-780).

U ovom radu, poznatom kao "EPR paradoks" iz inicijala njihovih imena, trojica tvoraca namjeravala su pokazati da je kvantna mehanika dovela do valjanih rezultata, ali je proizvela paradoksalne posljedice. Shodno tome, prema njima, to nije bila potpuna fizička teorija.

Pet mjeseci kasnije, Niels Bohr je odgovorio objavljivanjem članka s istim naslovom u istom časopisu (Physical Review XLVIII, 1935, str. 700).

U stvarnosti, u to vrijeme sukob između dva naučnika nije imao pobjednika prije svega jer instrumenti tog vremena nisu omogućavali pravu eksperimentalnu provjeru podržanih teza. Kako se i danas koristi, predloženi "eksperimenti" nazvani su "mentalni eksperimenti" ili "Gedankenexperiment", prema njemačkom terminu koji je skovao danski fizičar Hans Christian Ørsted. Misaoni eksperiment je još uvijek usmjeren na testiranje, potvrđivanje ili opovrgavanje hipoteze ili teorije. Nažalost, ovaj eksperiment ima imaginarni i neempirijski karakter. To je zato što ga praktična ograničenja čine materijalno neizvodljivim.

Takođe se mora reći da je eksperiment EPR koji su osmislila trojica naučnika imao stepen složenosti koji je dovodio u pitanje zaključke koji bi se iz njega mogli izvući.

Uprkos tome, Ajnštajn nije bio jedini koji je sumnjao, već su i drugi naučnici u svojim radovima isticali paradoksalne strane kopenhaške interpretacije kvantne mehanike.

Schrödingerov paradoks mačke.

Godine 1935. Erwin Schrödinger, austrijski fizičar koji je 1933. dobio Nobelovu nagradu, objavio je članak u kojem je opisao čuveni "mačji paradoks", pokušavajući da pokaže koliko je bizarna teorija superpozicije država. Istina, Schrödinger je, predlažući ovaj paradoks, imao namjeru, poput Ajnštajna, da pokaže granice kvantne fizike, iako je i sam bio među osnivačima ove nauke.

Slika 47 - Iznad, Erwin Schrödinger na starinskoj fotografiji i na austrijskoj prigodnoj marki. U nastavku razigrani post o poznatom mačjem paradoksu, sa bloga "Cenacolo Jung-Pauli"..

Kao što je već pomenuto, prema kvantnoj fizici, ponašanje elementarne čestice ne može se tačno predvideti, već samo na verovatnoćan način.

To nije slučaj za makroskopske sisteme, odnosno sastavljene od miliona agregatnih atoma: kada su neki podaci poznati, moguće je tačno izračunati šta će se u njima dogoditi i kada će se dogoditi.

Schrödingerov misaoni eksperiment je prilično komplikovan. To uključuje zaključavanje mačke u kutiju koja sadrži radioaktivnu supstancu. Pouzdano znamo da će jedan atom ove supstance emitovati zračenje, ali ne možemo tačno reći kada će se to dogoditi.

U kutiji se, zajedno sa mačkom, nalazi i uređaj kojim će, kada radioaktivna supstanca emituje zračenje, to izazvati pucnuće bočice cijanida koji će ubiti mačku.

Vremena su se sigurno promijenila i naučnik koji je danas predložio eksperiment ove vrste odmah bi našao svoju laboratoriju pod opsadom aktivista za prava životinja. Međutim, znamo da Schrödinger nikada nije stavio nijednu mačku ni u jednu kutiju, dapače, vjerovatno je posjedovao mačku koju je jako volio.

Vraćajući se na eksperiment, znamo da će se smrt male životinje dogoditi samo ako radioaktivna tvar emituje zračenje, ali ne znamo da li će se to dogoditi ili kada će se, eventualno, dogoditi.

Kutija će biti zatvorena jedan sat. Znajući da postoji 50% šanse da će se atom raspasti unutar ovog sata, možemo utvrditi da imamo jednake šanse da pronađemo mačku mrtvu ili živu kada otvorimo kutiju.

Prema kvantnoj mehanici u tumačenju Kopenhagena, ako se ponašanje atoma ne posmatra eksplicitno, potonji je u superpoziciji stanja, odnosno raspao se, ali se u isto vreme nije raspao; atom ostaje u ovoj superpoziciji sve dok neko ne otvori kutiju izazivajući "kolaps talasne funkcije".

Primjenjujući Schrödingerov paradoks na kvantnu mehaniku, sve dok kutija ostaje zatvorena imamo i raspadnuti i neraspadnuti atom, cijelu i slomljenu bočicu cijanida i mrtvu i živu mačku.

Međutim, kada se kutija otvori, sistem se urušava u određeno stanje. Ovo je slično onome što je rečeno u slučaju eksperimenta sa dvostrukim prorezom: kada se foton baci prema barijeri, on se ponaša kao val, prolazi kroz oba proreza i uzrokuje pojavu interferencije. Ako umjesto toga stavimo instrument na jedan od dva proreza kako bismo promatrali njegov prolazak, valna funkcija kolabira i foton se ponaša kao čestica, prolazeći kroz jedan prorez.

Stoga, tek nakon otvaranja kutije sistem sastavljen od radioaktivnog atoma, bočice cijanida i mačke preuzima jedno, koherentno stanje bez preklapanja.

U šali možemo reći da bismo u ovoj situaciji bili svjesni da bi otvaranjem kutije mogli utvrditi smrt mačke.

Umjesto toga, mačka bi nastavila biti živa (ili barem i mrtva i živa) sve dok je kutija ostala zatvorena.

Očigledno, Schrödingerov paradoks mačke opisuje situaciju koja je apsolutno daleko od stvarnosti. U odbranu kvantne fizike možemo reći da je Schrödinger u određenom smislu varao spojivši dvije realnosti, kvantnu i makroskopsku. Naravno, još nismo stigli do ujedinjenja različitih fizičkih zakona dvaju nivoa..

Nejednakost Johna Stewarta Bella.

Erwin Schrödinger nije bio jedini koji je podržavao Ajnštajnove sumnje. Mnogi drugi naučnici bili su konceptualno kritični prema tezi Kopenhaške škole. Međutim, većina naučne zajednice postepeno je postala uvjerena da je Einsteinova pozicija bila pogrešna. Argument je postepeno bio odložen i, iako bez dokaza, većina naučnika priznala je valjanost Borove „nelokalne“ teorije.

Ovo pitanje je oživeo Džon Stjuart Bel (slika 48), tihi crvenokosi pjegavi mladić rođen u Belfastu, Severna Irska, 1928. godine.

Bell je 1948. godine diplomirao eksperimentalnu fiziku na Queen's univerzitetu u Belfastu. Nakon nekoliko godina provedenih u raznim institutima, počeo je raditi u CERN-u (Evropska organizacija za nuklearna istraživanja) u najvećoj laboratoriji za fiziku čestica na svijetu, smještenoj na granica između Švicarske i Francuske, na zapadnoj periferiji grada Ženeve u općini Meyrin.

Tokom godina provedenih u CERN-u, Bell je razvio svoja istraživanja u teorijskoj fizici i radio u oblasti akceleratora čestica. Kompleks CERN-a trenutno se sastoji od sedam velikih akceleratora, izgrađenih u različito vrijeme od osnivanja institucije.

Slika 48 – John Stewart Bell je predložio eksperiment, koji je 1982. implementirao Alain Aspect, koji je pokazao netačnost sumnji koje je Ajnštajn izrazio zajedno sa Podolskim i Rosenom (EPR paradoks). Alain Aspect je potvrdio kvantnu isprepletenost.

Akcelerator čestica je mašina sposobna da proizvodi snopove jona ili subatomskih čestica, uključujući elektrone, pozitrone, protone i antiprotone, sa visokom kinetičkom energijom. Ove mašine se koriste u industrijske i medicinske svrhe i za proučavanje strukture materijala. Na nivou teorijskog eksperimentisanja, u fizici čestica njihova upotreba omogućava dobijanje snopova čestica visoke energije koje se koriste za ispitivanje objekata vrlo malih dimenzija. Konkretno, "Veliki hadronski sudarač" (LHC) u Ženevi, koji je počeo sa radom 10. septembra 2008. godine, proteže se na opsegu od 27 kilometara. LHC je dizajniran da ubrza protone kako bi omogućio njihovo proučavanje u uslovima sličnim onima u prvim trenucima života u svemiru, neposredno nakon Velikog praska.

Dok je bio zaokupljen ovim obavezama, Bell je takođe našao vremena da se posveti osnovnim pitanjima kvantne teorije koja su bila zaboravljena. Godine 1964, tridesetak godina nakon eseja o EPR paradoksu, Bell je ponovo otvorio debatu o ovoj temi koja je izgledala kao da je odložena i napisao je članak za časopis "Fizika" pod naslovom "O paradoksu Einstein-Podolsky-Rosen". U članku se Bell bavio problemom skrivenih varijabli.

Pitanje koje je Bell postavio bilo je da li su kvantnoj teoriji potrebne skrivene varijable, kako je Ajnštajn tvrdio, da bi se uverljivo stavila u kategoriju determinističkih fenomena. Vjerovao je da je to bitno da se kvantna fizika izvuče iz ćorsokaka ne-lokalnosti, odnosno iz mogućnosti da dvije čestice mogu komunicirati jedna s drugom na nelokalni način, utječući jedna na drugu bez ograničenja prostora i vremena.

Kao što smo već vidjeli, Ajnštajn je, uprkos tome što je bio jedan od osnivača kvantne teorije, sumnjao u njenu potpunost. Po njegovom mišljenju, potpunija teorija je trebala predvidjeti postojanje elemenata stvarnosti, ili skrivenih varijabli, da bi se očuvao koncept lokalnosti. Štaviše, nelokalnost bi bila u sukobu s njegovom teorijom relativnosti. U stvari, teorija relativnosti isključuje da se efekti fizičke akcije mogu posmatrati trenutno sa udaljenosti. To bi rezultiralo prijenosom informacija bržim od brzine svjetlosti. Umjesto toga, Ajnštajnova teorija relativnosti među svojim osnovama ima veoma preciznu brzinu svetlosti, jednaku 299.792.458 kilometara u sekundi. To je parametar koji bi, da se ne uzme u obzir, srušio cijelu teoriju relativnosti.

Nažalost, u vrijeme kada je Ajnštajn iznio svoje zamjerke, rad je još uvijek bio isključivo teoretsko područje, s obzirom na nemogućnost provjere zbog neadekvatnosti eksperimentalnog hardvera. Kao rezultat toga, Ajnštajnov "lokalni realizam", validan na teorijskom nivou, ali u suprotnosti sa jednako teorijski validnim hipotezama, ostao je ograničen na nivo teme za filozofsku debatu.

Izlazak iz ćorsokaka došao je kada je 1964. John Bell ponovo stavio pitanje na sto postavljajući problem u terminima koji se mogu provjeriti eksperimentima. Svrha ovih praktičnih eksperimenata bila je mjerenje fizičkih svojstava čestica koje su udaljene jedna od druge, ali su međusobno povezane (korelirane) kvantnim efektima.

Bell je formulirao poznatu "Bellovu nejednakost". Ova teorija je pokazala da ni u kom slučaju dodavanje skrivenih varijabli ne bi moglo reproducirati sva svojstva predviđena kvantnom mehanikom, posebno ona koja se odnose na isprepletenost.

Bellova nejednakost je istakla alternativu:

- Ajnštajn je bio u pravu. Kvantna teorija koja je potpala pod okrilje Einsteinovog lokaliteta zahvaljujući doprinosu skrivenih varijabli bila je tačna.

ili:

- Bor je bio u pravu. Kvantna mehanika Kopenhaške škole bila je ispravna, sa svojim implikacijama na nelokalnost.

Istina, Bell je svoju teoriju razvio polazeći od pretpostavke da zapravo postoji mogućnost zamišljanja integracije kvantne teorije sa skrivenim varijablama, kao što je Ajnštajn predložio.

S tim se složio s drugim studijama koje je proveo David Bohm, prema kojima bi skrivene varijable bile vektori informacija. To jest, Bohm je sugerirao da čestice već imaju skup instrukcija koje im unaprijed govore kakvo bi njihovo ponašanje trebalo biti u svim okolnostima.

Bellova nejednakost je imala prednost što je omogućila eksperimentalnu verifikaciju mjerenjem polarizacije fotona. Naknadni eksperimenti bili su "pušeći pištolj" protiv lokalnog realizma i pokazali su da je "užasna akcija na daljinu" predviđena paradoksom EPR-a čvrsto dio stvarnosti.

Iznad svega, ovi eksperimenti nesumnjivo pokazuju da bi, čak iu hipotezi o postojanju skrivenih varijabli, princip "nelokalnosti" ipak bio potvrđen.

U svojoj knjizi "Informacije. Novi jezik nauke" Hans Christian von Baeyer, američki akademik, piše:

> "Suprotno Ajnštajnovoj intuiciji, ne samo da Bog igra kockice, već se čini da je on jedini kome možemo verovati da će igrati pošteno."

Eksperimenti koji potvrđuju nelokalnost.

Godine 1969. Bell je dobio pismo od mladog fizičara s Berkeleyja Johna Clausera u kojem mu je rekao da je osmislio eksperiment kako bi testirao svoju teoriju nejednakosti. John Clauser nije bio sam u izvođenju ovakvih eksperimenata. Provjera eksperimentalnih rezultata težila je utvrđivanju lokalne ili nelokalne prirode stvarnog fizičkog svijeta. Napredak tehnologije tokom godina doveo je do značajnih poboljšanja efikasnosti, ali u svakom slučaju svi eksperimenti su potvrdili kvantnu teoriju ne-lokalnosti i dali rezultate koji se ne mogu objasniti čak ni dodavanjem skrivenih varijabli.

Godine 1972. John Clauser, u suradnji sa Stuartom Freedmanom, koristio je atome kalcija da dobije, dvostrukim kvantnim skokom elektrona, par koreliranih fotona. Izvođenjem serije mjerenja u trajanju od oko 200 sati, Clauser i Freedman su dobili potvrdu o fenomenu zapetljanosti i nelokalnosti. Ovaj rezultat je zbunio samog Clausera, koji je bio sklon da dokaže nedosljednost kvantne teorije. Možda iz tog razloga eksperiment nije dobio pažnju koju zaslužuje.

Slučaj eksperimenata koje je izveo Alain Aspect, (sl. 49) bio je drugačiji, rođen 1947. godine u Agenu, malom francuskom selu nedaleko od Bordeauxa.

Suprotno Clauseru, Aspect je shvatio da kvantna teorija postiže veliki znanstveni uspjeh na teorijskoj razini i da se sukob između lokalnosti i ne-lokalnosti koji sugerira Bellova nejednakost može riješiti eksperimentima koji bi porazili tezu o lokalnosti; Aspekt je bio uvjeren da može dokazati kvantnu teoriju i njene nelokalne efekte.

Sredinom 1970-ih, dok je još bio doktorant, predložio je pravi eksperiment, koji se zasnivao na dva pojedinačna, ali korelirana fotona jer su zajedno emitirani iz istog atomskog izvora. U njegovom eksperimentu dva fotona bi putovala u suprotnim smjerovima jedan prema drugom i bili bi praćeni sa dva detektora postavljena na udaljenosti.

Ideja je definitivno bila originalna. Bell je, kada su ga pitali, dao svoje odobrenje; ali sa rezervama. Prvo je želio provjeriti da li mladi Francuz već ima fiksnu platu. Zapravo, Bell je vjerovao da je Aspectova ideja toliko bizarna da je mogla ugroziti njegovu karijeru.

Nakon dugog pripremnog rada, Aspekt i njegovi saradnici, Jean Dalibard i Gérard Roger, dva istraživača "Institut d'Optique Graduate School", izveli su eksperiment tri puta između 1981. i 1982. Njihova posvećenost se nije smanjila zbog ekonomskih poteškoća. Između ostalog, ručno su izradili polarizatore koji su, zahvaljujući brzoj rotaciji, mogli dati odgovor na pitanje lokacije. Trenutno su ovi polarizatori izloženi u istorijskoj vitrini Instituta d'Optique, što je omogućilo da se eksperimenti izvode u njegovom ogranku Orsay. Umjesto toga, glavna kancelarija Instituta nalazi se u Palaiseauu, u kampusu "University Paris-Saclay".

Aspektov rad je bio uspješan. On i njegov tim pronašli su najbolju moguću potvrdu nelokalnosti u kvantnoj mehanici i glatko opovrgli svaku moguću lokalnu teoriju skrivenih varijabli.

Posljedice eksperimenata su išle daleko dalje od demonstracije valjanosti kvantne mehanike, ali su naglasile osnovnu ulogu koju ima zapletanje. Kao što smo vidjeli, u zapletenom stanju promatranje stanja fotona nam omogućava da saznamo stanje drugog.

Eksperimenti Aspecta imali su ogroman odjek i ustupili su mjesto dugom nizu teorijskih i eksperimentalnih uvida u zapetljanost. Može se reći da su eksperimenti Alaina Aspecta označili početak nauke o kvantnom računarstvu.

Aspect je 2013. godine dobio prestižnu Balzanovu nagradu sa sljedećim motivima:

> "Za njegove vrhunske eksperimente koji su potvrdili kvantnu mehaniku, za razliku od teorija s lokalnim skrivenim varijablama. Njegovi radovi utrli su put za eksperimentalnu kontrolu zapletenih kvantnih stanja, suštinskog elementa kvantnog računarstva."

Godine 2022. tri fizičara, Alain Aspect, Amerikanac John F. Clauser i Austrijanac Anton Zeilinger dobili su Nobelovu nagradu za postavljanje temelja budućnosti informacija i komunikacija. Njihovi eksperimenti na fenomenu zvanom "kvantna isprepletenost utrli su put moćnim i vrlo brzim kvantnim kompjuterima.

Među naknadnim eksperimentima korisno je spomenuti i eksperiment Wolfganga Tittela. Ovaj stipendista je doktorirao na Univerzitetu u Ženevi, radio kao postdoktor na Univerzitetu u Aarhusu i Univerzitetu u Ženevi, a 2006. godine se pridružio Univerzitetu u Kalgariju (Kanada) kao predsednik industrijskog istraživanja. Bavio se revolucionarnim eksperimentima od početka studija kvantnih komunikacija primijenjenih na kriptografiju.

Godine 1988. zajedno sa "Ženevskom grupom" izveo je eksperiment kojim je pokazao da udaljenost ne utiče na zaplitanje. Svjetlost je slana kroz optičke kablove na udaljenosti od nekoliko kilometara prije nego što je analizirana, bez promjene rezultata.

Slika 49 – Alain Aspect, Nobelova nagrada 2022. Od početka 1980-ih nekoliko puta je izvodio eksperiment koji je predložio John Bell kako bi potvrdio EPR paradoks. Eksperiment je, naprotiv, potvrdio teoriju isprepletenosti srodnih čestica.

Deset godina kasnije, 1998., Gregor Weihs i njegova grupa iz Insbruka, koju je predvodio Anton Zeilinger, izveli su eksperiment koji je poboljšao Aspectov eksperiment iz 1982., potvrđujući iste rezultate.

Nažalost, Bell je neočekivano umro 1990. godine od krvarenja u mozgu, a da nije mogao dobiti Nobelovu nagradu za koju je upravo bio nominovan.

Treći dio. Budući izgledi.

Sve je "jedno"..

Ako je Bog stvorio svijet, ne možemo reći da mu je bilo stalo do olakšavanja njegovog razumijevanja.
(Albert Einstein)

Eksperimenti Alaina Aspecta predstavljali su konačnu potvrdu predviđanja kvantne mehanike, a posebno nedeterminizma i nelokalnosti.

U kontekstu opšteg prihvatanja ovih principa i dalje je bilo nekih naučnika koji su se istakli kao nekonformisti i nisu željeli da odustanu od pokušaja da se kvantna mehanika uokviri u deterministički kontekst. Mislim na Davida Bohma. Međutim, u svojoj želji da racionalizira neracionalizirano, na kraju je razvio još metafizičniju, ako je moguće, verziju ortodoksne kvantne teorije.

Time je Bohm u potpunosti zaslužio svoje mjesto na Olimpu filozofa nauke.

Priča koju pričam u ovom trećem dijelu je priča o izuzetno poštenom i odlučnom čovjeku u svojim odvažnim naučnim teorijama. Nije oklijevao da prenese svoje teorije u društveno ponašanje. To mu je zadobilo snažne antipatije kad god bi se našao u konformističkim i politički fanatičnim kontekstima, poput onih tipičnih za njegovo vrijeme.

David Bohm

David Bohm, američki fizičar i filozof, rođen je 20. decembra 1917. u Wilkes-Barreu, gradu u Sjedinjenim Američkim Državama koji se nalazi u središtu doline Wyoming, u okrugu Luzerne, u sjeveroistočnoj Pensilvaniji.

Bohm je poznat po tome što je razradio interpretaciju kvantne mehanike u kojoj razvija koncept "pilot talasa" Louisa de Brogliea i uvodi koncept "kvantnog potencijala".

Njegovi roditelji su bili jevrejskog porekla. Njegov otac, Samuel Bohm, bio je mađarski emigrant, a majka iz Litvanije.

Njegov otac je imao prodavnicu namještaja, a također je bio angažiran i na zadatku pomoćnika lokalnog rabina, pa je sam osigurao Davidovo obrazovanje mladih. Sa 17 godina, 1930. godine, David je počeo pohađati Pennsylvania State College, gdje se upoznao s kvantnom mehanikom. Odmah ga je privukao ovaj predmet koji je postao predmet njegovih studija. Diplomirao je fiziku 1939.

David je nastavio studije pod vodstvom Roberta Openheimera. Podsjetimo da je Oppenheimerova slava vezana prije svega za izgradnju prve atomske bombe u sklopu projekta Manhattan. Nakon toga, Openheimer je imao krizu savjesti i odbio je raditi za hidrogensku bombu.

Možda su Openheimerova učenja pomogla daljem razvoju Bohmovog snažnog moralnog osjećaja za pravdu.

Nakon što je nastavio studije na CalTech-u (Kalifornijski institut za tehnologiju) u Pasadeni, upisao se na UC (Univerzitet Kalifornije) u Berkeleyu, gdje je doktorirao 1943. godine. Bohm je praktikovao svoju aktivnost kao teorijski fizičar na najvažnijim američkim univerzitetima.

Od 1947. do 1951. predavao je na Univerzitetu Princeton dok se posvetio proučavanju plazme.

Plazma je visoko jonizovan gas i, u celini, električno neutralan: u praksi, sistem sastavljen od slobodnih, pozitivnih i negativnih jona, sa jednakim koncentracijama.

Termin "jonizirani" ukazuje na to da je značajno veliki dio elektrona odstranjen iz njihovih atoma.

Plazma se smatra četvrtim stanjem materije, koje se razlikuje od tri klasična stanja, čvrstog, tekućeg i gasovitog. U tom smislu, dodavanje plazme reprodukuje i upotpunjuje ideju o četiri elementa (vatra, zemlja, vazduh i voda), koja istorijski datira još od grčkog filozofa Empedokla.

Plazmu je identifikovao Sir William Crookes 1879. godine, ali naziv "plazma" dolazi od Irvinga Langmuira koji ju je skovao 1928. godine.

Sve do kraja prošlog veka, studije o plazmi su ostale više kao kuriozitet, sa vrlo malim izuzecima, među kojima možemo pomenuti one Nikole Tesle o plazma pražnjenjima, plazma lampama i hladnoj plazmi koja se koristi u proizvodnji ozona. Nakon 1920. Irving Langmuir je proučavao interakciju plazme sa zidovima posude u kojoj su nastale, dobivši Nobelovu nagradu 1932. za ovo istraživanje.

Konkretnije interesovanje za plazmu razvilo se kada je Ženevska konferencija "Atomi za mir" pokrenula studije o mirnoj eksploataciji nuklearne fuzije.

U svom proučavanju plazme Bohm je odmah uočio posebnost, tipičnu za elektrone. Kada elektroni postanu dio plazme, oni gube svoj "individualizam" i počinju se ponašati kao dio veće, međusobno povezane stvarnosti. U ovom slučaju elektroni, ostavljajući utisak da ih pokreće inteligencija koja je sposobna da koordinira njihovu aktivnost.

Ubrzo je, zajedno sa svojim kolegom Yakirom Aharonovim, otkrio Aharonov-Bohmov efekat, kvantno mehanički fenomen u kojem na nabijenu česticu djeluju elektromagnetna polja u područjima gdje su takva polja nula.

Godine 1947. Bohm je proučavao ponašanje elektrona u metalima. Na osnovu onoga što je zapazio za plazmu, primijetio je da čak iu metalima pojedinačna kretanja pojedinačnih elektrona mogu proizvesti organizirane "kolektivne" efekte.

U svojoj filozofskoj interpretaciji Bohm je poistovetio ponašanje masa elektrona sa ponašanjem zajednica ljudskih bića.

Slika 50 - Fizičar David Bohm predložio je fascinantnu holističku interpretaciju kvantne mehanike, koja je poslužila kao kontrapunkt ortodoksnom gledištu poznatom kao "Kopenhaška interpretacija".

On je uspostavio vezu između koordinisanog ponašanja pojedinačnih elektrona u metalima i ponašanja pojedinaca u njihovom društvenom kontekstu. Prema Bohmu, tipično ponašanje plazme predstavlja valjanu metaforu za organizovano ljudsko ponašanje. Razvio je uvjerenje da su glavne sličnosti one između "društva plazme" i ljudskih društava organiziranih prema marksističkim teorijama.

Zaista, između kasnih 1940-ih i sredine 1950-ih, SAD su doživljavale vrhunac takozvanog "lova na vještice" ili "McCarthism". Ovo je bio široko rasprostranjen politički stav u Sjedinjenim Američkim Državama, karakteriziran pogoršanom klimom sumnji i ponašanja progona prema ljudima ili grupama koje se smatraju subverzivnim. Ime je dobio po senatoru J.R. McCarthy, koji je bio direktor Komisije za suzbijanje neameričkih aktivnosti.

Hiljade ljudi je bilo podvrgnuto nadzoru, a mnogi su pretrpjeli lične napade, često zasnovane na nepotkrijepljenim optužbama.

Posebna pažnja posvećena je državnim službenicima, zabavljačima i ljudima iz kulture i istaknutim pripadnicima industrijske srednje klase koji su bili označeni kao "komunisti posvećeni potkopavanju temelja američkog društva".

U ovakvoj klimi, 1948. godine Bohm je pozvan da svjedoči zbog svog članstva u Komunističkoj partiji koje je održano 1942. godine, ali je okončano nakon samo devet mjeseci. Bohm je odbio da se pojavi pozivajući se na Peti amandman, odnosno pravo na šutnju.

Nakon godinu dana ponovo je pozvan da se pojavi pred velikom porotom, ali je ponovo odbio pozivajući se na istu ustavnu odredbu.

Međutim, u tom trenutku fokus je bio na njemu. Godine 1949. uhapšen je zbog nepoštovanja suda i proveo je nekoliko dana u zatvoru, dok nije pušten uz kauciju.

1950. je oslobođen optužbi. Nažalost, u međuvremenu je ostao bez posla na Univerzitetu Princeton, koji ga je otpustio zbog pritiska nekih uticajnih ljudi koji su finansirali institut.

Bohm je do sada bio na "listu zabrane" istraživača, a čak ni Ajnštajn, koji bi ga želeo za asistenta, nije mogao da mu ponudi tu priliku. Bio je primoran da emigrira u Brazil da radi na Univerzitetu S. Paolo, ali je i dalje bio američki državljanin; stoga mu je američka ambasada povukla pasoš u strahu da bi mogao otići u Sovjetski Savez.

Kako bi izbjegao potpunu izolaciju, Bohm je uzeo brazilsko državljanstvo. To mu je omogućilo 1955. da napusti Brazil i ode u Izrael na dvije godine, na Institut Technion u Haifi. Odavde se preselio na Univerzitet u Bristolu u Velikoj Britaniji na četiri godine i konačno, 1961. godine, trajno se nastanio u Londonu gdje je postavljen za profesora teorijske fizike na Birkbeck koledžu.

Godine 1951. Bohm je objavio "Kvantnu teoriju", tekst o kvantnoj fizici u kojem je analizirao tumačenje kvantne teorije i, preuzimajući neke ideje iz EPR misaonog eksperimenta, svrstao se među kritičare Kopenhagenske interpretacije. U stvari, Bohm je istakao nejasne aspekte teorije i osporio nemogućnost proširenja slučajnosti i determinizma na objekte kvantne mehanike. Bohm je, kao i Ajnštajn, bio duboko uznemiren pozicijom naučne zajednice koja je do sada "pasivno" prihvatala realnost neodređenosti i nelokalnosti.

Bohm se posvetio misiji uvođenja oblika determinizma koji je djelovao čak iu ekstremno malim. Osećao je zadovoljstvo što je Ajnštajnu dao primerak svoje knjige.

Kvantni potencijal.

Hajzenbergov princip kaže da nije moguće ustanoviti putanju čestice, kao što je elektron, jer bi bilo neophodno znati njenu brzinu i njen položaj u isto vreme. Kao što je već spomenuto, jedina mogućnost se sastoji u izračunavanju valne funkcije unutar koje čestica zauzima vjerovatnoću. Kada se izvrši mjerenje na čestici, generiše se "kvantni kolaps" i čestica se pojavljuje na preciznom mjestu. Međutim, između jednog i drugog mjerenja, čestica "nestaje" u oblaku vjerovatnoća.

Bohmu se to nije svidjelo. Odbacio je ideju da bi vjerovatnoća talasna funkcija mogla biti najbolja moguća reprezentacija čestice. Stoga je odlučio istražiti način na koji elektron uspostavlja putanju koju će morati putovati. Pojednostavljeno rečeno, Bohm je pokušao da ponovo uvede koncept uzročnosti, ili da identifikuje precizan mehanizam sposoban da vodi čestice. Na taj način bi čestice bile oslobođene neodređenog i vjerovatnog konteksta.

Bohm je pošao od Heisenbergovog principa nesigurnosti i preradio formulu, dodajući novi parametar, "kvantni potencijal". Time je stvorio novu kvantnu matematiku, "Bohmiansku mehaniku". O ovoj teoriji se još uvijek mnogo raspravlja zbog njenih metafizičkih implikacija.

"Bohmian mehanika" predlaže da se čestica ne kreće nasumično, već kao odgovor na silu, "kvantni potencijal". Ova sila daje čestici informaciju kroz trenutne, odnosno nelokalne veze.

Da bi djelovao nelokalno, kvantni potencijal mora zadržati svoj intenzitet bez obzira na udaljenost. Odnosno, kvantni potencijal mora djelovati na način suprotan od svih drugih elektromagnetnih sila. Kao što je poznato, ostale elektromagnetne sile smanjuju se za inverzni kvadrat udaljenosti.

Prema Bohmu, kvantni potencijal pokreće elektron na način koji nije ni slučajan ni mehanički, već inteligentan. Drugim riječima, Bohm tvrdi postojanje informacionog polja, zahvaljujući kojem čestica nije podložna misterioznim hirovima slučajnosti, već se stalno informiše o okruženju, dobijajući informacije iz istog okruženja. Očigledno, Bohm sugerira metafizičko, bezprostorno i bezvremensko okruženje.

Stoga, kada se čestice kreću na svom putu (a mi se sjećamo da su čestice u stalnoj agitaciji) one to ne čine nasumično, već odgovaraju na informacijski paket koji pruža kvantni potencijal. Na ovaj način Bohm vraća determinističko ponašanje za elementarne čestice, što je, međutim, posljedica apsolutno misteriozne sile.

Bohm predstavlja ovaj koncept jednom od svojih poznatih metafora, onom o brodu.

Brod (sl. 51) je sposoban da se kreće zahvaljujući snazi svojih motora, ali je vođen navigacijskim instrumentima, bez kojih nikada ne bi stigao u luku i rizikovao bi da se u svakom trenutku sruši na neko plićak.

Motori predstavljaju snagu, izvjesnosti klasične fizike koje tjeraju brod da se kreće u moru. Umjesto toga, navigacijski instrumenti, od drevnog kompasa do modernog radara, su informacije koje određuju sigurnu rutu i predstavljaju kvantni potencijal.

Mali radarski signal, ne previše snažan, dovoljan je da vodi brod. Prema Bohmu, kvantni potencijal ne zavisi od intenziteta već od "oblika". To je energija koja je, iako skromna, visoko informisana i uspijeva da oblikuje veliku energiju motora, koja bi sama po sebi bila "sirova" i "bezoblična".

Metaphors by David Bohm.
The Ship
Quantum potential represents
the information that
drives the ship
The engines represent the force that drives the ship

Slika 51 - U metafori broda, Bohm predstavlja česticu kao brod "pokrenut" "grubom" snagom svojih motora, ali "vođen do svog odredišta" inteligencijom instrumentacije. Instrumentacija je kvantni potencijal koji koristi globalne informacije i prenosi ih na brod.

Metafore Davida Bohma. Brod

A- Kvantni potencijal predstavlja informaciju koja pokreće brod

B- Motori predstavljaju silu koja gura brod.

Mnogi konkretni elementi sugeriraju da kvantni potencijal nije samo Bohmova teorijska apstrakcija. Sama klasična kvantna teorija predviđa postojanje ogromnog mora energije koje prožima cijeli univerzum. Ovaj skoro beskonačan depozit bi bio "kvantni vakuum", koji se takođe često naziva "polje nulte tačke" ili "Kazimirov efekat". Ova posljednja definicija proizlazi iz činjenice da je postojanje "kvantnog vakuuma" demonstrirao holandski fizičar Hendrik Casimir još 1948. godine.

Casimirov efekat se sastoji od privlačnosti koja se stvara između dva tijela koja se nalaze u vakuumu, odnosno gdje ne bi trebalo biti razloga za privlačenje. Međutim, budući da je privlačnost tu, to znači da praznina zapravo nije prazna. U stvari, pretpostavlja se da postoji sila koja se zove "polje nulte tačke". Ovo polje proizlazi iz energije vakuuma, određene virtuelnim česticama koje se kontinuirano stvaraju efektom kvantnih fluktuacija, kako je predviđeno Hajzenbergovim principom nesigurnosti.

Dakle, vakuum posjeduje "osnovnu energiju", koja nadilazi stvarnost materije.

Ova "moć" se proteže u svako "prazno" područje svemira. Gustina njegove energije procijenjena je jednakom ogromnim vrijednostima, koje uspostavljaju neizmjerno neuravnotežen odnos sa kosmosom koji poznajemo i koji je predstavljen u obliku materije.

Ako uzmemo sliku atoma, sjetimo se da se smatra gotovo u potpunosti sastavljenim od praznine. Pa, Casimirov efekat predviđa da ta praznina nije prazna, već energija. Iz ovoga razumijemo kako je energija vakuuma neizmjerno veća od energije "nepraznog". Ako svoj toj energiji damo sposobnost da se izrazi u obliku kvantnog potencijala, shvatićemo snagu koncepta koji je razradio Bohm.

Uloga posmatrača..

Kvantna mehanika predviđa da je kosmička stvarnost rezultat dva faktora. Prvi faktor je "gruba sila" svojstvena materiji. Drugi faktor je "sistem za vođenje" koji materiji daje uputstva koja omogućavaju da njena sila deluje inteligentno.

Prvi faktor, gruba sila, karakteriše makroskopski nivo, odnosno nivo srednje veličine, u kojem živimo i koji tumačimo prema zakonima Njutnove fizike i Ajnštajnove relativnosti.

Na ovom nivou uloga posmatrača nema uticaja. U stvari, veoma je teško da neko može da promeni tok događaja tako što ga „gleda". Nećemo moći da pomerimo nijednu stolicu gledajući je. U isto vrijeme, ako ne pogledamo stolicu, ona se prema kvantnoj teoriji neće kretati sama po nizu vjerovatnih putanja.

Drugi faktor, odnosno sistem vođenja, zahtijeva od posmatrača da bude dio samog fenomena i da utiče na njegov razvoj jednostavnim posmatranjem. Kao što je već pomenuto. ovo se dešava u slučaju fotona koji se ponašaju kao čestice kada se posmatraju i kao talasi kada se ne posmatraju. Na subatomskom nivou, uloga posmatrača poprima vrlo posebne karakteristike. Posmatrač postaje dio jedinstvenog sistema koji uključuje i njega samog i promatrani objekt. Posmatrač i posmatrač postaju nerazlučivi i vrše recipročan uticaj koji se ne može zanemariti.

U kvantnoj fizici, naučnik ne može zamisliti da bude "spoljni" objektivni posmatrač, jer samo njegovo prisustvo doprinosi oblikovanju stvarnosti koju posmatra.

John Wheeler je bio američki fizičar, harizmatična figura u fizici 1930-ih i 1940-ih; mnogi poznati fizičari uključujući

Richarda Feynmana bili su obučeni pod njegovim vodstvom. Wheeler je, između ostalog, skovao termin "crvotočina" koji označava moguće tunele ili svemirske prolaze između različitih regija prostor-vremena.

Wheeler vjeruje da je uključenost posmatrača u posmatranu subatomsku stvarnost čak i najvažniji aspekt kvantne fizike, do te mjere da predlaže da se eliminira termin "posmatrač" zamjenom termina "učesnik". To uvjerenje izražava u poznatom citatu:

> “U kvantnoj mehanici ništa nije važnije od činjenice da je koncept shvaćen kao “nešto izvan” uništen.
>
> Ovo važi čak i kada je posmatrač na sigurnoj udaljenosti, odvojen od posmatranog objekta staklenim pločama debljine dvadeset centimetara. Kada posmatra sićušni objekat kao što je elektron, posmatrač mora da ode dalje od stakla: mora da "uđe" da bi instalirao merni uređaj po svom izboru. Posmatrač mora da odabere da li želi da meri poziciju ili zamah. Instaliranje uređaja za mjerenje jedne od dvije veličine sprječava ga da instalira drugi uređaj za mjerenje druge veličine.
>
> Nadalje, mjerenje mijenja stanje elektrona. Nakon mjerenja, svemir više nije isti. Da bismo opisali ono što se dogodilo, staru riječ 'posmatrač' treba izbaciti i zamijeniti je novim terminom 'učesnik'. Na neki način, univerzum je participativni univerzum.”

Nema fragmentacije.

Prema Bohmu, subatomske čestice su, zahvaljujući kvantnom potencijalu, uronjene u "polje oblika". Iz ovog polja, čestice u svakom trenutku primaju sve informacije potrebne da odluče kako da se kreću.

Ali, budući da je makroskopski nivo sastavljen od skoro beskonačnog broja subatomskih čestica, svako živo biće podleže polju forme koje u svakom trenutku svakoj čestici njegovog tela sugeriše koordinate njegovih mikroskopskih kretanja.

Razlika između ta dva faktora (makroskopskog i mikroskopskog) je u tome što prvom treba prostor i vrijeme da se razvije, odnosno ima lokalne karakteristike, dok mikroskopskom faktoru, odnosno pokretačkom sistemu, nije potreban ni prostor ni vrijeme. Mikroskopski nivo je izražen u dimenziji koja se naziva "ne-lokalni". Sistem vođenja je izraz "beskonačnog" koji se nalazi izvan prostora i vremena. Sistem za vođenje ne proizvodi informacije primajući ih sa tačnog mjesta, već ih posjeduje u "univerzalnoj cjelini", svojevrsnom "prostornom predsobu" koje sadrži svijest o univerzumu.

U kontekstu Bohmove mehanike, čestice sistema su "ne-lokalno" povezane kvantnim potencijalom. Ovo se dešava bez obzira koliko su udaljeni. Najneposrednija posljedica je zapažanje da ne postoje odvojeni i nezavisni objekti, već je sve međusobno povezano da tvori jednu stvar.

Štaviše, kao što smo već videli, ne postoji ništa „izvan“ nas, što možemo posmatrati spolja. I sami smo aktivni dio cjeline. Kvantna mehanika manifestuje potpuno međusobno povezan univerzum. To je stvarnost koju ne možemo razložiti na elementarne dijelove koji imaju samostalan život. Proučavajući intimnost materije shvatamo da čestice od kojih se ona sastoji ne predstavljaju temeljne građevne blokove u smislu Demokrita. Čestice su čiste idealizacije, studijske hipoteze sposobne da pruže idealne reprezentacije stvarnosti koju je nemoguće predstaviti. Zaista, čestice su konvencionalne apstrakcije.

U stvarnosti postoji kosmička međuveza sastavljena od probabilističkih vibrirajućih energija, koja se ne može smjestiti tačno u prostor kako ga mi razumijemo. O zaslugama, Bohm se ovako izražava u eseju napisanom zajedno sa Basilom Hileyem za časopis "Foundation of Physics", objavljenom 1975. godine pod naslovom "O intuitivnom razumijevanju nelokalnosti kako to podrazumijeva kvantna teorija":

> Poništili smo uobičajenu klasičnu koncepciju prema kojoj su nezavisni "elementarni dijelovi" svijeta osnovna stvarnost, a različiti sistemi samo posebni i kontingentni oblici i rasporedi ovih dijelova.
>
> Umjesto toga, kažemo da je fundamentalna stvarnost kvantna međupovezanost cijelog univerzuma. Dijelovi koji imaju relativno nezavisno ponašanje su samo posebni i kontingentni oblici unutar ove cjeline.

Kao da želi reći da kočija kralja Milinda nije slučajni zbir točkova, osovina i konja, kako tvrdi materijalizam. Umjesto toga, različiti dijelovi su elementi inteligentno odabrani da čine cjelinu koja je kočija..

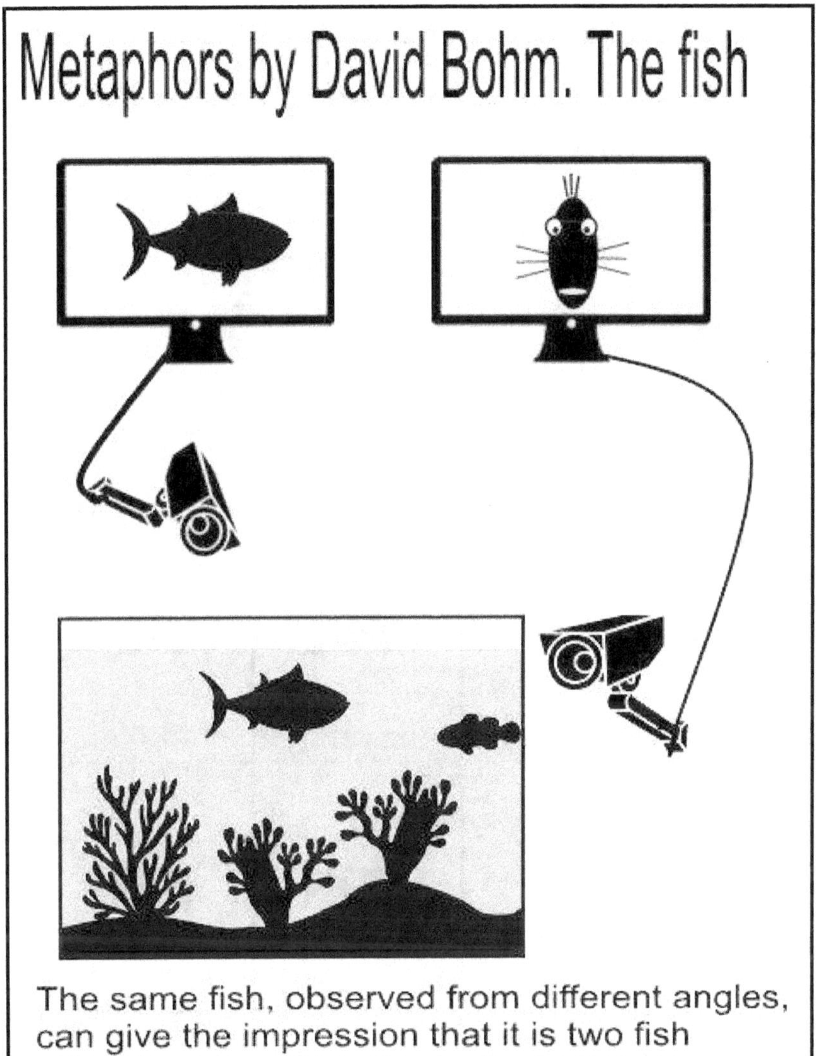

Slika 52 - Bohmova metafora o kvantnoj superpoziciji.
Metafore Davida Bohma. Riba.
Ista riba, posmatrana iz različitih uglova, može ostaviti utisak da se radi o dve različite ribe.

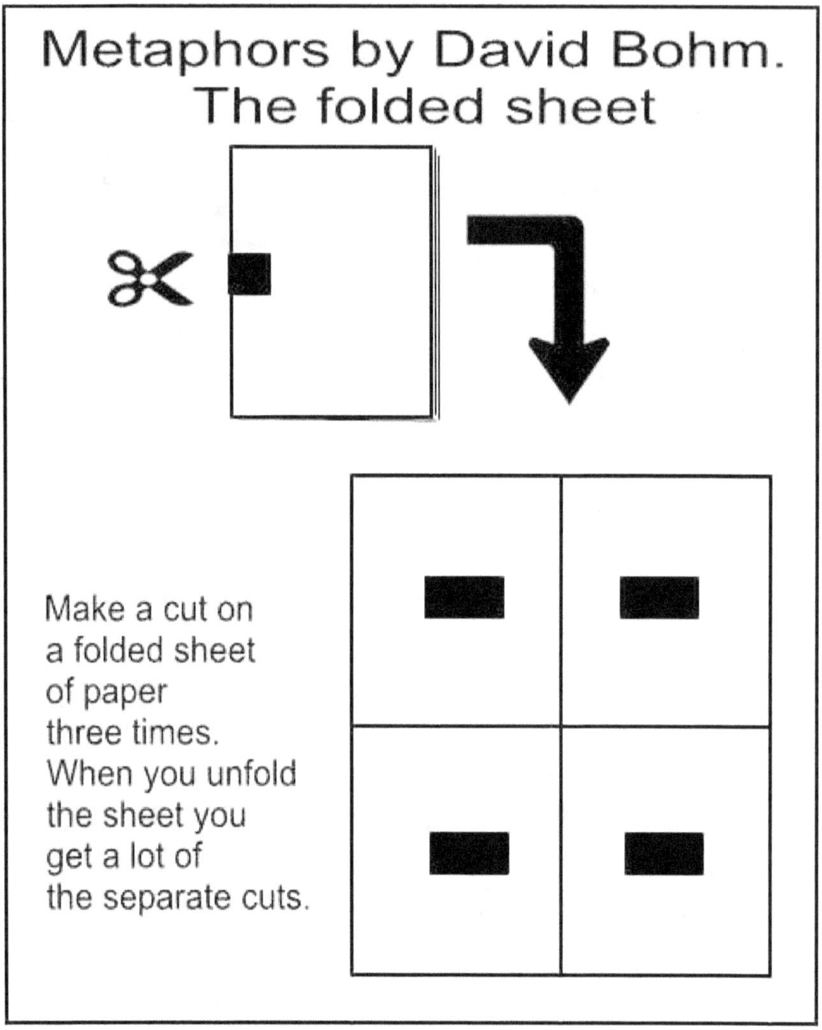

Slika 53 – Brojne rupe koje se pojavljuju na rasklopljenom listu su, u stvari, rezultat jednog reza.
Metafore Davida Bohma. Presavijeni list papira.
Napravite rez na listu papira presavijenog tri puta na sebi.
Kada rasklopite list, dobijate mnogo zasebnih rezova.

Kakav god oblik ima osovina, koji god broj krakova na točkovima, bez obzira na boju ili broj konja, nebitni su detalji u odnosu na transcendentni projekat "kola".

Na subatomskom nivou objekti u kojima se materijalizuje čvrsta materija rastvaraju se u talasima verovatnoća međusobno povezanih u "univerzalnu celinu".

Kakav god oblik ima osovina, koji god broj krakova na točkovima, bez obzira na boju ili broj konja, nebitni su detalji u odnosu na transcendentni projekat "kola".

Na subatomskom nivou objekti u kojima se materijalizuje čvrsta materija rastvaraju se u talasima verovatnoća međusobno povezanih u "univerzalnu celinu".

. Nema fragmentacije, već samo unikum koji vrvi vibracijama. Ako nosimo naočale za kvantnu fiziku, više ne možemo vidjeti svemir kao skup različitih objekata, od polenovih zrnaca do galaksija, dobro definiranih i međusobno odvojenih. Ono što nam se čini je ogromna mreža energija povezanih u cjelinu koja uključuje i nas same.

U eseju "S-matrica interpretacija kvantne teorije" američki fizičar Henry Pierce Stapp navodi:

> „Svijet se pojavljuje kao složeno tkivo događaja, u kojem se različite vrste međusobne povezanosti smjenjuju, preklapaju i kombinuju, određujući strukturu cjeline.

Metafora ribe koja je uzeta iz različitih uglova (sl. 52) izvrsno opisuje koncept prema kojem, iako naizgled postoje različite manifestacije predmeta, tako da se može povjerovati da se radi o nekoliko različitih objekata, zapravo oni su jedan objekat

"Implicitni nalog" i "eksplicitni poredak"

„Na veoma dubokom nivou materija i svest su potpuno neodvojivi i međusobno povezani, kao što su u video igrici igrač i ekran ujedinjeni učešćem u zajedničkom procesu. U ovom pogledu, um i materija su dva aspekta "cjeline" koja je "jedno". "Um i materija" nisu ništa više odvojivi od "forme i sadržaja". Na veoma dubokim nivoima svest čovečanstva je jedna.

(David Bohm)

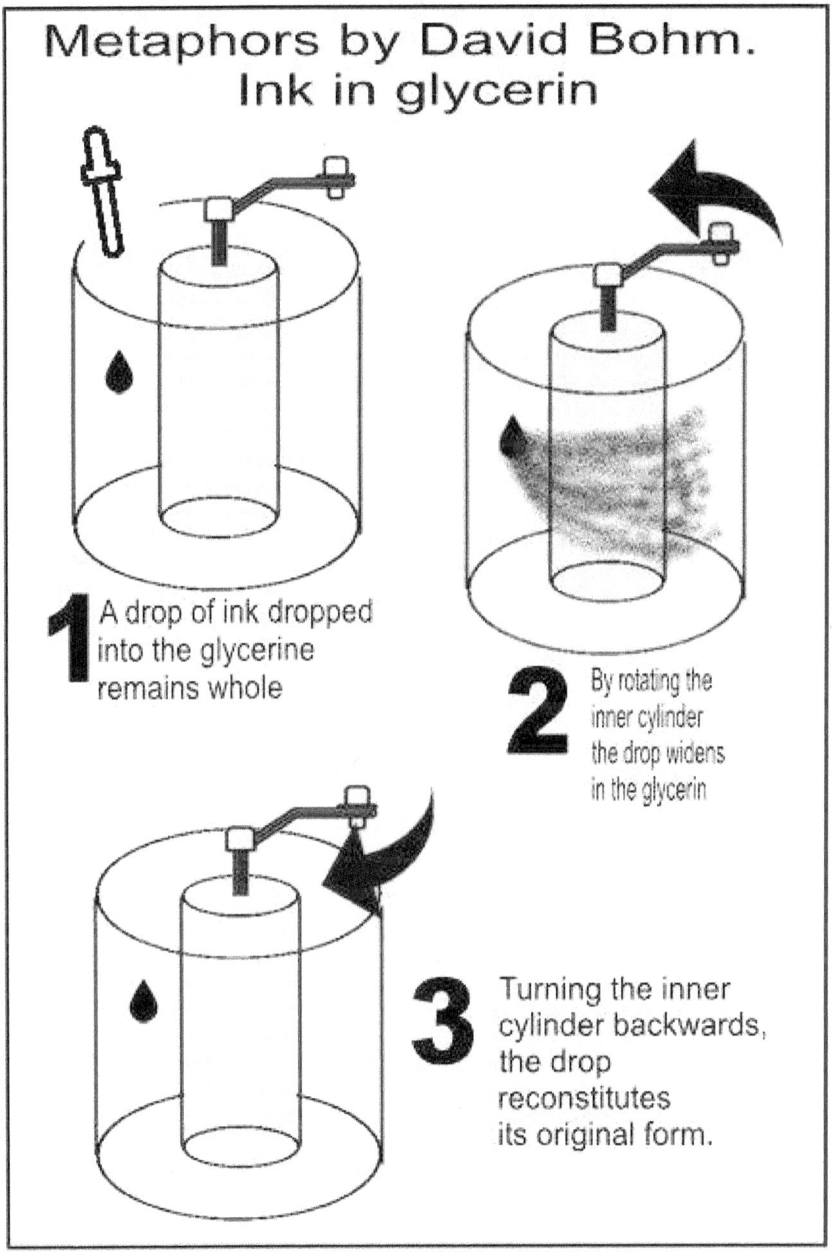
Metaphors by David Bohm.
Ink in glycerin
1 A drop of ink dropped into the glycerine remains whole
2 By rotating the inner cylinder the drop widens in the glycerin
3 Turning the inner cylinder backwards, the drop reconstitutes its original form.

Slika 54 – Metafora Davida Bohma o kapi mastila raspršene u glicerinu.
Metafore Davida Bohma. Tinta u glicerinu
1 Kap mastila ispuštena u glicerin ostaje cela
2 Rotacijom unutrašnjeg cilindra, kap se širi u glicerinu
3 Rotacijom unutrašnjeg cilindra u suprotnom smjeru, kap rekonstituiše svoj izvorni oblik..

U svojim studijama o plazmi, Bohm je bio fasciniran kako, u površnoj situaciji prividnog haosa, red koji dolazi iz dubljeg sloja može iznenada da se pojavi. Ovo iskustvo ga je pogodilo do te mjere da ga je učinilo karakterističnim elementom svih njegovih studija. Svaka njegova intuicija polazila je od mogućnosti da se neki fenomen može razumjeti u svojim najintimnijim konotacijama počevši od pretpostavke postojanja temeljne, ili implicitne, "regulatorne inteligencije".

To ga je navelo da teoretizira postojanje poretka koji transcendira vrijeme i prostor, svojstvenog najdubljim naborima stvarnosti, koje je nazvao "impliciranim redom" ili "sklopljenim redom". Bohm je pretpostavio da ovaj poredak ne postoji samo u svijetu elementarnih čestica, već u cijelom svemiru. Implicitni poredak, tipičan za najskriveniji dio kosmosa, suprotstavljen je "ekspliciranom poretku". To je poredak stvari kako ih vidimo, ili kako nam se pojavljuju u našem iskustvu.

Bohm je imao prve intuicije postojanja impliciranog poretka kada je sanjao o svemiru sastavljenom od beskonačnog broja sfernih ogledala, koja se međusobno odražavaju. Zamišljao je materiju kao sastavljenu od atoma gdje svaki atom, poput ogledala, odražava beskonačne refleksije.

Metafora na slici 53 ilustruje kakav odnos može postojati između impliciranog i eksplicitnog poretka. Zamislite da presavijate list papira na tri ili više dijelova. Sa makazama otvaramo jedan prozor bilo gde na listu. Biće nam dovoljno da rasklopimo list da uočimo postojanje mnogo malih prozorčića, međusobno odvojenih prostorno: ovo razdvajanje je potpuno iluzorno ako posmatramo presavijeni list, ali se našim čulima objašnjava kao zbir malih prozora. kada rasklopimo list. Očigledno, presavijeni list papira predstavlja skriveni ili implicitni poredak, dok nesavijeni list papira predstavlja eksplicitni poredak.

Bohm je volio razvijati metafore da potkrijepi svoje teze. Što se tiče impliciranog i eksplicitnog poretka, on je zamislio implicitnu dimenziju koja sadrži informaciju stvarnosti u obliku koji nije razumljiv našim čulima, ali sposoban da se eksplicira u forme i načine koji su nama razumljivi. Ali naše shvatanje ne odgovara stvarnosti.

U metafori TV signala (sl. 55) implicirani poredak čine radio-frekvencije, nama nevidljive i nerazumljive, koje se protežu u eter i koje se mogu uhvatiti antenom. Kada se radio frekvencije prenesu na uređaj za prijem, one se razvijaju na način da ih naše oči i uši mogu razumjeti. Naravno, ono što vidimo na ekranu je samo transpozicija u oblike i boje stvarnosti sačinjene od frekvencija koje ne bismo mogli da dešifrujemo.

Još prikladnija je, ako je moguće, metafora video igrice (sl. 56) u kojoj inteligencija strana našoj okolini i našoj savjesti, tj. softver koji dolazi iz kertridža umetnutog u konzolu, stvara za nas iluziju fantastičnog svijeta sa sa kojim smo u stanju da komuniciramo kao da smo zaista uronjeni u njega, dok je u stvarnosti to čista iluzija.

Druga metafora predviđa da se ta dva reda mogu ilustrovati postavljanjem uređaja na slici 54, što je objasnio sam Bohm tokom intervjua datog sajtu "oubliettemagazine.com":

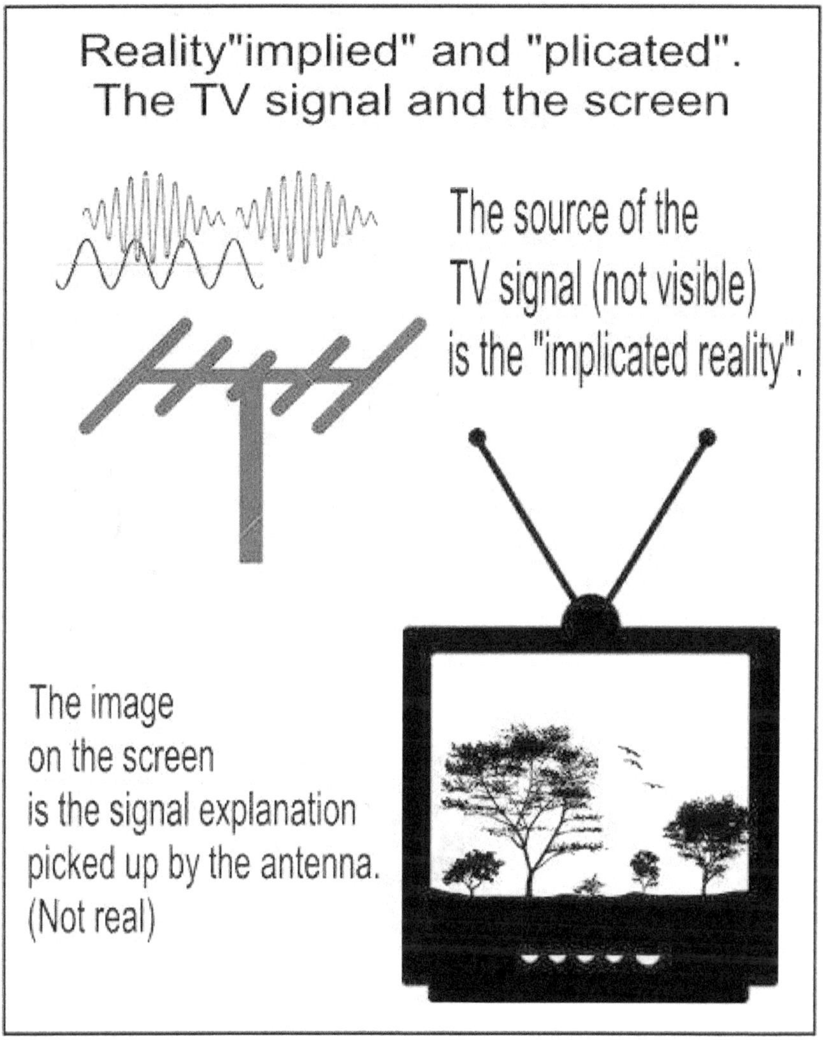

Slika 55 - "Eksplicirana stvarnost" je samo nestvarna interpretacija signala primljenih iz vanjskog izvora preko antene.

"Implicitna" i "eksplicirana" stvarnost.

TV signal i ekran

a - Izvor TV signala (nije vidljiv) je "implicirana stvarnost".

B - Slika na ekranu je razumljivo objašnjenje signala koji je uhvatila antena.

.

Reality"implied" and "explicated".
The video game
The events that
develop on the screen
are the
"reality explicated"
The software that guides events
is the"implicated reality"

Slika 56 – Eksplicitna stvarnost (ono što vidite na ekranu) je reprezentacija, prilagođena našim čulima, podrazumevane stvarnosti, tj. softvera koji dolazi iz kertridža umetnutog u konzolu.

"Implicitna" i "eksplicirana" stvarnost. Video igrica

a - Događaji koji se razvijaju na ekranu su "eksplicirana stvarnost"

b - Softver koji pokreće događaje je "implicirana stvarnost".

„Dok sam razvijao teoriju 'impliciranog univerzuma', naučni program na BBC-u je pokazao uređaj koji dobro ilustruje koncept.

Sastoji se od dva koncentrična staklena cilindra. Među njima je i viskozna tečnost, kao što je glicerin. Ako se kap nerastvorljive tinte stavi u glicerin i vanjski cilindar se polako rotira, kap tinte će formirati trag. Konačno, staza postaje toliko difuzna da postaje gotovo nevidljiva. U tom trenutku izgleda da nema reda.

Međutim, ako polako rotirate cilindar unatrag, glicerin se vraća u prvobitni oblik i iznenada se ponovo vidi kap tinte. Kap tinte koja je raspršena u glicerinu se rekonstituira zahvaljujući obrnutoj rotaciji."

Imamo dva koncentrična staklena cilindra, od kojih se jedan može sporo okretati. Prostor između dva cilindra ispunjen je viskoznom tekućinom kao što je glicerin. Kada se cilindar rotira, obližnja tečnost se pomiče zajedno s njim. Ali pretpostavimo da se pokretni cilindar sada okreće u obrnutom smjeru. Ako je tečnost vrlo viskozna kao što je glicerin, a cilindar se ne rotira prebrzo, tada će fluidni element ponoviti svoje tačne korake kako bi rekonstituisao originalnu kapljicu mastila.

Ova metafora uči da postoji skriveni poredak čak i u prividnom haosu. Kada se oblik kapi mastila rastvori van vidokruga, njen red se ne uništava, već ostaje impliciran u glicerinu. Ova rastvorena kap mastila predstavlja podrazumevani poredak, dok cela kap predstavlja eksplicitni poredak, odnosno stvarnost kakva se čini našim čulima. Rotacija cilindra igra odlučujuću ulogu i predstavlja dinamiku koja ujedinjuje dva reda. U Bohmianskoj razradi ova dinamika dobija naziv "holomovement".

Džinovski kosmički hologram.

Termin hologram općenito označava trodimenzionalne slike, a posebno stereoskopske, odnosno one koje se pojavljuju iz različitih perspektiva ovisno o mjestu promatranja. Dakle, hologram je trodimenzionalni prikaz stvarnosti i mogao bi se uporediti sa normalnom fotografijom, da fotografija nije dvodimenzionalna. Fotografisanjem objekta klasičnim metodama moći ćete ga ponovo vidjeti samo u dijelu koji je uokviren objektivom. Ako fotografišete osobu sprijeda, uvijek ćete vidjeti njeno lice, ali nikada ne možete vidjeti leđa. Suprotno tome, hologram će vratiti trodimenzionalnu sliku snimljene scene, gdje će se objekti i ljudi pojaviti kao da su postavljeni u centar pozornice.

Hologrami se dobijaju posebnim tehnikama. Snimanje se odvija putem snopa laserske svjetlosti koji se šalje prema objektu koji se reproducira i prema ploči od osjetljivog materijala.

Zahvaljujući igri ogledala, svjetlost koja dolazi iz izvora ometa onu koju reflektuje predmet. Kao rezultat toga, na ploči se formiraju linije koje se nazivaju interferencijskim resama. Jednostavnije rečeno, na ploči se ne pojavljuje slika fotografiranog objekta, već splet linija koje sadrže informacije o trodimenzionalnosti.

Holographic information.
Each part contains the whole

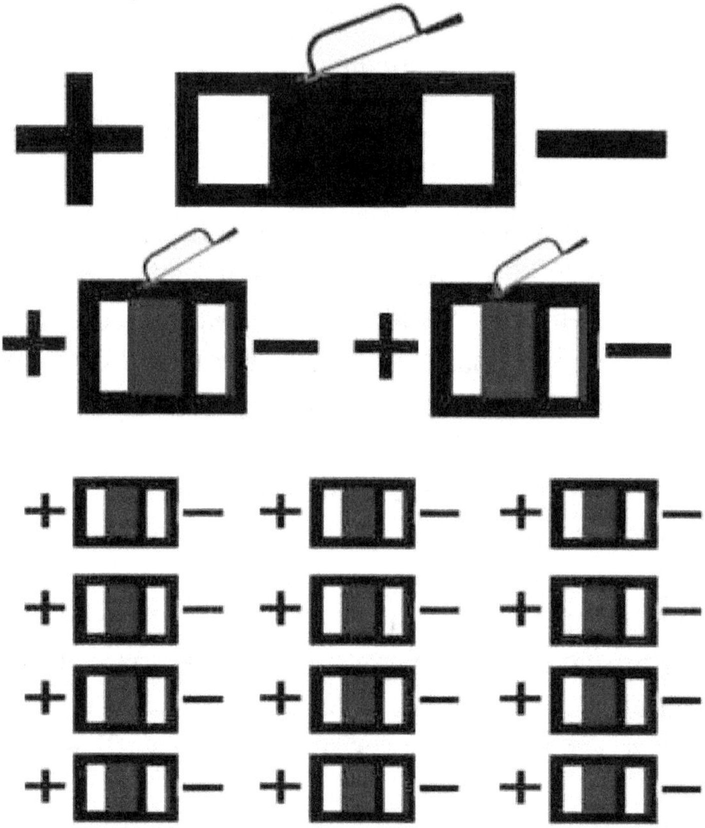

A magnet can be divided then many parts.
Each part retains the positive and negative poles.

Slika 57 – Magnet može predstavljati holografsku stvarnost. Ako se magnet razbije na bilo koji broj dijelova, svaki dio zadržava karakteristike cjeline.

Holografske informacije. Svaki dio sadrži cjelinu

Magnet se može podijeliti na više dijelova. Svaki dio zadržava pozitivni i negativni pol.

Naravno, snimljena slika može se reproducirati sa izuzetnom preciznošću, jednostavnim osvjetljavanjem ploče drugim laserskim snopom. Ovaj snop, zapravo, uspijeva dekodirati informaciju rekonstruirajući trodimenzionalnu sliku snimljenog objekta, koja se gledaocu čini kao da je fizički prisutna. Zahvaljujući tehničkim poboljšanjima i razvoju, hologrami sada mogu biti vidljivi i na "bijelom svjetlu" ili sunčevoj svjetlosti

Danas postoje i štampani hologrami, u kojima se difrakciona rešetka reproducira na prozirnoj plastičnoj podlozi, koja se zauzvrat oslanja na srebrni sloj. Slične holograme možemo vidjeti, na primjer, na nekim kreditnim karticama.

Hologram ima vrlo zanimljivu osobenost, koja ga jasno razlikuje od obične fotografije na kojoj se informacija kristalizira na papiru. Ako presječete fotografiju na dva dijela, a jedan dio bacite, informacije sadržane u njoj mogu se smatrati trajno izgubljenim. Nikada nećete moći rekonstruisati, iz preživjele polovine, sadržaj one koja nedostaje, osim intuitivnom aproksimacijom.

Suprotno tome, hologram se može podijeliti na onoliko dijelova koliko želite, a svaki dio će zadržati ukupnu informaciju.

Bohm predlaže metaforu magneta (sl. 57). Ovaj objekt, koji se obično naziva magnet, je metalno tijelo koje stvara magnetsko polje nevidljivo ljudskom oku i proizvodi univerzalno poznate efekte: može privući ili odbiti druge magnete, kao i, naravno, željezne materijale. Magnet ima dva pola, koji se nazivaju sjeverni i južni. Ako se magnet ostavi da se slobodno vrti, sjeverni pol je onaj koji je okrenut prema sjeveru. Naravno, na drugom kraju je Južni pol.

Moglo bi se pomisliti da se piljenjem magneta u sredini dobijaju dva dela, jedan sa samo severnim a drugi samo sa južnim polom. Nije tako. Svaka od dvije strane odmah rekonstituiše polaritet koji nedostaje. Možete podijeliti magnet na onoliko dijelova koliko želite; u svakom slučaju, koliko god mali bio, svaki dio će imati sjeverni pol i južni pol, tj. svaki dio će zadržati netaknute sve informacije izvornog magneta iz kojeg je dobiven.

Rezanjem holograma na dva, deset, sto ili hiljadu delova, dešava se ista stvar. Svaki dio čuva sve informacije matrice iz koje dolazi.

Štaviše, hologram posjeduje nevjerovatan kvantitativni kapacitet skladištenja: dovoljno je promijeniti ugao pod kojim dva laserska snopa utiču na film kako bi se akumulirali milioni milijardi informacija u jednom kubnom centimetru prostora.

Analogija sa "impliciranim univerzumom" je očigledna: i ovdje je svaki dio međusobno povezan sa svim ostalima čineći jednu stvar, a u ovoj mreži veza čak i najmanji dio, kao što je jedna čestica, sadrži globalnu informaciju.

Budući da se informacija cijelog kosmosa može prepoznati u najmanjoj čestici, Bohmian teorija poprima holografske karakteristike, a svemir, shvaćen kao implicitni i eksplicitni poredak, može se zamisliti kao ogroman hologram.

Holografski univerzum.

Najzapanjujuća stvar u vezi sa holografskim modelom bila je to što je odjednom dao smisao za širok spektar nejasnih pojava, kao što je to da se smatraju izvan granica nauke. To uključuje telepatiju, prekogniciju, mistične osjećaje jedinstva sa svemirom, pa čak i psihokinezu, ili sposobnost uma da pomiče materijalne objekte, a da ih niko ne dodiruje."

(Michael Talbot, "Sve je jedno")

Bohmove intuicije ubrzo su poprimile precizan smjer, smjer svemira zamišljenog kao gigantski hologram. Međutim, neophodno je bilo uzeti u obzir činjenicu da univerzum nije statična realnost već dinamička, ogroman niz vibrantnih energija i uzburkane materije; u stvari, ništa u subatomskom univerzumu nije statično, kao što smo vidjeli kada opisujemo atom.

Tako je Bohm skovao novi termin "holomovement". Univerzum je, u Bohmianskoj koncepciji, ogroman holokret u kojem svaki dio, čak i najmanji, sadrži svu historiju i kosmičku inteligenciju kako se odvijaju u vremenu i prostoru.

Upravo zato što "implicirani" univerzum u sebi implicira sve fizičke svemire i njihovo postajanje našim osjetilima, rezultirajući hologram čak i ne poznaje koncept statike, već čini vječno kretanje "implikacije" i "eksplikacije".

Podrazumijevani poredak sadrži u sebi svako vrijeme, prošlost, sadašnjost i budućnost, i svako mjesto. Vrijeme i mjesto, koji se u eksplicitnom poretku (to jest, u našem iskustvu i razumijevanju) odvijaju u odvojenim stvarnostima, jedno su u impliciranom redu.

Holomokret omogućava da implicitni poredak sadrži sve raznolikosti eksplicitnog poretka. U intervjuu Bohm objašnjava holokret ovim riječima:

> "Isti implicirani red je otkriven u složenom kretanju elektromagnetnih polja u obliku svjetlosnih valova. Takvo kretanje svjetlosnih valova prisutno je posvuda i obuhvata čitav svemir prostora i vremena u svakoj regiji. Ovo zatvaranje i odvijanje odvija se ne samo u

kretanju elektromagnetnog polja već iu drugim poljima koja se povinuju zakonima kvantne mehanike koji impliciraju diskontinuitet i svojstva nelokalnosti. Sveukupnost pokreta zatvaranja i otvaranja može ići neizmjerno dalje od onoga što je otkriveno tokom naših promatranja. Ovu celinu nazivamo holokretnjama".

U istom intervjuu Bohm ponovo kaže:

"Predlažem nešto ovako: Zamislite beskonačno more energije koje ispunjava prazan prostor, a valovi se kreću kroz njega, povremeno se skupljajući i stvarajući intenzivnu pulsaciju. Kažemo da se određeni impuls okuplja i širi, stvarajući naš univerzum prostor-vremena i materije. Moglo bi se pojaviti više ovih impulsa. Nama ovaj impuls izgleda kao Veliki prasak; u širem kontekstu, to je mali talas. Sve proizlazi iz raspoređivanja u "holomovementu". Sve se savija samo od sebe implicitnim redosledom. Proces savijanja ili zatvaranja nazivam „impliciranjem". Obrnuto, proces odvijanja ili otvaranja nazivam "objašnjavajućim". Implicitno i eksplicitno su jedna tečna i nepodijeljena stvar. "

Bohm zatim upotpunjuje svoju viziju univerzuma na izuzetno mističan način zamišljajući, kao u matrjoški, veoma duge teorije implicirane stvarnosti u osnovi drugih, sve dok ne dostigne "superimplicirani poredak", tj. "kosmički um".

Prema Bohmu, ovaj Um kreativno doživljava u sebi aktivnost viših redova. Svako živo biće svesno učestvuje u celini dajući celini smisao. Bez svijesti živih bića, svemir bi bio nepotpun. Zahvaljujući učešću svakog živog bića, "kosmički um" ide ka svesti i samospoznaji.

Karl Pribram

Karl Pribram rođen je u Beču 1919. godine, a život je završio 2015. Bio je neurohirurg, profesor psihijatrije i psihologije na raznim američkim univerzitetima, uključujući univerzitete Stanford i Georgetown.

Njegove najvažnije studije tiču se ljudskog mozga i nervnog sistema: posebno je pomogao da se definiše priroda limbičkog sistema i odnos između njega i frontalnog korteksa.

Činit će se čudnim da o tome govorimo u ovom kontekstu, posvećenom za veliku većinu fizičarima ili filozofima, ali postoji vrlo specifičan razlog. Zaista, Pribram je uglavnom poznat po razvoju, u saradnji sa Davidom Bohmom, takozvanog "holonomskog modela mozga" poznatog i kao "Pribramov i Bohmov holografski model" ili kao "holografska paradigma".

Ovim modelom, Pribram je teoretizirao da informacije, a samim tim i sjećanja pohranjena u našem mozgu, nisu "snimana" u neuronima, već su rezultat recipročne interakcije oblika valova koji generiraju "obrase". Na ovaj način objašnjava sposobnost mozga da skladišti ogromnu količinu informacija u relativno malom prostoru.

Slika 58 – Karl Pribram, nezavisno od Bohma, došao je da razradi koncept holografskog uma.

Pribram je vjerovao da su sjećanja pohranjena u mreži nervnih impulsa koji se prepliću po cijelom mozgu, baš kao što se laserski snopovi ukrštaju na filmu koji sadrži holografsku sliku i omogućavaju, ovisno o kutu, da se otkriju ogromne količine informacija.

U svojim neurohirurškim studijama Pribram je, kao i Bohm, došao do zaključka da je funkcionisanje pamćenja razumljivije smatrajući ga sličnim holografskoj stvarnosti. Naravno, obojica su svoja uvjerenja sazrevala na potpuno različitim putevima. Bohm je svoju teoriju formulirao nakon studija kvantne fizike, dok se Pribram uvjerio u holografsku stvarnost zbog mnogih, ponekad nepremostivih, poteškoća u objašnjavanju nekih neurofizioloških pitanja.

1970-ih Pribram je istraživao hipotezu o holografskoj stvarnosti, polazeći od principa da naš mozak obrađuje signale primljene iz očiju kako bi predstavio posredovanu stvarnost, sličnu hologramu.

Budući da mu je sin bio fizičar, razmišljao je da mu se obrati da uporedi neke ideje, ali mu je sin odmah savjetovao da kontaktira Davida Bohma, koji je svakako bio najpogodnija osoba. Pribram je to i učinio, a iz njihovog susreta rođen je čvrst identitet pogleda na mogućnost da je svemir holografska stvarnost.

U svojoj knjizi "Holografski univerzum: Revolucionarna teorija stvarnosti" Michael Talbot ovako opisuje plodove susreta dvojice naučnika:

> “Uzmete zajedno, teorije Bohma i Pribrama pružaju potpuno novi način gledanja na svijet. Naši mozgovi matematički konstruišu objektivnu stvarnost, tumačeći

frekvencije koje su u konačnici projekcije iz druge dimenzije, dubljeg poretka postojanja izvan prostora i vremena: mozak je hologram skriven u holografskom svemiru.

Pribram tvrdi da ga je ova sinteza učinila svjesnim da objektivni svijet ne postoji, ili barem ne u smislu u koji smo navikli vjerovati. Ono što postoji "napolju" je ogroman okean talasa i frekvencija, a stvarnost nam se čini konkretnom samo zato što je naš mozak u stanju da transformiše ovu nejasnu holografsku formu u osnovne građevne blokove i poznate objekte koji čine naš svet. (...)

Imamo dva veoma različita aspekta stvarnosti. Sebe možemo vidjeti kao materijalna tijela koja se kreću kroz prostor. U suprotnom, mogli bismo sebe vidjeti kao mutnu sliku interferencijskih obrazaca skrivenih kroz cijeli kosmički hologram.

Bohm vjeruje da je ovo drugo gledište ispravnije."

Da li stvarnost postoji ili ne?

Kombinacija Pribramovog holografskog modela mozga sa Bohmovom teorijom holokretanja daje iznenađujući rezultat. Ako je stvarnost, u konkretnosti koju opažamo, iluzija, a sve što postoji nije ništa drugo do masa frekvencija i vibrirajućih energija, šta ostaje? Ako mozak nije ništa drugo do hologram koji dekodira primljene frekvencije pretvarajući ih u čulne percepcije, da li objektivna stvarnost zaista postoji?

Odgovor bi trebao biti: ne, "objektivna stvarnost" ne postoji, čime se potvrđuje ono što su oduvijek podržavale istočnjačke filozofije, prema kojima je svijet samo iluzija.

I ne samo to: ovim odgovorom rehabilitiramo i prebrzo ismijane teorije mnogih zapadnih filozofa, poput Georgea Berkeleya, prema kojem svi objekti za koje vjerujemo da postoje nemaju tijelo. Predmeti su samo ideje koje naša čula prenose u mozak. U mozgu su ove ideje konfigurisane i zaodjenute lažnim utiskom materijalnosti.

Pribramova holografska paradigma i Bohmov holokret dovode do zaključaka koje mnogi osporavaju, ali mnogi drugi vjeruju da je to najtačniji mogući opis stvarnosti do sada.

Gdje idemo.

"Morate razumjeti cijeli život, a ne samo dio. Zato morate čitati, zato morate gledati u nebo, zato morate pjevati i plesati, i pisati poeziju, i patiti i razumjeti, jer sve je ovo život.
(Jiddu Krishnamurti)

Živimo u privilegiranoj eri u kojoj nas misteriozni sinkronicitet sa kosmičkim dimenzijama vodi ka neslućenim ciljevima. Kada postignemo ove ciljeve, desiće se da će duh i materija, konačno dobijeni istim pravom na postojanje, moći da uključe čitavo čovečanstvo u znanja i mogućnosti koje se i danas čine neshvatljivim i nedostižnim. Ovaj sinkronicitet nas vodi u prijelazu između ere nesvjesne materije i ere blistavog duha.

Važan prvi korak već je učinjen porazom materijalizma, uprkos činjenici da i danas postoje mjesta, institucije i ljudi koji ne odustaju od postavljanja materijalizma kao principa svoje intelektualne vježbe. U mnogim slučajevima to se dešava radi zaštite privilegiranih ili interesnih pozicija.

Do sada su materijalističke teorije potpuno zastarele u najnaprednijim naučnim oblastima. Počinjemo da se pitamo da li smo zaista samo "nasumično sastavljene mašine", ili ne posedujemo "svest" sposobnu da oblikuje univerzum koji nas sadrži.

U tom kontekstu, pitanje koje je do prošlog veka bilo ograničeno na maglovito carstvo metafizike, postaje izuzetno aktuelno i počinje da muči umove najprosvećenijih naučnika: da li smo mi ti koji kreiramo našu stvarnost?

Proučavanje duše postaje dio fizike.

Sve do prošlog stoljeća svaki diskurs o postojanju duše bio je ograničen na teološku ili filozofsku sferu. Sada je, iznenađujuće, ovo pitanje postalo dio dnevnog reda teorijske fizike, čvrsto postavljeno na vrh liste tema vrijednih daljeg proučavanja.

Konkretno, fizičar Henry Pierce Stapp provodi studije objavljene s određenim naglaskom na webu kroz naslove slične ovome: "Henry Stapp želi dokazati postojanje duše" (Henry Stapp želi pokazati postojanje duše). Istina, Stapp ne želi toliko da demonstrira postojanje duše, već više da se ona, shvaćena kao svijest živog bića, ne može zanemariti. Duša, odnosno svijest, mora postati aktivna i utjecajna varijabla u jednadžbama i formulama koje opisuju funkcioniranje svemira.

Stapp je rođen 1928. u Klivlendu, Ohajo, SAD. Doktorirao je fiziku čestica pod nadzorom nobelovaca Emilija Segrea i Ovena Čemberlena na Kalifornijskom univerzitetu u Berkliju. Poznat je po svojim radovima u oblasti kvantne mehanike, posebno po razvoju aksiomatske teorije S-matrice; objavio je, između ostalih, mnoge radove koji se odnose na nelokalne aspekte kvantne mehanike i Bellovu teoremu.

Godine 1958. pozvao ga je Wolfgang Pauli na ETH u Cirihu da lično radi s njim na osnovnim problemima u kvantnoj mehanici. Od 1969. bio je direktni saradnik Wernera Heisenberga na Max Planck institutu u Minhenu. Potom je od 1976. radio sa John Wheelerom. To je akademska karijera koja se uvijek odvija na najvišim nivoima.

Henry Stapp. Kvantna teorija i slobodna volja.

Stapp je 2017. objavio knjigu "Kvantna teorija i slobodna volja. Kako se mentalne namjere pretvaraju u tjelesne radnje".

Ova knjiga objašnjava, jednostavnim, ali preciznim riječima, kako ortodoksna kvantna mehanika funkcionira i pokazuje kako ova teorija, realno interpretirana, pripisuje važnu ulogu našim svjesnim i slobodnim izborima. Stapp polazi od principa da tradicionalna biologija i neuronauka i dalje podržavaju suštinski opovrgnute i propale klasične predrasude, prema kojima mentalne namjere ne utječu na ponašanje materije. Pokazuje kako kvantna mehanika pruža racionalnu osnovu za bolje razumijevanje veza između svijesti i ponašanja, omogućavajući i objašnjenje određenih fenomena koji se trenutno smatraju "paranormalnim". Ove ideje imaju važne implikacije za razumijevanje nas samih i naših misaonih procesa, a time i za smisao naših života.

U knjizi Stapp se bavi jednim od najtežih pitanja ikada, pitanjem slobodne volje. To je koncept koji "Enciclopedia Italiana Treccani" definira na sljedeći način:

> Slobodna volja. Izraz koji se koristi za označavanje slobode čovjeka, čija djela nisu određena superiornim silama (natprirodnim ili prirodnim), već proizlaze iz njegovih autonomnih izbora.
>
> Izraz je nastao na tlu kršćanskih teoloških rasprava, u odnosu na pomirljivost između božanske svemoći i sveznanja i ljudske slobode. Protagonisti humanizma i renesanse posebno su s posebnom toplinom podržavali tezu o slobodnoj volji.

Sa religiozne tačke gledišta, vrlo je teško pomiriti slobodnu volju sa idejom sveznajućeg Boga: ako Bog već zna budućnost i stoga zna kako će se čovek ponašati, može li čovek sebe da smatra slobodnim da bira?

Ostavimo religiju na trenutak po strani, jer je to lični i neobjektivan pojam i da se čak i vjernici različitih religija često ne slažu oko toga.

Znanost, kao što znamo, nastavlja sa svojim metodama koje možemo definirati kao objektivne: ona izvodi eksperimente iz kojih izvodi konkretne zaključke. Ako eksperimentalni rezultati potvrde hipotezu na nepobitan način, ovo postaje fizički zakon, inače se presuda može poreći ili suspendirati.

U slučaju slobodne volje, niko nikada nije mogao da tvrdi da je to važeći zakon. Zapravo, nikada nije bilo moguće dokazati da se, ispitivanjem određene situacije nekoliko puta, uvijek dobija isti rezultat.

Polazeći od ove naučne osnove možemo formulisati šire rezonovanje, povezano sa sigurnošću da se čovek sastoji od atoma i čestica.

Znamo da su atomi u stalnoj agitaciji i znamo da, kao dio ovog kretanja, imaju tendenciju agregiranja s drugim atomima. Ali jedno ne znamo: zašto se atomi međusobno privlače i agregiraju? Kojom silom se tri atoma (dva atoma vodika i jedan kiseonika) ujedinjuju u molekul vode? Postoji li "savjest" koja ih navodi da izvedu upravo ovaj izuzetno koristan oblik agregacije, umjesto mnogih drugih mogućih?

Zaista, atom ne bi trebao imati svijest, pa stoga ne bi trebao biti u stanju "svjesno" odlučiti koju vrstu agregacije da izvede. Štaviše, čak ni molekul vode ne može se definisati kao svestan. Ali atomi se mogu agregirati i na složeniji način, na primjer tako da formiraju biološki "živo" biće, to jest, svakako obdareno sviješću, ili barem instinktom. Čudesno, bića obdarena svešću se rađaju iz agregacije milijardi atoma bez svesti.

Zašto? To je prava zagonetka. Šta može biti rješenje? Ili atomi poseduju svest, suprotno popularnom verovanju, ili su vođeni svešću koja je van njih: u svakom slučaju, "pilot svest" mora postojati u procesu agregacije.

Sa religiozne tačke gledišta moglo bi se reći da je sve predodređeno od Boga; svijest iz koje dolaze sve svijesti i sva svjesna ponašanja je Božja.

Međutim, nauka ne smatra ova metafizička razmišljanja validnim i nastavlja svoj rad da otkrije koji su to mehanizmi koji određuju agregaciju materije.

Razumjeti kako se i zašto atomi agregiraju značilo bi otkriti kako se stvara savjest živih bića, prije svega čovjeka, te bismo zaključili da se formiranje savjesti odvija na osnovu jasno definiranog procesa. Ovo bi bio proces koji se može prenijeti na formulu.

Da je to slučaj, "formiranje" svijesti bi bilo dio predvidivog i ponovljivog procesa. Stoga bi se moglo pretpostaviti postojanje "standardnih" svijesti. Pod ovim uslovima bilo bi jasno jednom za svagda da slobodna volja ne postoji.

Kvantna fizika razvija potpuno drugačiji pogled, koji Stapp istražuje u svojoj knjizi. Ne možemo posmatrati česticu utvrđivanjem njenog položaja i brzine, odnosno možemo to učiniti samo verovatnoćarski. Ponavljanjem mjerenja nekoliko puta sa istim podacima, nalazimo česticu na nekoliko različitih mjesta. I ne samo to: posmatrajući česticu, urušavamo talasnu funkciju koja je sadrži; stoga odlučujemo gdje će se naći.

U stvari, čestica je suspendovana u nebuloznom stanju sve dok, jednostavnim posmatranjem, odnosno gledanjem, sami ne odlučimo gde ćemo tu česticu postaviti.

Ovo ima nemjerljive etičke i filozofske posljedice. Ako posmatrajući ih odlučimo gdje smjestiti čestice, odnosno ako je na nama da odaberemo karakteristike materije, onda to znači da slobodna volja postoji. Mi više nismo mašine kojima dominira materija, već bića sposobna da svojom voljom dominiraju materijom.

U jednom od svojih brojnih intervjua, Henry Stapp se tako izražava o teoriji koju je razvio, "kvantnoj teoriji svijesti":

> Važno je za nas, kao pojedince i kolektivno, da ispravimo trenutno raširenu ideju da je nauka pokazala da smo mi mehanički automati. Ova ideja je zasnovana na klasičnoj mehanici, koja je sada empirijski poništena. Njena nasljednica, kvantna mehanika, predstavlja nas kao psihofizička bića čije svjesne namjere nisu određene fizičkim aspektima Prirode, ali koja ipak uzročno utiču na tok fizičkih događaja.
>
> Pitanje koje se odmah nameće glasi: "Kakva je veza između naših svjesnih iskustava i fizički opisanog svijeta?".
>
> Klasične fizičke teorije koje su preovlađivale u nauci tokom 18. i 19. stoljeća su navodile da je svako fizičko svojstvo unaprijed određeno samo prethodnim fizičkim svojstvima, bez ikakvih "dodatih elemenata" od strane svijesti. Ova izjava, ako je istinita, implicira da su naši životi besmisleni; sveo bi svakoga od nas na suštinski bezumne mehaničke automate, nesposobne da utiču na tok budućih fizičkih događaja ni u svoju korist ni za dobrobit bilo koga drugog.
>
> Danas je poznato da su klasične fizičke tehnike u osnovi lažne. Ove zastarjele teorije zamijenjene su kvantnom mehanikom. U ovoj teoriji, naši svjesni "slobodni izbori" igraju bitnu dinamičku ulogu u

određivanju budućnosti. Takvi izbori se nazivaju "slobodnim" jer nisu ograničeni nikakvim drugim karakteristikama teorije, statističkim ili drugim."

Energija Univerzalnog Duha.

Naša sposobnost da posmatramo elementarne čestice određuje realnost onoga što posmatramo i stoga svedoči o našoj slobodnoj volji. Ali onda, možemo se zapitati: ko je to što posmatra naše čestice da bi ustanovio da one moraju tačno formirati naše telo, a samim tim i našu svest? Mi, ko nas posmatra?

Ima li posmatrača koji nas određuje? Ili: postoji li igra u kojoj smo posmatrači i posmatrani, stvoreni i kreatori? Ko vodi ovu igru? Ili je možda igra rođena iz "početka" koji sebe, od samog početka, doživljava kao igrače i sudije?

Možda je stvarnost gigantski Ouroboros, mitski zmaj koji grize vlastiti rep, formirajući krug bez početka i kraja?

Naizgled nepomičan, ali u vječnom kretanju, ouroboros predstavlja moć koja samu sebe proždire i regenerira, univerzalnu energiju koja se neprestano troši i obnavlja. Stoga simbolizira jedinstvo i totalitet svega, beskonačnost, vječnost, ciklično vrijeme, vječni povratak, besmrtnost i savršenstvo.

Zanimljivo je primijetiti kako je ovaj simbol prisutan u mnoštvu mističnih i filozofskih tradicija svakog vremena i mjesta.

Činjenica da se sva materija oblikuje iz posmatranja sadrži neizbežnu neophodnost: trebamo biti posmatrani.

Moto Džordža Berklija "Esse est percipi" (Biti znači biti percipiran) ponovo je osvetljavajuća.

Sa ove tačke gledišta postaju razumljive i riječi psalmiste, koji se obraća Bogu zahvaljujući mu što ga je pogledao, zaista, što nije mogao pobjeći njegovom pogledu. I ne samo to: priznajući da ga je Bog posmatrao otkako je formiran u majčinoj utrobi, priznaje da ga je taj pogled učinio savršenim „kao čudo“.

David Bohm, koji je bio sin rabinovog pomoćnika, vjerovatno se mnogo puta molio u svom djetinjstvu riječima iz Psalma 138.

„Gospode, ti me tražiš i poznaješ me,
znaš kad sjedim i kad ustanem.
Prodireš u moje misli izdaleka,
gledaš me kada hodam i kada se odmaram.
Kuda pobjeći od svog duha, gdje pobjeći od vašeg prisustva?
Tvoje oči su me videle dok sam još bio bez oblika"

Posljednjih godina svog života Bohm je bio fasciniran teorijama Jiddua Krishnamurtija, rođenog u Indiji 1895. godine. Uspostavio je kulturno i duhovno partnerstvo s ovim filozofom, toliko da su zajedno napisali neke knjige, uključujući "Gdje vrijeme završava".

U toku ovog prijateljstva Bohm se veoma zbližio sa istočnjačkim misticizmom i transformisao svoju mladalačku želju za izgradnjom pravednijeg društva (želju koja je bila okaljana sovjetskim materijalizmom) u težnju ka istom cilju, ali putem duhovni rast.

U kontekstu ovog kulturnog i duhovnog partnerstva, Bohm je razradio misao koju je iznio u ovom citatu iz knjige „Bohm. Fizika beskonačnosti” Massima Teodorani:

„Polje „ograničenog“ je sve što možemo vidjeti, čuti, dodirnuti, zapamtiti i opisati. Ovo polje je u osnovi ono što je manifestno ili opipljivo. Suštinski kvalitet beskonačnog, suprotno tome, je njegova neuhvatljivost. Ovaj kvalitet poprima oblik riječi Duh, čije je izvorno značenje "vjetar, dah".

Ovo sugerira postojanje nevidljive, ali prodorne energije na koju reagira manifestirani svijet konačnog. Ova energija, o Duše, prožima sva živa bića i bez nje bi se svaki organizam raspao na svoje sastavne elemente. Ono što je stvarno živo u živom biću je energija Duha. Ova energija se nikada nije rodila i nikada neće umrijeti.”

Bohm je o duhu govorio kao o Duši svijeta, o superimpliciranom poretku koji leži u osnovi i oživljava sve naknadne implikacije i eksplikacije. On je mislio na poredak koji se nalazi na nivou vrhovne slobode i, kao takav, oslobođen bilo kakve filozofske ili dogmatske konotacije.

Kao što se pokazalo u njegovom životu, Bohm je slobodu smatrao velikim dobrom i težio je da je osvoji u njenoj apsolutnosti kako bi je mogao podijeliti. Umro je od srčanog udara 27. oktobra 1992. u Londonu, ostavljajući veliku prazninu u naučnoj zajednici i ogromno nasleđe ideja koje čekaju da budu razrađene i naučno i filozofski.

Bibliography.

Acheson David # One thousand eighty-nine and other magic numbers.
Aguirre Anthony # Zen and Multiverses
Allen Steve # Deceptions of logic
Ambesi Alberto # Panteismo
Amir Dan Aczel #Entanglement. The greatest mystery of physics. Amir Dan Aczel # The Mystery of the Alef
Amir Dan Aczel # The God Equation
Anderl Sybilla # The universe and me. A philosophy of astrophysics
Angier Natalie # The canon of science. Guided tour from the infinitesimal to infinity for enthusiastic beginners...
Anthes Emily # Quick Guide for Brainiacs: The Mind
Arecchi Tito & Eva # Simboli e realtà
Argentieri Niccolò # Ci sono elettroni nel mondo della vita?
Armstrong David # What is metaphysics
Asimov Isaac # The Physics Book
Asimov Isaac # In the beginning. The book of genesis interpreted.
Asimov Isaac # The invisible universe
Astrolabio Ubaldini # Neuroscienze e spiritualità. Mente e coscienza nelle tradizioni
Baker Stephen # The secret power of mathematicians
BakerJoanne # Quantum Physics. 50 great ideas
Barbour Julian # The point of Janus. A new theory of time

Julian Barbour # The End of Time.
Barcelli Simone # La storia che verrà
Baron Vincenzo # Albert Einstein. Il costruttore di universi
Barrow, Tipler # The anthropic principle.
Barrow John David # 1+1 does not (always) do 2
Barrow John David # Zero to . The great story of nothing. Oscar Mondadori.
Barrow John David # From the Self to the Cosmos
Barrow John David # The numbers of the universe
Barrow John David # The Book of Universes. Complete guide to possible universes
Barrow John David # The mono within the world
Barrow John David # Infinity
Barrow John David # The universe as a work of art
Barrow John David # The Pictures of Science
Barrow John David # The Origins of the Universe
Barrow John David # Why is the world mathematical? The third
Barucca, Jannaccone Scacchi # Forced science
Barzaghi Giuseppe # Compendio di storia della filosofia
Battiston Roberto # La prima alba del cosmo. Dal big bang alla vita nell'universo
Beitman Bernard # Messages of coincidences.
Bellone Enrico # Corpi e cose
Bergson Henri # Essay on the immediate data of consciousness
Berkeley George # Philosophical Works
Bersani-Peres # Proverbial mathematics
Bersani R, Peres E. # Mathematics. Survival course
Berti Enrico # History of metaphysics
Bocchi G, Ceruti M. # Origins of stories

Bodanis David # E=mc². Biography of the equation that changed the world
Bogdanov Igor # Before the Big Bang. The origin of the universe
Bohm - Khrisnamurti # Where time ends
Bohm - Khrisnamurti # The limits of thought
Bōhm Conrad # The Keys of the Cosmos
Bohm David # Universe Mind Matter
Bojowald Martin # Before the Big Bang. Complete history of the universe
Bonaventura, Colombo, Miluzio # The made-to-measure universe. Journey into the incredible cosmic coincidences that allow us to be here
Boncinelli, Inherited # Everything is transformed. Brief history of energy
Borgna Eugenio # Il tempo e la vita
Brockmn John # That's not true but I believe it
Bruno Giordano # Of the infinite universe and worlds
Bryson Bill # A Brief History of (Almost) Everything
Bui Daniele, LeoniSilvio # Mente, cervello e coscienza. Il vicolo cieco del materialismo nel pensiero di Sir John Eccles
Burgin Luc # Errors of science
Cambray Joseph # Synchronicity. Nature and psyche in an interconnected universe.
Campbell, Joseph # Dee. The mysteries of the divine feminine
Campbell, Joseph # The Inner Reaches of the Cosmos. The metaphor in myth and religion
Cantalupi -Santarcangelo # Psiche e realtà
Cappelletti Valentina # From order to things. Essay on Werner Heisenberg
Capra F. Luisi P.L. # Life and nature. A systemic view.

Goat Fritjof # The turning point
Goat Fritjof # The Tao of Physics.
Goat Fritjof # The science of life
Goat Fritjof # Towards a new wisdom
Carlson W. Bernard#Tesla. The inventor of the electric age
Casati Roberto # La scoperta dell'ombra
Castorina Paolo # La «particella di Dio» e l'origine della massa
Cattabiani Alfredo # Planetarium
Cederquist John # Coincidences don't exist.
Cesati Cassin Marco # Non siamo qui per caso. Il potere delle coincidenze.
Chandrasekhar Sub. # Truth and beauty. The reasons for aesthetics in science.
Chiaberge Riccardo # Il Dio variabile
Chinnici Giorgio # Si dà il caso. Il funzionamento segreto del mondo quantistico
Chopra Deepak # Coincidences.
Ciuffardi, Perissi # La fine della coscienza? Dalla mente bicamerale all'intelligenza artificiale
Clark Michael # Paradoxes A to Z
Close Frank # Theories of everything
Scatti Monica # Buchi neri evanescenti
Coppens Yves # The construction of prehistory
Couliano Joan # The journeys of the soul
Coustè Alberto # Brief history of the devil
Crespi Marco # L'equazione della coscienza
Currivan Jude # The Cosmic Hologram
D'Ancona Vittorino # Greek mythology
Dal Buono Lucio # Dall'atomo all'anima. Tutto quello che devi sapere
Damasio Antonio # Emotion and conscience

Damasio Antonio # Descartes' error. Emotion, reason and the human brain
Dask Mike # Beyond Borders
Davies Paul # How to build a time machine
Davies Paul # God and the new physics
Davies Paul # The last three minutes
Davies Paul # The Mysteries of Time. The universe after Einstein
Davies Paul # The Intelligent Cosmos
Davies Paul # The fleeing universe
Davies Paul # The Mind of God
Davies Paul # Are we alone?
Davies Paul # On the edge of infinity. Naked singularities and distribution of space-time
Dawkins Richard # The Blind Watchmaker
De Agostini # Biology
De Agostini # Large paperbacks. Geographical atlas. Historical. Astronomy
De Crescenzo Luciano # Ordine e disordine
De Crescnzo Luciano # empo e felicità
De Santillana Giorgio, Von Dechend Hertha # Hamlet's mill. Essay on myth and the structure of time.
De Santillana Giorgio #Sirio
Dehaene Stanislas # Brain and consciousness
Della Sala, Dewar # Never trust your mind. N+1 experiments to understand how it deceives us and why
Delmastro Marco # Particelle familiari. Le avventure della fisica e il bosone di Higgs
By Francesco Michele, Marraffa, Tomasetta # Filosofia della mente. Corpo, coscienza, pensiero
Mondadori Dictionary # Dizionario della saggezza orientale
Donà Massimo # Magia e filosofia

Du Sautou Marcus # The perfect mess
Du Sautou Marcus # The Million Dollar Equation
Du Sautou Marcus # The impossible theories. What are the limits of science?
Dumezil Geoges # Archaic Roman religion
Edelmen, Tononi # Un universo di coscienza. Come la materia diventa immaginazione..
Albert Einstein # Albert Einstein. Relativity and new physics
Einstein Albert # The world as I see it
Einstein Albert # Thoughts, ideas, opinions
Einstein, Infeld # The evolution of physics
Ekelan Ivar # Chaos
Ereditato Antonio # Le particelle elementari
Hermes Trismegistus # Poimandres
Fabbro Franco # The biological foundations of philosophy. The symbolic nature of DNA, psyche and language
Facchini Fiorenzo # L'avventura dell'uomo. Caso o progetto?
Facchini Fiorenzo # Origini dell'uomo ed evoluzione culturale
Facchini- Magnani # Myths and rites of prehistory
Faggin Federico # Irriducibile, Conscience, life, computers and our nature
Faggin Federico # Silicon
Falletta Nicholas # The Book of Paradoxes
Federrici Vescovini G. # Magico Medioevo
Ferrini Federico # Onde gravitazionali. Una nuova porta per il cosmo
Ferris Timothy # The Adventure of the Universe. From Aristotle to quantum theory and beyond: a never ending story
Ferrone Vincenzo # Una scienza per l'uomo
Feynman Richard # The meaning of things
Feynman Richard # QED

Feynman Richard # Six Easy Pieces
Albertini Foundation # Prove e indizi dell'aldilà
Andrea Sardos Foundation # Prove e indizi dell'aldilà. Il caso Andrea
Ford Kenneth # The quantum world. Quantum physics for everyone.
Fosar-Bludorf # Hyperconsciousness. Intelligence is hidden in the DNA
Foster Charles # We human beings. 40,000 years of history of consciousness
Franks E.M. # Carl Jung's theory of psychological types
Fraser J. T. # Time: an unknown presence
Frazer James # The golden branch
Friedman Richard # Who Wrote the Bible?
Frova Andrea # Il Cosmo e il Buon Dio. Dialogo su astronomia, evoluzione e mito
Find Andrea # Luce. Una storia da Pitagora ad oggi
Find Andrea # Perché succede quello che succede
Galfard Cristophe # How to understand E=mc2
Galilei Galileo # DDialogo dei principali sistemi
Gallippi Angelo # Federico Faggin. Il padre del microprocessore
Gamow George # Gravity
Gamow George # The Adventures of Mr. Tompkins. Daedalus Editions
Gamow George # New World of mr. Tompkins. Zanichelli
Gamow George # Thirty Years That Shocked Physics
Gasperini Maurizio # L'universo prima del big bang. Cosmologia e teoria delle stringhe
Gazzaniga Michael # Conscience is an instinct. The mysterious link between the brain and the mind
Giacobbo Roberto # Secret cities

Giacobini, d'Errico # The Neanderthal hunters
Giacomelli Giorgio # Dal quark al big bang
Giuliodori Lucio # Sul concetto di sincronicità: Jung tra psicoanalisi e quantismo
Giuliodori Lucio # Tra fisica e metafisica. Alcune implicazioni
Atlanti Giunti # Geografia generale, astronomia e cartografi
Gleick James # Chaos. The birth of a new science
Goldman Jane #Xfiles. The Book of Incredible Facts
Goswami Amit # Quantum Guide to Enlightenment. Mediterranean Editions
GrazianoMichael # Rethinking conscience
Grecchi Vittorio # The brain field lies
Greek Peter # The origin of the universe
Greene Brian # Until the end of time. Mind, matter and the search for meaning in an ancient universe
Greene Brian # The elegant universe. Superstrings. hidden dimensions and the search for the ultimate theory.
Greene Brian # The Elegant Universe
Greene Brian # The Hidden Reality
Greene Brian # The hidden reality - parallel universes and profound laws of the cosmos. Philosophies of sciences
Greene Brian # The plot of the cosmos. Space, reality.
Gribbn John # Encyclopedic Dictionary of Quantum Physics
Guido Paolo # Da Buddha a Einstein
Hack Margherita Ferreri Cossard # La lunga storia delle origini. I grandi miti e le teorie con cui l'umanità ha spiegato l'universo
Hall Nna # Chaos. A science for the real world
Hand David # Chance does not exist. Because the most amazing things happen every day
Harner Michael # The Way of the Shaman

Harrison Edward # The Masks of the Universe
Hawking - Penrose # The nature of space and time
Hawking Heckler # The Grand Design.
Hawking -Mlodinov # From the Big Bang to black holes. Brief history of the universe. Mondadori
Hawking Stephan # Holes nr and newborn universes
Hawking Stephen # The universe in a nutshell. Oscar Saggi Mondadori.
Hawking Stephen # The Great History of Time. Mondadori
Stephen Hawking # The Theory of Everything. Origin and destiny of the universe. Mondadori.
Hawking Stephen # Gazing up at the stars
Heckler Richard # Coincidences
Heidegger, Martin # What is metaphysics?
Heidegger, Martin # The concept of time
Heisenberg Werner # Physics and Philosophy
Hermann Greta # Physics and philosophy
Higfield, Roger # The Science of Henry Potter
Hillman, James # The Soul Code
Hope Murry # The Secret of Sirius
Hopke Robert # Nothing happens by chance. Oscar Mondadori
Hoyle Fred # The Origin of the Universe and the Origin of Religion
Humphrey Nicholas # Soul Dust. The Magic of Consciousness
Hunter Tobias # A new idea of the world
Huxley Aldous # Brave New World. Back to the new world.
Jaffè Aniela # Dreams, prophecies, apparitions
Jaynes Julian # The Breakdown of the Bicameral Mind and the Origin of Consciousness

Johnson Steven # Where great ideas are born. Natural history of innovation
Joseph Frank # The Power of Coincidences. The meeting point.
Jou David # Rewrite Genesis. In search of the mathematical formula of creation
Jung Carl # Animus and anima
Jung Carl # Experience and mystery
Jung Carl # The Red Book. Liber novus.
Jung Carl # Jung speaks Interviews and meetings
Jung Carl # The analysis of dreams. The archetypes of the unconscious. The synchronicity.
Jung Carl # The ego and the unconscious
Jung Carl # Man and his symbols
Jung Carl # The psychic dimension. Collection of writings.
Jung Carl # Psychology of the unconscious
Jung Carl # Memories and reflections.
Jung Carl # Psychological types
Kaku Michio # The future of humanity
Kaku Michio # Hyperspace
Kaku Michio # The divine equation
Kane Gordon # The Garden of Building Blocks. Longanesi
Karsenti Eric # A Brief History of the Origins of Life. From the cell to the human being, the most beautiful story ever told: ours
Kauffman Stuart # Reinventing the sacred
Kinnebriock Werner # Where does the passing of time go. Physics, philosophy and daily life
Kippenhahn Rudolf # Pocket Cosmology. From the big bang to the poetry of the starry sky
Koch Christof ok # The search for conscience
Kornelius Martin #Einstein Light

Kosko Bart # The fuzzy-thinking
Krauss Lawrence # The Dark Heart of the Universe. In search of the «Fifth essence
Krauss Lawrence # The Universe from Nothing
Krauss Lawrence # The Physics of Star Trek
Kumar Manjit # Quantum. From Einstein to Bohr, a new idea of reality.
Kundera Milan # Immortality
Kung Hans # Chinese Christianity and Religiosity. Arnoldo Mondadori editor.
Lalumera Elisabetta # Cosa sono i concetti
Lambert Karel, G. Gordon # Introduction to the philosophy of science
Lanternari Vittorio # Religione, magia e droga
Lanza R. + Herman # Biocentrism
Lanza Robert # The grand biocentric design
Lanza Robert # Beyond biocentrism
Laszlo Erwin # Science and the Akashic Plan
LaszloErvin # The Immortal Mind
Lazzara Salvatore # Vedi alla voce scienza
Lederman-Hill # Quantum Physics for Poets
Ledoux Joseph # The emotional brain
Licata Ignazio # Observing the Sphinx. DiRenzo Publisher.
Lindley David # Einstein's moon
Lipton Bruce # The Biology of Belief
Livio Mario # La sezione aurea. Storia di un numero e di un mistero che dura da tremila anni
Lu Tung-pin # The Secret of the Golden Flower
Luc Georg # Il magico nella cultura antica
Luccio Riccardo # FDall'anima alla mente. Breve storia della psicologia

Lurker Manfrd # Dictionary of Biblical Pictures and Symbols
Marchesi Fabio # Exotropia
Marchi Vittorio # La scienza dell'Uno. Chiave per l'universo nascosto
Marconi Momolina # Prelude to the history of religions
Marletto Chiara # La scienza dell'impossibile. Alla ricerca delle nuove leggi della fisica
Martini Francesco # Persuasive communication 4 books
Massalenti (curator) # Qualcosa di grande. L'infinita bellezza e complessità di tutto ciò che esiste
Massimini Tononi # Nothing greater
Mavaldi Marco # The two heads of the tyrant. Mathematical methods for freedom
Mazzitelli Italo # What if God existed? E se Dio esistesse? I limiti della conoscenza scientifica quando si indaga su Dio e la religione
McTaggart Lynne # The secret force of the universe. The zero point field
McTaggart Lynne # The Bond. The quantum link
Mecacci Luciano # Identikit of the brain
Michell John # Astroarchaeology
Miramonti Reseghetti # Neutrino. La particella fantasma
Mondadori # Dictionary of oriental wisdom
Morowitz Harold # The birth of everything
Mortier Roland # Imposters and gullible people in the Age of Enlightenment
Matteo Motterlini # Mental traps. Rizzoli
Mugnos Sabrina # The universe that thinks
Mullis Kary # They dance naked in the field of mind

Musso Paolo # Science and the idea of reason. Science, philosophy and religion from Galileo to black holes and beyond.
Muzzio Publisher # Caos. Una scienza per il mondo reale
Nagel Thomas # A very short introduction to philosophy
Neumann Erich # History of the origins of consciousness
Nietzsce # Beyond good and evil
Nietzsche Friedrich # Thus Spoke Zarathustra
New Syntheses # Galileo Newton Einstein
O'Keane Veronica # The Bazaar of Memory. How we build memories and how memories build us
O'Regan J. Kevin # Why colors don't play. A new theory of consciousness
Odifreddi Piergiorgio # Una via di fuga. Il grande racconto della geometria moderna
Oldstone Moore # Understanding Taoism
Oliverio Alberto # Dove ci porta la scienza
Oliverio Alberto # L'arte di ricordare. La memoria e i suoi segreti
Oreglio Flavio # Curiosa storia della scienza. Le radici pagane dell'Europa
Osho # Rajneesh's bible
Overbye Dennis # Einstein innamorato. La vita di un genio, tra scoperte scientifiche e passione romantica
Palazzi Pablo # The Great Illusion
Palmarini and others # Musica, luce, colori, nuova energia
PanekRichard # The invisible century
Paolelli Ermanno # Neuro-quantum. The new frontier of neuroscience
Parigi Silvia # Magia e scienza nell'età moderna
Paris Giorgio # In un volo di storni. Le meraviglie dei sistemi complessi

Pauli Wolfgang # Psyche and nature
Pearson Carol S. # The hero within us
Peat David # The Paths of Chance
Peat David # Synchronicity. A union between matter and psyche. Magi Editions
Peiretti Federico # Il matematico si diverte. Duecento giochi e puzzle che hanno fatto la storia della matematica
Pellegrini Massimo # Fisica quantistica per principianti
Penrose Roger # The Universe is still a secret
Penrose Roger # The Emperor's New Mind
Penrose Roger # The road that leads to reality
Perconti Pietro # Conscience. Philosophical lexicon
Pichot André # The birth of science. Mesopotamia, Egypt, Ancient Greece
Pim van Lommel # Consciousness beyond life
Pinotti-Baccarini # Italia esoterica
Pizzuti Marco # From man 2.0 to the universal matrix of ooscience. Unauthorized evolution
Plato # Against Democracy
Plez Ugo # The lost sciences
Poli Eric Francesca # Anatomy of quantum consciousness
Polkinghorne John # Quantum theory
Popper Karl # The ego and its brain. Armando Publisher.
Powell Arthur # The astral body and related phenomena
Prattico Franco # From chaos… to conscience
Privitera Agata # MBT The Myers-Briggs theory and the 16 personalities
Proverb Edward # Archaeoastronomy
Radin Dean # Interconnected Minds. Psychic phenomena explained by quantum physics.
Ramorino Felice # Classic mythology illustrated

Randall Lisa # Curved passes. The mysteries of the hidden dimensions of the universe
Ranucci Stefano # Physics of the other world. When consciousness and quantum physics explain the paranormal
Reda Giuseppe # Energy and its forms of existence
Reeves Hubert # Cosmic Evolution
Regge Tullio # Infinity
Renn Jurgen # The evolution of knowledge
Rey Olivier # Itineraries of bewilderment. What if science were a great metaphysical enterprise?
Rezzolla Luciano # The irresistible attraction of gravity. Journey to the discovery of black holes
Rhine Louisa # Psychokinesis. Mind dominates matter. Golem Books.
Richet Pascal # A natural history of time
Robinson Richard # Why does toast always fall buttered side up?
Robinson Richard # Why does toast always fall buttered side up? The brilliant scientific explanation of Murphy's Laws
Rodriguez Pepe # God was born a woman
Romano Giuliano # Archeoastronomia italiana
Romanus Julian # Orientamenti ad sidera
Rosati Giancarlo # Cosmic consciousness. Path to enlightenment
Rossi Daniela # Matter that dreams
Roth Reme # The Seekers of God
Rovelli Carlo # Heligoland
Rowan Robinon # The nine numbers of the cosmos. The origin and nature of our universe
Rucker Rudy # The Fourth Dimension. A guided journey into higher order universes
Russel Bertrand # Dictionary of physical and moral logic

Russo Lucio # The forgotten revolution. Greek scientific thought
Russo Michele # Is life a “case” of matter?
Essay Isabella # Age, if any
Sale Musio Carla # Communicating with those who no longer have a body
Sarle John # The Mystery of Conscience
Schoch Robert # The voice of the stones. Lost civilizations
Schoepflin Maurice # 100 Philosophers
Schopenhauer Arthur # The art of getting right
Schumacher Ernst # A guide for the perplexed
Searle John # The mind
Sermonti Giuseppe # A science without a soul.
Serra Pietro # From the soul to the conscience. An incursion into the folds of the mind
Severino Emanuele # The anti philosophy
Shapira Haim # Lessons on Infinity
Sheldrake Rupert # The Extended Mind. Hooray.
Sheldrake Rupert # The illusions of science. Hooray.
Siegfried Tom # The Number of Heavens. A story of the multiverse and the quest to understand the cosmos
Sigman Mariano # The Secret Life of the Mind. How our brain works when it thinks, feels, decides
Singer Charles # A Brief History of Scientific Thought
Sissa ISAS laboratories # Chaos and complexity
Smith Michael # Jung and shamanism.
Smolin, Lee # Einstein's Unfinished Revolution. The search for what is there
Sorensen Roy # Philosophical Wonder Room
Sparzani and Panepucci # Jung e Pauli. La corrispondenza originaria:
Stanzani Maserati # Consciousness and meaning

Stapp Henry# Quantum Theory and Free Will. Springer International Publishing.
Stavros Joshua # Shamanism
Stein Murray # The principle of individuation. Towards the development of consciousness
Stenger Victor # Why Science Doesn't Believe in God. Faith's Lost Challenge to Reason
Styer Daniel # Really understanding relativity. Discovering Einstein's theory
Sun-Tzu # The Art of War
Surace Graziano # The Quantum of Challenge
Surprise Kirby # Sincronicità. Comprendere e utilizzare coincidenze significative
Tagliagambe Malinc # Jung e il libro rosso: il sé e il sacrificio dell'ego. Moretti & Vitali.
Malinc Legcutter. # Pauli e Jung. Un confronto tra materia e psiche.
Tagliagambe Silvano # Lo sguardo e l'ombra
Talbot Michael # All is one. Feltrinelli
Teilhard de Chardin # The human phenomenon
Teilhard de Chardin # The future of man
Teillard De Chardin # The place of Man in Nature
Teillard De Chardin # The singularities of the human species
Teodorani Massimo # Bohm. The physics of infinity.
Teodorani Massimo # Entanglement. The entanglement in the quantum world: from particles to consciousness.
Teodorani Massimo # The great celestial numbers
Teodorani Massimo # The atom and the elementary particles. Macro Editions
Teodorani Massimo # The creative mind. From the physical universe to intelligent life. Macro Editions.

Teodorani Massimo # Telling the universe. Popular introduction to astrophysics
Teodorani Massimo # Synchronicity. The link between physics and psyche. From Pauli to Jung to Chopra.
Teodorani Massimo # Teleportation
Teodorani Massimo # Tesla. A brillant idea
Tesla Nicola # My inventions. The autobiography of a genius
Tesla Nikola # On increasing human energy
Frank Tipler # The physics of immortality. Double day.
Tong Ziya # When you look at the world and you don't see it
Toni Paolo # Mathematical sparks. Games and competitions of creativity and logic
Tononi Edelman # A universe of consciousness
Tononi Giuio # PHI A journey from the brain to the soul
De Agostini # Illuminismo
Vaas Rudiger # Hawking. Universe, space, time
Vacca Roberto # You too are a mathematician
Vafa Cumrun # Puzzles to decipher the world
Vassallo Nicola # Philosophies of the sciences
Vidali Paolo # History of the idea of nature. From Greek Thought to Anthropocene Consciousness
Vincenzo Lorenzo # Enlightenment.
Vitebski Piers # Shamans
Von Franz Marie-Louise # Divination and synchronicity. Psychology of significant coincidences
Von Franz Marie-Louise # Fairy tales interpreted
Von Franz Marie-Louise # Psyche and matter
Von Franz Marie-Louise-ok # Psychological typology. The functions of consciousness: thinking and feeling, intuition and sensation
White John # The meeting of science and spirit. Publishing Practices.

Widmann Claudio # Introduction to synchronicity. Magi Editions.
Widmann Claudio # Synchronicities and significant coincidences. Magi Editions.
Wiener Anna # The dark valley
Wigner Eugene # The unreasonable efficacy of mathematics in the natural sciences
Wilber Ken # Quantum Issues
Wilson Edward # Wonderful Harmony
Wolf Fred # Time loops and space twists. How God created the universe. Find out why space, time and matter are closely connected
Wolke Robert # To his barber Einstein told it like this. Daily life and scientific questions
Zeilinger Anton # Einstein's Veil
Zeilinger Anton # The dance of photons
Zichichi Antonino # The irresistible charm of time. From the resurrection of Christ to the subnuclear universe
Zichichi Antonino # Infinity
Zolla Elemire # Archetypes. auras. Secret truths. Wandering Dionysus
Zoppi Giorgi0 # Cosmology with six difficulty levels

Bruno Del Medico, bloger, pisac, urednik, specijaliziran za diseminaciju tema koje se tiču društvenih aktuelnosti i novih granica nauke. Autor je mnogih tekstova vezanih za nedavnu pandemiju i specijalizirane serije o kvantnoj fizici i metafizici

Bruno Del Medico, blogger, writer, editor, specialized in the dissemination of issues related to social current events and the new frontiers of science. He is the author of many books on the recent Covid19 pandemic and of a series dedicated to quantum physics and metaphysics..

www.ingramcontent.com/pod-product-compliance
Lightning Source LLC
LaVergne TN
LVHW020338061026
849532LV00001BB/233
9798223853886